Aliev/Bonfig/Aliew

Messen, Steuern und Regeln mit Fuzzy-Logik

R. Aliev
K. W. Bonfig
F. Aliew

Messen, Steuern und Regeln mit Fuzzy-Logik

Grundlagen und Methoden zum Aufbau von Fuzzy-Anwendungssystemen

Mit 97 Abbildungen und 33 Tabellen

Franzis'

Die Deutsche Bibliothek – CIP-Einheitsaufnahme

Aliev, Rafig:
Messen, Steuern und Regeln mit Fuzzy-Logik: Grundlagen und Methoden zum Aufbau von Fuzzy-Anwendungssystemen; mit 33 Tabellen / R. Aliev; K. W. Bonfig; F. Aliew. – München: Franzis, 1994
ISBN 3-7723-5391-6
NE: Bonfig, Karl W.:; Aliew, Fuad:

Satz: typo spezial Ingrid Geithner, Erding
Druck: Wiener Verlag, A-2325 Himberg
Printed in Austria - Imprimé en Autriche.

ISBN 3-7723-5391-6

Vorwort

Es war in den westlichen Ländern weitgehend unbekannt, daß es in den Staaten der ehemaligen Sowjet-Union sehr viele Forschunginstitute gibt, die sich sehr stark auf dem Gebiet der Fuzzy-Logik und ihrer Anwendungen engagieren. Wenn man die Programme der landesumfassenden Konferenzen über die Fuzzy-Logik betrachtet, die 1980, 1984 und 1988 stattfanden, ist man in großem Maße erstaunt darüber, welche Bandbreite von Veröffentlichungen vorgestellt wurden und wie groß die Anzahl der forschenden Institute auf diesem Gebiet ist.

Eines der bedeutendsten Forschungsinstitute auf dem Gebiet der Fuzzy-Logik der früheren Sowjet-Union war und ist ein Institut, das der Aserbaidschanischen Akademie der Wissenschaften in Baku angegliedert ist. Ich habe die Arbeiten von Professor Rafik Aliev und seinen Kollegen an diesem Institut mit Interesse verfolgt und fand ihre Arbeiten sehr interessant. Der Inhalt von ,,Messen, Steuern und Regeln mit Fuzzy-Logik" zeigt ihren hohen Sachverstand und ihre Fähigkeit, die Fuzzy-Logik auf real existierende Aufgabenstellungen anzuwenden.

Die jüngsten Entwicklungen auf dem Gebiet der Fuzzy-Logik haben ihre Schwerpunkte auf dem Gebiet der Konzeption und des Entwurfes von sogenannten neuronalen Fuzzy-Systemen. In den meisten Veröffentlichungen sind solche Systeme auf der Basis von Fuzzy-Wissensregeln aufgebaut, in denen neuronale Netzwerktechniken implementiert sind. Diese dienen dazu, daß die Regeln aufgrund von Beobachtungen und/oder adaptiv sich auf ändernde Umweltbedingungen einstellen können. Durch die Kombination von Fuzzy- und Neuronaltechniken kann der MIQ (Maschinen Intelligenz Quotient) erhöht werden. Das Leistungsniveau steigt ebenfalls stark an. Die Möglichkeit, einen höheren MIQ zu erreichen, legt nahe, daß neuronale Fuzzy-Systeme in zunehmendem Maß ins Blickfeld kommen werden und zwar in den beiden Bereichen der industriellen Anwendungen und auch der Produkte der Konsumgüterindustrie.

Das charakterisierende Merkmal dieser Anwendungen ist die große Informationsflut bei industriellen Anwendungen der Fuzzy-Logik. Solche Anwendungen wurden erst möglich aufgrund der Fortschritte bei den Entwicklungen auf den Gebieten a) der Sensor-Technologie, b) der Sensor-Datenerfassung und der Datenverarbeitung und c) den Entwurfsmöglichkeiten auf dem Gebiet der fuzzylogischen Chips und programmierbaren Systeme. Diese ermöglichen den Einsatz von Fuzzy IF-THEN-Regeln für den Einsatz bei Regelungsaufgaben, Diagnostikaufgaben, Planungen, Optimierungen, bei der Notfallbewältigung und bei anderen ähnlich gelagerten Aufgaben. Was hieraus entsteht, ist eine intelligente Regelung im wahrsten Sinne des Wortes.

Um die Arbeiten der Professoren Aliev, Bonfig und Aliew richtig zu beurteilen, ist es notwendig, die bedeutungsvollen beispielhaften Veränderungen bei dem Entwurf von Regelungssystemen zu beachten. Besonders die Regelung im traditionellen Sinne beschäftigt sich hauptsächlich mit der Sollwert-Regelung. Was jedoch entsteht, ist eine neue Richtung der Regelungstechnik, die ihr Augenmerk auf umfassendere Lösungen legt, die für weitergehende, spezielle Aufgaben benötigt werden. Hierzu zählt z. B. das Parken eines Autos, das Landen eines Helikopters oder das Verhalten bei Gefahrensituationen. Solche Aufgabengebiete liegen außerhalb der klassischen Regelungstechnik und liegen in dem Bereich der künstlichen Intelligenz, der Robotersteuerungen und der Expertensysteme. Dieser Bereich wird in dem vorliegenden Buch der Professoren Aliev, Bonfig und Aliew vorgestellt.

„Messen, Steuern und Regeln mit Fuzzy-Logik“ ist ein Wegweiser in die Zukunft der industriellen Regelung. **Das Buch enthält eine große Menge von Informationen, welche noch nie in Buchform veröffentlicht wurden.** Die Autoren verdienen Dank und Anerkennung, weil sie ihr Wissen nicht nur bezogen auf regelungstechnische Aufgabenstellungen vorstellen, sondern sie vermitteln ihr Wissen einer Vielzahl von neugierigen Lesern, die daran interssiert sind, Verständnis für die Prinzipien der Fuzzy-Logik zu entwickeln und sich die Fähigkeiten, diese Methoden auf reale Probleme anzuwenden, aneignen wollen.

Professor Dr. Lotfi A. Zadeh, Director of the Berkeley Initiative in Soft Computing (BISC), University of California at Berkeley,
November 1993

Inhalt

Geleitwort

Dieses Buch faßt nicht nur den Stand des Fuzzy-Fachwissens an der Schnittstelle zwischen Regelungstechnik, Sensorik, Robotik und Künstlicher Intelligenz zusammen; es präsentiert vielmehr die Ergebnisse von etwa 50-Mann-Jahren an Forschung und Entwicklung der Autoren und ihrer Doktoranden und Diplomanden in Baku und Siegen. Diese Ergebnisse sind zu einem erheblichen Teil neu in der Fachliteratur und erscheinen in diesem Buch zum ersten Mal. Baku ist zwar gegenwärtig eine vom Bürgerkrieg zerrissene Millionenstadt — der Bürgerkrieg hat das Erscheinen dieses Buches verzögert und zum Teil sogar gefährdet — sie verfügt aber über eine sehr alte Hochkultur und eine intensive Beziehung zur Industrialisierung Europas Ende des vergangenen und Anfang unseres Jahrhunderts. Beides führte dazu, daß während der Sowjetzeit und trotz des jahrzehntelangen Verbotes internationaler Kontakte für aserbaidschanische Wissenschaftler, in Baku, der Hauptstadt ihrer Sowjetrepublik, eine hochqualifizierte Natur- und Ingenieurwissenschaft entstand. Das vorliegende Buch zeugt vom anspruchsvollen Niveau ihrer Leistungen.

Aserbaidschan gehört seit dem V. Jahrhundert, in den Zeiten des byzantinischen Reiches, zum türkisch-sprachigen Kulturraum um das Kaspische Meer, dem das Abendland solche fantastischen intellektuellen Leistungen wie die naturwissenschaftlich-medizinische Enzyklopädie Al-Qanun (Canon medicinae) des chowresmer Türken Avicena (Ibn-Sina), Hauptlehrbuch der deutschen Medizinischen Fakultäten während Jahrhunderten, und wie die Algebra (Al-Dschiffra), indische Ziffern (sifr = Leerstelle), astronomische Navigationsrechnung bzw. *Algorithmik* seines Landsmannes *Al-Chowarismi*, Professor und (wie Leibnitz in Wolfenbüttel) Bibliotheksleiter an der damals vom arabischen Kalifen Al-Ma'imun und seinem türkischen Hof gegründeten Universität Bagdad (Bait-Al-Higma = Wissenschafshaus) zu Zeiten Karls des Großen. Al-Chowarismi („der, aus dem türkischen Fürstentum Chowresme", später Chiwa, heute Usbekistan) lernte dort die griechische Philosophie und Naturwissenschaften — speziell Aristoteles, Platon, Euklid, Diophant, Pythagoras und Archimedes — von griechischen Exilprofessoren, die aus der politischen Verfolgung des zerfallenden Byzanz in das tolerantere, mohamedanische Bagdad des Sohnes von Harun Al-Raschid flüchten mußten. So retteten sie, in arabischer Übersetzung, die griechische Kultur für die Nachwelt. Als Kolumbus Amerika entdeckte, benutzte er dazu die Navigationstabellen des Türken Al-Chowarismi, übersetzt im spanischen Granada und Salamanca aus dem Arabischen ins Lateinische. Daß diese mittelasiatischen Türken im arabischen Bagdad ihre Werke nicht in Türkisch, sondern in Arabisch verfaßten, ist genauso verständlich, wie die Beschreibung in Englisch des ersten speicherprogrammierten Computers durch den Ungar Janosz (Johann oder John) von Neumann, geschrieben im US-Exil, an der Princeton University. Als die erste Apollo-Expedition den Mond betrat, berechnete sie ihre Flugbahn mit der regelungstechnischen Filter-Mathematik die der Exilungar Rudolf Kalman an der Columbia University in New York entwickelte und die auf Computern mit einer von-Neumann-Architektur programmiert wurde. Soweit diese Analogie für den Aufbruch der Menschheit nach neuen Grenzen mit den Arbeiten exilierter Professoren. In Baku geboren ist übrigens der Erfinder der Fuzzy Logik, Professor Lotfi Zadeh, der ebenfalls erst im wissenschaftlichen Exil, an der Universität Berkeley, USA, die geeignete Umgebung für seine Entdeckung fand. Die wissenschaftliche Entdeckung lebt also vom Reisen und Kommunizieren, ggf. Emigrieren der Wissenschaftler über politische, sprachliche, kulturelle, religiöse und selbst historische Grenzen und Konflikte hinweg; nicht aber von provinzieller Arroganz und Ignoranz gegenüber Gelehrten aus der Fremde.

Aber Baku hat in der 2. Hälfte des vergangenen Jahrhunderts, nachdem die deutsch-russische Zarin Katharina II den Kaukasus von Persien und der Türkei militärisch eroberte, die Industrialisierung von Westeuropa mit Erdöl ermöglicht und Rußland als Erdölexporteur bereichert. In Tankschiffen und Tankwaggons seit 1875 nach Hamburg gebracht, wurde es, speziell nach 1887, zu Schmierfett für die Achsen und Kolben des aufblühenden europäischen Maschinen- und Lokomotivbaus verarbeitet. Der deutsche Chemiker Justus von Liebig (1803-73) verweilte lange Zeit in Baku — im vergangenen Jahrhundert das europäische Texas — um dort die ersten industriellen Raffinerien für Baku-Öl zu implementieren. Seit 1823 gibt es in Baku eine petrochemische Industrie bzw. Wissenschaft (es gab dort bis 1920 auch eine deutsche Kolonie von Technikern und Ingenieuren), welche die ersten Pipelines, die ersten Tankschiffe, die ersten Tankwaggons und die ersten Bohrinseln der Welt baute, eine Ingenieurleistung die international kaum bekannt wurde. Folgerichtig präsentiert dieses Buch Erfahrungen aus der Petrochemie.

Aus diesen Traditionswissenschaftlichen Pionierleistungen heraus, die z. T. mit dem Gießener Professor Justus von Liebig begannen, stammt die Hochschule für Petrochemie, jetzt Industrie-Universität Baku, aus der ein Großteil der hier präsentierten Ergebnisse hervorgingen. Kein Wunder, daß die Autoren nicht nur Beispiele aus der petrochemischen Verfahrenstechnik und dem Anlagenbau für den Einsatz von Fuzzy Logik vorlegen, sondern sogar über industrielle Erfolgsergebnisse in diesem Buch berichten, die sie bei den großen Erdölraffinerien in Baku in der Praxis implementieren konnten. Die junge, innovative Universität Siegen hat nunmehr die historische Rolle der Universität Gießen übernommen, um gemeinsam mit den aserbaidschanischen Wissenschaftlern und Ingenieuren die Tradition J. v. Liebigs nach 140 Jahren fortzusetzen.

Neu für die Literatur der Fuzzy Logik ist in diesem Buch die Themenkonstellation:

- praktische Ausrichtung auf die Bedürfnisse des Ingenieurs, der für eine konkrete Anwendung den neuen mathematischen Ansatz begreifen und selbst implementieren möchte;
- Anwendungen in der Analyse und Diagnose der Abläufe chemischer Prozesse einer Erdölraffinerie, um die Produktqualität (d. h. die Gewährleistung minimalster Schwankungsbreiten) mit geringstem mathematischen und rechnerischen Aufwand seitens der steuernden Computer zu implementieren;
- Anwendung auf die Qualitätsprüfung bei der Massenproduktion mechanischer Teile einer Raffinerie, um damit einen intelligenten Roboter zu steuern, der defekte Teile nicht nur entdeckt, sondern selbst entweder zur Reparatur oder zur Verschrottung ausscheidet;
- Erweiterung dieser Qualitätsprüfung um die Methoden der neuronalen Netze und der Expertensysteme aus der Künstlichen Intelligenz;
- Neuaufleben der Modus-Ponens-Formulierung aus der mittelalterlichen Scholastischen Logik für die Wissensakquisition bei den Fachexperten;
- Statistische Berechnung des impliziten, fuzzy-(diffusen) Erfahrungswissens einer Gruppe von Fachexperten, um dies im Fuzzy Controller eines Roboters zu implementieren;
- Aufbau einer komplexen elektronischen Speicher-Schaltung zur Durchführung von fuzzy-logischen Operationen in Echtzeit.

Aus ihrer langjährigen Lehrtätigkeit und aus der Entwicklung konkreter Industrieanwendungen in Baku und Siegen heraus, haben die Verfasser komplexe Rechenbeispiele ausgewählt, die dem Leser die Einarbeitung in die Materie ermöglichen. Das Buch ist aber aus demselben Grund in keiner Weise trivial, weil der Einsatz der Fuzzy Logik und linguistischen Fuzzy-Tabellen für die Feinsteuerung chemischer Anlagen und Roboter, im Vergleich zu den rein theoretischen Publikationen viele praktische Innovationen enthält, wenn auch in relativ anspruchsvoller, mathematischer Ingenieursprache geschrieben.

Dr. Salomon Klaczko
Hamburg, Dezember 1993

1 Grundbegriffe und Elemente der Fuzzy-Sets-Theorie

1.1 Elemente der Fuzzy-Sets-Theorie (unscharfe Menge)

Bevor wir mit der Darstellung dieser Thematik beginnen, müssen zunächst die grundlegenden Definitionen der in der FuzzySets-Theorie verwendeten Operatoren beschrieben werden. Sie sind hauptsächlich in [1-3] angeführt. Weiterhin behandeln wir die Definitionen der neuesten in [6-8] vorgeschlagenen Operatoren. In diesem Kapitel sind nur diejenigen Definitionen und Operationen enthalten, die zum Verständnis der nachstehenden Kapitel ausreichen.

Allgemein versteht man seit Georg Cantor unter dem Begriff „Menge" eine Gesamtheit von Elementen, die eine gewisse (gegebenenfalls zusammengestellte) gemeinsame Eigenschaft besitzen. Axiomatisch gehört ein beliebiges Element entweder zur gegebenen Menge oder nicht, je nachdem ob dieses Element die gemeinsame Eigenschaft dieser Menge besitzt

Wie jedoch die Praxis zeigt, entspricht ein solches „boolesches" Prinzip sehr oft nicht den Vorgängen in einem realen System. Eine derartige scharfe Unterscheidung in voneinander abgegrenzten Mengen (scharfen Mengen, *crisp sets*) führt zu einer ungerechtfertigten Idealisierung der mathematischen Beschreibung eines realen Systems. Die Sprache der klassischen Mengen ist nicht flexibel genug, um Unschärfeelemente eines realen Systems mathematisch zu erfassen.

Der Begriff „unscharfe Menge" stützt sich auf die Annahme, daß ein beliebiges Element graduell zu einer gegebenen Menge gehören kann. Der Grad der Zugehörigkeit eines Elementes zu einer Menge wird durch eine Zahl, z. B. aus dem Intervall [0..1], angegeben. Dabei bedeuten die Intervallsgrenzen „0" und „1", das Element gehört nicht bzw. gehört ganz zur betrachteten Menge.

Die allgemeine mathematische Beschreibung einer unscharfen Menge befaßt sich mit der Bestimmung des Grades der Zugehörigkeit eines Elements zu einer Menge.

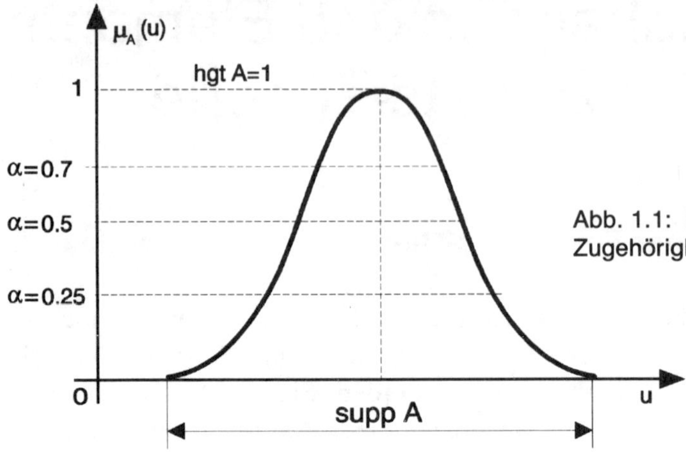

Abb. 1.1: Beispiel einer Zugehörigkeitsfunktion

Definition 1.1 :

Es sei U eine gewisse Menge (Universalmenge) von Elementen u. eine *Unscharfe Menge* (Fuzzy Set) $A \subseteq U$ ist definiert als ein Paar von $(u, \mu_A(u))$, wobei $u \in U$ und $\mu_A(u): U \rightarrow [0,1]$ (manchmal $\mu_A(u): U \rightarrow L$ — gitterartige Struktur). Die Funktion $\mu_A(u)$ wird *Zugehörigkeitsfunktion* genannt (Abb. 1.1).

Die übliche Menge (scharfe Menge) $B \subset U$ stellt einen Spezialfall der unscharfen Mengen dar. Sie besitzt folgende charakteristische Funktion bzw. Zugehörigkeitsfunktion:

$$\mu(u) = \begin{cases} 1, \text{wenn} & u \in B \\ 0, \text{wenn} & u \notin B. \end{cases}$$

Eine unscharfe Menge A ist dann eine *leere* Menge, wenn ihre Zugehörigkeitsfunktion für jedes Element u (symbolisch: $\forall u$) aus der Universalmenge U gleich Null ist, d. h.

$\mu_\varnothing(u) = 0, \forall u \in U.$

Eine *Universal*menge U läßt sich mit folgender Zugehörigkeitsfunktion beschreiben:

$\mu_U(u) = 1, \forall u \in U.$

Als *Träger* der unscharfen Menge A (supp A) mit der Zugehörigkeitsfunktion μ_A (u) wird bezeichnet:

$$\text{supp } A = \{u/u \in U, \mu_A (u) > 0\},$$

welches bedeutet, daß *support* A (Träger) die Menge von Elementen u ist und diese gehören zum Universum U mit der Zugehörigkeitsfunktion größer als 0 *(Abb. 1.1)*.

Eine unscharfe Menge A wird als *normal* bezeichnet, wenn die Bedingung

$$\sup_{u \in U} \mu_A (u) = 1$$

erfüllt wird, d. h. die obere Grenze (supreme) ihrer Zugehörigkeitsfunktion gleich 1 ist.

Im entgegengesetzten Fall bezeichnet man eine unscharfe Menge als *subnormal (Abb. 1.2)*.

Als unscharfen *Singleton* bezeichnet man eine unscharfe Menge, deren Träger ein einziger Punkt aus der Menge U ist. Somit kann man sich eine beliebige unscharfe Menge A als eine *Vereinigung* von mehreren Singletons vorstellen, die im allgemeinen als

$$A = \int_u \mu_A (u)/u \ , \forall u \in U$$

und bei einer endlichen Anzahl von Elementen als Summe

$$A = \mu_1/u_1 + \mu_2/u_2 + \ldots + \mu_n/u_n = \sum_{i=1}^{n} \mu_i/u_i$$

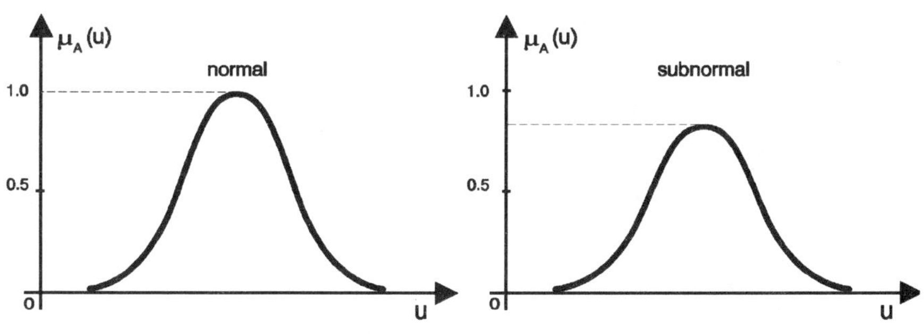

Abb. 1.2: Darstellung einer normalen und subnormalen Zugehörigkeitsfunktion

bezeichnet wird (hier ist / — nur eine Zuordnung von Argumenten zur Funktion) oder in Form einer Tabelle:

A = Σ

μ_1	μ_2	μ_3		μ_n
u_1	u_2	u_3		u_n

Wenn die Zugehörigkeitsfunktionen zweier unscharfer Mengen A und B aus U gleich sind, dann sind A und B gleiche unscharfe Mengen, d. h. wenn $\mu_A(u) = \mu_B(u), \ \forall \ u \in U$ sind, so ergibt sich A=B.

Die Operationen, die für die üblichen Mengen gelten, sind auch auf unscharfe Mengen anwendbar. Beispielsweise können die Operationen „Vereinigung" und „Durchschnitt" bei unscharfen Mengen anders werden als bei den üblichen Mengen. Die Definitionen dieser Operatoren sind in großem Maße von der jeweiligen Anwendung abhängig.

Durch die *Vereinigung* zweier unscharfer Mengen A und B aus U entsteht die unscharfe Menge:

$$A \cup B \triangleq \int_U (\mu_A(u) \vee \mu_B(u))/u \ , \ u \in U,$$

wobei

$$\mu_A(u) \vee \mu_B(u) = \max(\mu_A(u) \ , \ \mu_B(u))$$

ist *(Abb. 1.3)*.

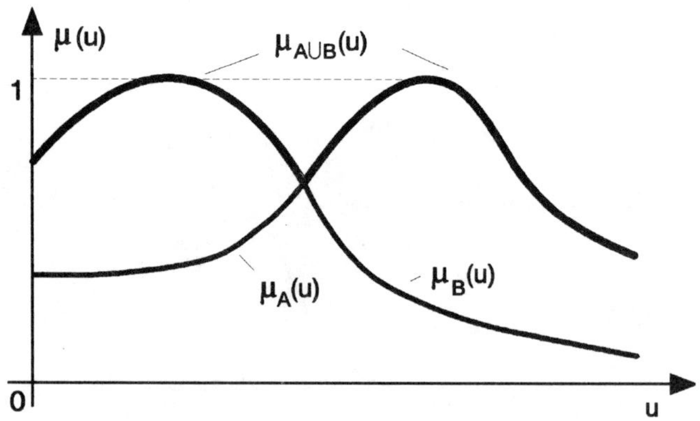

Abb. 1.3: ODER — Operation zweier Zugehörigkeitsfunktionen

Abb. 1.4: UND — Operation zweier Zugehörigkeitsfunktionen

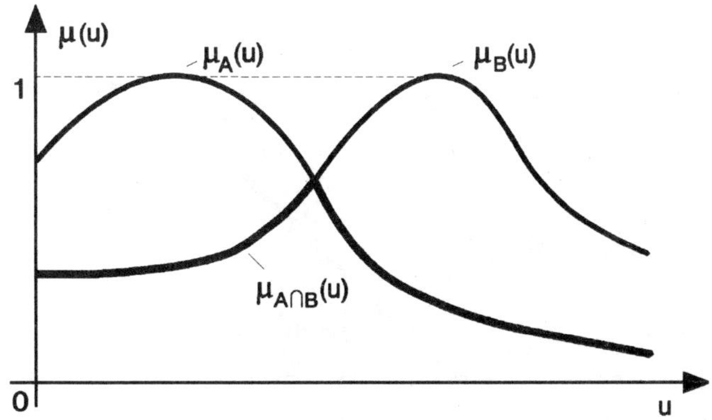

Der *Durchschnitt* zweier unscharfer Mengen A und B in U ergibt die unscharfe Menge:

$$A \cap B \overset{\Delta}{=} \int_U (\mu_A(u) \wedge \mu_B(u))/u \ , \ u \in U$$

wobei

$$\mu_A(u) \wedge \mu_B(u) = \min(\mu_A(u), \mu_B(u))$$

ist *(Abb. 1.4)*.

Falls $\forall\ u \in U\ \exists\ u^* \in U$ die Bedingungen $\mu(u^*) \geq \mu(u)$ oder $\mu(u^*) \geq \mu(u)$ erfüllt, dann wird u^* maximaler oder minimaler Wert der Zugehörigkeitsfunktion $\mu(u)$ genannt. Manchmal hat die Menge U kein Element u^*, das die obengennanten Bedingungen erfüllt. In diesem Fall macht man folgendes: man soll so eine Folge aus Elementen u_1, u_2,..u_n aus U betrachten, daß $\lim_{i \to \infty} \mu(u_i) = \sup_{u \in U} \mu(u)$ oder $\lim_{i \to \infty} \mu(u_i) = \inf_{u \in U} \mu(u)$ ist. Hier sind *sup* und *inf* die obere und untere Grenze der Zugehörigkeitsfunktion $\mu(u)$.

Die *Ergänzung* oder *Verneinung* einer unscharfen Menge A ergibt die unscharfe Menge *(Abb. 1.5)*:

$$\neg A \overset{\Delta}{=} \int_U (1 - \mu_A(u))/u \ , \ u \in U.$$

Begriffe wie „sehr“ und ähnliche, die der Mensch in seiner Denkweise benutzt, können sehr adäquat durch folgende unscharfe Operationen beschrieben werden.

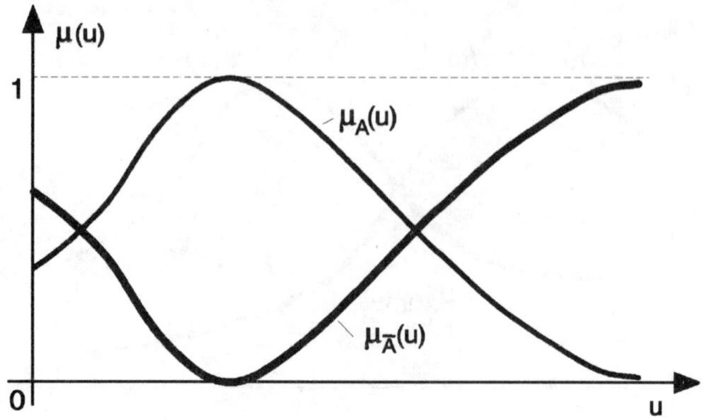

Abb. 1.5:
Negation zweier Zugehörigkeitsfunktionen

Die *Konzentrierung* einer unscharfen Menge A aus U, die eine Begrenzung der Anzahl von Mengenelementen bewirkt, wird durch

$$\mathrm{CON}(A) \stackrel{\Delta}{=} \int_U (\mu_A(u))^2 / u \ , \ u \in U$$

erfüllt *(Abb.1.6)*.

Die *Dehnung* einer unscharfen Menge A aus U, die eine Vermehrung der Mengenelemente bewirkt, wird durch

$$\mathrm{DIL}(A) \stackrel{\Delta}{=} \int_U (\mu_A(u))^{0.5} / u \ , \ u \in U$$

erfüllt *(Abb.1.7)*.

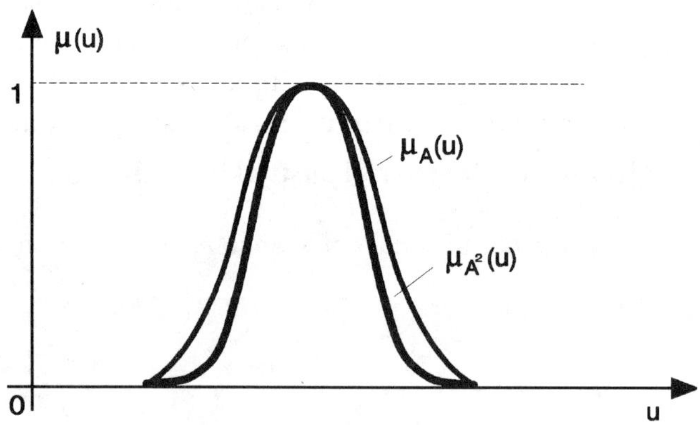

Abb. 1.6:
Konzentrierung einer Zugehörigkeitsfunktion

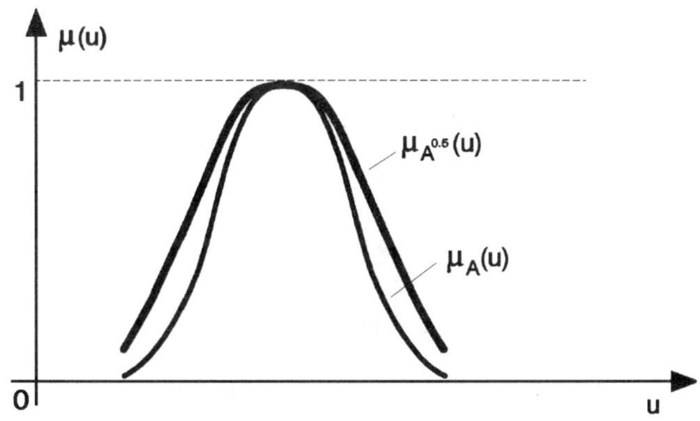

Abb. 1.7: Ausdehnung einer Zugehörigkeitsfunktion

Symmetrische Differenz wird eine unscharfe Menge des Typs A ∇ B genannt, die die Zugehörigkeitsfunktion

$\mu_{A \nabla B}(u) = \mid \mu_A(u) - \mu_B(u) \mid, \forall\ u \in U$

besitzt *(Abb. 1.8)*.

Eine *Schnittmenge* α aus der unscharfen Menge $A \subseteq U$ besteht aus denjenigen Elementen $u \in U$, deren Zugehörigkeitsfunktion kleiner als eine bestimmte Zahl α ist. D.h., wenn A_α eine Schnittmenge α aus der unscharfen Menge A ist, dann ergibt sich (Abb. 1.1):

$\forall\ \alpha \in [0,1],\ A_\alpha = \{\ u/u \in U,\ \mu_A(u) \geq \alpha\ \}.$

Auch der strenge α-Schnitt läßt sich bestimmen:

$\forall\ \alpha \in [0,1],\ A_{\bar{\alpha}} = \{\ u/u \in U,\ \mu_A(u) > \alpha\ \}.$

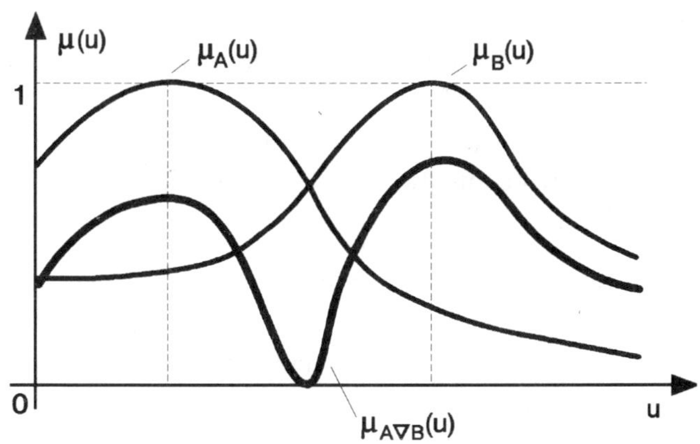

Abb. 1.8: Symmetrische Differenz zweier Zugehörigkeitsfunktionen

Die Zugehörigkeitsfunktion für eine beliebige unscharfe Menge A mit Hilfe eines α-Schnittes läßt sich durch

$$\mu_A(u) = \sup_{\alpha \in [0,1]} \min(\alpha, \mu_{A_\alpha}(u)),$$

bestimmen, wobei gilt:

$$\mu_{A_\alpha}(u) = \begin{cases} 1, \text{wenn} & u \in A_\alpha \\ 0, \text{wenn} & u \notin A_\alpha. \end{cases}$$

Eine unscharfe Schnittmenge der unscharfen Menge A wird wie folgt definiert:

$$\tilde{A}_\alpha = \{ (u, \mu_A(u)), u \in A_\alpha \}.$$

Der Vorteil der letzten Definition liegt darin, daß es bei den praktischen Anwendungen zweckmäßig ist, nicht die unscharfen Mengen A selbst zu verwenden, sondern ihre Schnittmengen einzusetzen, wodurch Rechenzeit und Speicherplatz des Rechners gespart werden

Es seien A und B zwei beliebige unscharfe Mengen aus U. Wenn A in sich B einschließt ($B \subseteq A$), dann gilt:

$$\forall u \subset U, \mu_B(u) \leq \mu_A(u).$$

Ist die letzte Ungleichung streng, so ist der Einschluß ebenfalls streng. Auch gilt, wenn $A=B$, daß $A \subseteq B$ und $B \subseteq A$ identisch sind.

Wie in den nächsten Abschnitten zu sehen sein wird, ist einer der am häufigsten vorkommenden mathematischen Begriffe der Begriff *unscharfe Relation*. Die Wichtigkeit dieses Begriffes besteht darin, daß sich mit Hilfe der unscharfen Relation eine reale Entscheidungsaufgabe in einem mathematischen Modell einfach formulieren und analysieren läßt. Dabei beschreibt die unscharfe Relation ein gewisses Maß oder einen gewissen Grad, mit welchem die Umweltobjekte in der jeweiligen Relation zueinander stehen.

Eine Besonderheit des vorliegenden Buches ist die Anwendung der unscharfen Relationen bei der Lösung verschiedener Aufgaben aus der industriellen Praxis. Die unscharfen Relationen bringen dabei die eigentlichen Zusammenhänge zwischen den Objekten und ihren Erscheinungen bzw. Eigenschaften zum Ausdruck.

Von der Spezifik der in den folgenden Abschnitten zu behandelnden Aufgaben ausgehend, beschränken wir uns lediglich auf die Betrachtung binärer unscharfer Relationen, d. h. jeweils zwei Objekte, Elemente usw. miteinander verknüpfende Relationen. Daher wollen wir jede binäre Relation einfach als Relation bezeichnen

Definition 1.2

Eine *Unscharfe Relation* R in der Menge U wird eine unscharfe Teilmenge des kartesischen Produktes U × U genannt, welche durch die Zugehörigkeitsfunktion $\mu_R : U \times U \rightarrow [0,1] (\mu_R : U \times U \rightarrow L)$ gekennzeichnet wird (L ist ein beliebiges Gitter). Der Wert μ_R (u,u) dieser Funktion wird als ein gewisses subjektives Erfüllungsmaß der Relation uRu verstanden.

Offenbar ist — analog der unscharfen Mengen — eine übliche Relation als ein Spezialfall der unscharfen Relation zu betrachten, deren Zugehörigkeitsfunktion nur die Werte 0 bzw. 1 annimmt. Im weiteren sollen einige Definitionen der unscharfen Relationen gegeben werden.

Z. B.: es sei A unscharfe Menge auf U. Die Menge $B = A \circ R$, die man von A durch R bekommen hat, ist eine unscharfe Menge auf U × V. Auf der *Abb. 1.9* ist eine graphische Interpretation der unscharfen Relation im allgemeinen dargestellt.

Als *Träger* der *unscharfen Relation* R aus der Menge U wird die Teilmenge des kartesischen Produktes U × U der Art

$$\text{supp } R = \{ (u,v) / (u,v) \in U \times U, \mu_R(u,v) > 0 \}$$

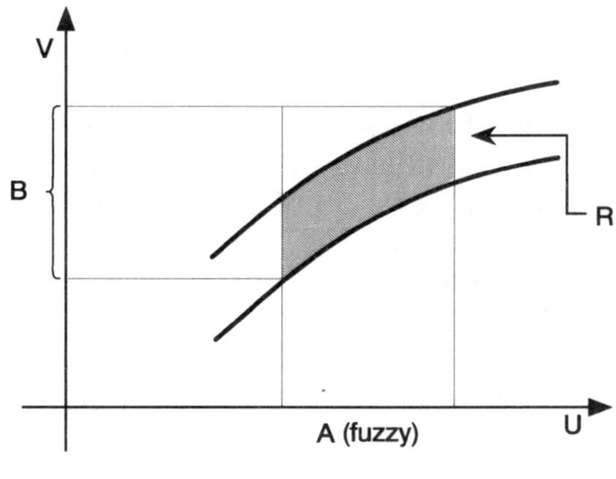

Abb. 1.9: Graphische Interpretation der unscharfen Relation

bezeichnet. Hier ist der Begriff supp (support) analog demselben Begriff für die unscharfen Mengen.

Der Träger einer unscharfen Relation ist als eine Relation auf der Menge U zu verstehen, die alle Paare (u,v) verknüpft, für die der Erfüllungsgrad der gegebenen unscharfen Relation nicht gleich Null ist

Analog der unscharfen Mengen wird auch die *Schnittmenge* einer *unscharfen Relation* bestimmt durch:

$$R_\alpha = \{ (u,v) / (u,v) \in U \times U, \mu_R(u,v) \geq \alpha \}.$$

Zur Beschreibung der Operationen an unscharfen Relationen gehen wir nun dazu über, Operationen zu betrachten, von denen einige den Operationen an den unscharfen Mengen analog sind, während andere nur bei den unscharfen Relationen vorkommen.

Als *Durchschnitt* der unscharfen Relationen P und Q auf $U \times U$ wird die unscharfe Relation $P \cap Q$ bezeichnet, die durch die folgende Zugehörigkeitsfunktion definiert ist:

$$\mu_{P \cap Q}(u,v) = \mu_P(u,v) \wedge \mu_Q(u,v) = \min \{ \mu_P(u,v), \mu_Q(u,v) \}, \ \forall u, v \in U \times U.$$

Die *Vereinigung* der unscharfen Relationen P und Q auf $U \times U$ wird unscharfe binäre Relation $P \cup Q$ genannt, die durch die folgende Zugehörigkeitsfunktion definiert ist:

$$\mu_{P \cup Q}(u,v) = \mu_P(u,v) \vee \mu_Q(u,v) = \max \{ \mu_P(u,v), \mu_Q(u,v) \}, \ \forall u, v \in U \times U.$$

Als *Complement* der unscharfen Relation $R \subseteq U \times U$ wird die Relation $\bar{R}$ mit der Zugehörigkeitsfunktion $\mu_{\bar{R}}(u,v) = 1 - \mu_R(u,v)$, $\forall u, v \in U \times U$ bezeichnet.

Umgekehrte Relation zur Relation R nennt man die Relation R^{-1} mit der Zugehörigkeitsfunktion $\mu_{R^{-1}}(u,v) = \mu_R(v,u)$, $\forall u, v \in U \times U$. Offenbar ist die Matrix R^{-1} eine zur Matrix R transponierte Matrix.

Von großer Bedeutung in den nächsten Abschnitten ist die Behandlung des Produkts bzw. der Komposition unscharfer Relationen. Im Unterschied zu den üblichen Relationen läßt sich das Produkt (die Komposition) bei unscharfen Relationen verschiedenartig definieren. Es sollen einige der am häufigsten angewandten Definitionen dieser Operation angeführt werden.

Als eine *maximine Komposition* zweier Relationen P und Q aus U × U wird die Relation mit der Zugehörigkeitsfunktion

$$\mu_{P \circ Q}(u,w) = \sup_{u \in U} \min \{ \mu_P(u,v), \mu_Q(v,w) \}$$

bezeichnet.

Als eine *minimaxe Komposition* zweier unscharfer Relationen P und Q aus U × U wird die Relation mit der Zugehörigkeitsfunktion

$$\mu_{P \square Q}(u,w) = \inf_{v \in U} \max \{ \mu_P(u,v), \mu_Q(v,w) \}$$

bezeichnet (□ ist der Operator der inf max — Operation)

Eine *maxi-multiplikative Komposition* zweier unscharfer Relationen P und Q aus U × U wird die Relation mit der Zugehörigkeitsfunktion

$$\mu_{P \circledast Q}(u,w) = \sup_{v \in U} \{ \mu_P(u,v) \times \mu_Q(v,w) \}$$

genannt.

Eine *maxi * -Komposition* zweier unscharfen Relationen P und Q aus U × U wird die Relation mit der Zugehörigkeitsfunktion

$$\mu_{P \circledast Q}(u,w) = \sup_{v \in U} \{ \mu_P(u,v) \odot \mu_Q(v,w) \}$$

genannt.

1.2 Linguistische und unscharfe Variablen

Untersuchungen der letzten Jahre haben gezeigt, daß die konventionellen Methoden der Systemanalyse und Computer- Modellierung, die sich auf die exakte Verarbeitung numerischer Daten stützen, im wesentlichen nicht in der Lage sind, die Komplexität realer Fertigungsprozesse zu erfassen. Dieser Umstand führt dazu, daß zur Gewinnung aussagekräftiger Informationen über das Verhalten realer Systeme mit Hilfe der unscharfen Logik auf die konventionellen Anforderungen an die Meßgenauigkeit verzichtet werden muß, die bis jetzt für die strenge mathematische Analyse vonnöten wären.

Die Notwendigkeit, Genauigkeit und Determiniertheit zu vernachlässigen, resultiert auch aus den Anforderungen bestimmter Steuerungsaufgaben, die bei Anwendungen im Bereich Mensch-Computer-Schnittstelle benötigt werden.

Die Dialogführung ist in solchen Anwendungen ohne den Einsatz von Sätzen in natürlicher Sprache undenkbar. Hier bedient man sich der natürlichen Sprache, um unscharfe Kategorien mit menschlichen Begriffen und Auffassungen zu beschreiben. In diesem Zusammenhang ist es zweckmäßig, die Begriffe der zum erstenmal von Lotfi Zadeh [1] eingeführten linguistischen Variablen zu benutzen. Mit derartigen linguistischen Variablen lassen sich Gegenstände und Erscheinungen durch mündliche Beschreibung adäquat wiedergeben, insbesondere für den Fall, daß eine exakte, determinierte Beschreibung nicht möglich ist. Dabei sei anzumerken, daß die meisten linguistischen Beschreibungen von unscharfen Kategorien öfter nicht weniger Informationen enthalten als entsprechende formale Beschreibungen.

Als Beispiel läßt sich die konkrete Aussage „Peter ist fünfundzwanzig Jahre alt" durch eine angenäherte Aussage „Peter ist jung" zum Ausdruck bringen. In diesem Sinne ist das Wort *„jung"* als linguistische Bedeutung der Variablen „Alter" zu betrachten, wobei die linguistische Bedeutung dieselbe Rolle spielt wie der numerische Wert „25" *(Abb. 1.10)*. Dasselbe kann man über die linguistischen Bedeutungen „äußerst jung", *„ein wenig älter als jung"*, *„fast im Durchschnittsalter"* usw. sagen, wenn man diese den numerischen Werten 17, 24, 31 gegenüberstellt.

Die Gesamtheit der Bedeutungen einer linguistischen Variablen bildet die Termmenge, d. h. die nominale oder verbale Skala der möglichen Variationen dieser Variablen. Diese Menge kann im allgemeinen eine unendliche Anzahl von Elementen besitzen, die in der Praxis jedoch endlich ist.

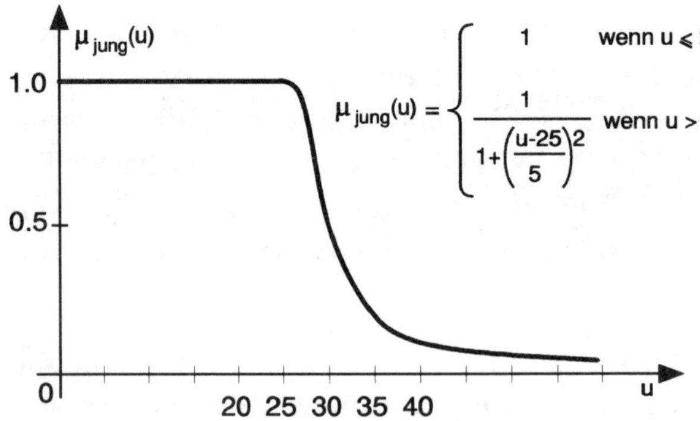

$$\mu_{jung}(u) = \begin{cases} 1 & \text{wenn } u \leq 25 \\ \dfrac{1}{1+\left(\dfrac{u-25}{5}\right)^2} & \text{wenn } u > 25 \end{cases}$$

Abb. 1.10: Linguistische Bedeutung des Ausdrucks „jung"

Zum Beispiel läßt sich die Termmenge der linguistischen Variablen „Alter" folgenderweise darstellen:

T (Alter) = äußerst jung + fast jung + jung +... + fast im Durchschnittsalter + im Durchschnittsalter +...+ alt + ein wenig älter als alt + äußerst alt + uralt.

Das Zeichen „+" bedeutet hier eine Vereinigung. Es sei erwähnt, daß im Fall der linguistischen Variablen „*Alter*" die Zahlenvariable „*Alter*", die beispielsweise die Werte 17, 24, 31, 38,...,94 annehmen kann, die sogenannte Basisvariable der linguistischen Variablen „Alter" ist. Dabei läßt sich eine solche linguistische Bedeutung wie z. B. „*alt*" als Benennung einer unscharfen Begrenzung von numerischen Werten der Basisvariablen interpretieren. Gerade diese Eingrenzung entspricht der Bedeutung des linguistischen Wertes „alt".

Eine unscharfe Begrenzung der Werte einer Basisvariablen wird durch die *Gemeinsamkeitsfunktion* gekennzeichnet. Sie ordnet jedem beliebigen Wert der Basisvariablen eine Zahl aus dem Intervall [0,1] zu und symbolisiert damit die Gemeinsamkeit dieses Wertes mit der unscharfen Begrenzung. Es sei erwähnt, daß die Gemeinsamkeitsfunktion mit der oben eingeführten Zugehörigkeitsfunktion mathematisch und konzeptionell identisch ist.

Ist X die Benennung der unscharfen Variablen, so läßt sich die durch diese Benennung bedingte Begrenzung als Bedeutung der unendlichen Variablen X auslegen. Wenn die durch die Bedeutung *alt* der unscharfen Variablen *Alter* bedingte Begrenzung die unscharfe Teilmenge der Menge U=[17, 94] der Art

$$R(alt) = \int_{17}^{94} \left\{ 1-\left[1- \frac{(u-17)}{77} \right]^2 \right\} /u, \ u \in U,$$

darstellt , dann ist diese unscharfe Menge mit der Bedeutung „alt" zu interpretieren. Oder wenn man z. B. den Begriff *Alt*er für einen Computer einführen will, dann wird unter Begrenzungen U=[0, 20] die unscharfe Teilmenge *alt* folgenderweise dargestellt

$$R(alt) = \int_{0}^{20} \left\{ 1-\left[1- \frac{u}{20} \right]^2 \right\} /u, \ u \in U,$$

oder wie in *Abb. 1.11*.

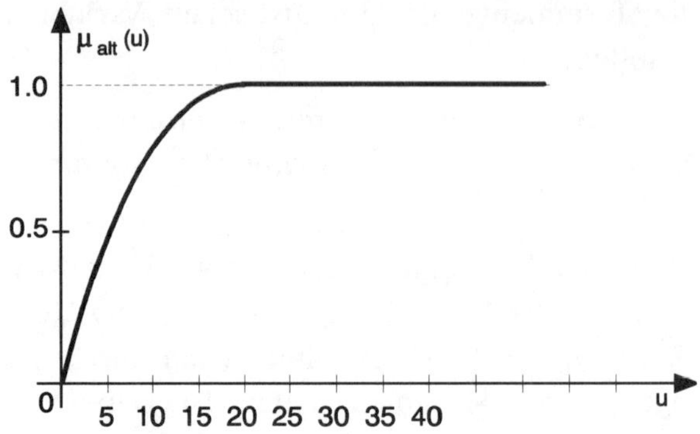

Abb. 1.11: Unscharfe Teilmenge „alt"

Ein anderer wichtiger Aspekt des Begriffes der linguistischen Variablen besteht darin, daß ihr zwei Regeln entsprechen:

- die syntaktische Regel, welche in Form der Grammatik die Benennungen der Variablenwerte festlegen kann, und
- die semantische Regel, welche die algorithmische Prozedur zur Berechnung der Bedeutung jedes beliebigen Wertes bestimmt. Somit bilden diese Regeln einen wesentlichen Teil der *Strukturbeschreibung* der linguistischen Variablen.

Die Behandlung des Begriffes „linguistische Variable" trug bisher einen vorläufigen und deshalb nichtformalen Charakter. Für die mathematische Formalisierung dieses Begriffes ist es notwendig, einige Definitionen und Erläuterungen zu geben, die mit den Begriffen *linguistische Variable* und *unscharfe Variable* verbunden sind. Diese Definitionen ermöglichen weiter die Formalisierung der Beschreibung von komplexen Systemen, die unscharfe linguistische Werte von Parametern und unscharfe Relationen zwischen den Objekten benutzen. In dieser Hinsicht schlagen wir vor:

Definition 1.3 :

Eine übliche (nicht unscharfe) *Variable* wird durch das Tripel (X, U, R(X;u)) gekennzeichnet, wobei X die Benennung der Variablen, U die universale Menge (endlich oder unendlich) und u die allgemeine Benennung der Elemente der erwähnten Menge U seien (für alle Elemente einheitlich). R(X;u) ist die Teilmenge der Menge U, welche die durch die Benennung X bedingte Begrenzung auf die Werte der Elemente u darstellt.

Darüber hinaus entspricht die *Ansatzgleichung* x=u: R(X;u) der Variablen bzw.:

x=u, u∈R(X,u).

Diese Gleichung bringt die Tatsache zum Ausdruck, daß der Wert u der Variablen x unter Berücksichtigung der Begrenzung R(X, u) gleichgesetzt ist. Somit wird die Ansatzgleichung genau dann erfüllt, wenn u∈R(X; u) ist.

Dieses läßt sich am Beispiel der Variablen *Alter* demonstrieren. Hier kann man als U eine Menge von ganzen Zahlen 0, 1, 2, 3, ... usw. nehmen und R(X; u) kann eine Teilmenge 17, 24, 31, ..., 94 sein.

U	0	1	2	...		...		...		...		...
R(x ,u)					17		24		31		94	

Definition 1.4 :

Die unscharfe Variable [5] wird durch das Tripel (X, U, R(X, u)) gekennzeichnet, wobei X die Variablenbenennung und R(X, u) die unscharfe Teilmenge der Menge U seien, welche die durch U bedingte unscharfe Begrenzung auf die Variablenwerte u darstellt. Eine unbegrenzte übliche (nicht unscharfe) Variable u ist für X *Basisvariable*.

Die Ansatzgleichung für X lautet

x=u: R(X; u)

und bringt zum Ausdruck, daß der Wert u unter Berücksichtigung der Begrenzung R(X; u) dem Element x gleichgesetzt wird.

Der Grad, mit dem diese Gleichheit erfüllt wird, wird im allgemeinen *Anpassungseigenschaft des Wertes* u an R(X; u) genannt und mit C(u) bezeichnet. Der Definition nach ergibt sich

$C(u)=\mu_{R(X;u)}(u), \; u \in U,$ wobei $\mu_{R(X;u)}(u)$

der Zugehörigkeitsgrad von u zur Begrenzung R(X; u) ist.

Nachdem die Definitionen der Begriffe übliche und unscharfe Variable dargestellt wurden, gehen wir nun auf die formalisierten Definitionen der linguistischen Variablen ein.

Definition 1.5 :

Die *linguistische Variable* [5] wird durch die Größen (x, T(x), U, G, M) gekennzeichnet. Hierbei ist x die Variablenbenennung und T(x) die Termmenge der Variablen x, d. h. die *Benennungsmenge* entspricht den *linguistischen Variablenwerten* x; dabei ist jeder dieser Werte eine Variable X mit den Werten aus der universalen Menge U mit der Basisvariablen u; G stellt die *syntaktische Regel* (üblicherweise in Form einer Grammatik) dar, welche die X-Benennungen der Variablenwerte x erzeugt. M ist die *semantische Regel*, die jeder unscharfen Variable X ihre Bedeutung M(X), d. h. die unscharfe Teilmenge M(X) der universalen Menge U, zuordnet.

Z. B. ist der Name der linguistischen Variablen „Alter“; T(x)={äußerst jung + fast jung + jung +...}; U={0,1,2,..94}.

Die von der syntaktischen Regel G erzeugte konkrete Benennung X wird *Term* genannt. Ein aus einem oder mehreren Worten bestehender Term, die immer miteinander auftreten, wird *atomarer Term* genannt. Ein aus einem oder mehreren atomaren Termen bestehender Term wird als zusammengesetzter Term bezeichnet. Die Zusammenfassung einiger Komponenten des *zusammengesetzten Terms* (d. h. das Ergebnis der Nacheinanderschreibung der Komponentenketten eines zusammengesetzten Terms) stellt einen Unterterm dar. Hier sind X , X ,.. die Terme in

$T=X_1+X_2+\ldots$

Die Bedeutung M(X) des Terms X ist definiert als die durch die unscharfe Variable X bedingte Begrenzung R(X;u) auf die Basisvariable u und lautet

$M(X) \triangleq R(X;u)$. (1.1)

Dabei wird in Betracht gezogen, daß man R(X;u) und somit M(X) als eine unscharfe Teilmenge der Menge U unter dem Namen X betrachten kann.

Die Ansatzgleichung hat im Fall der linguistischen Variablen die Form

$M(X) = R$ (Term in T(x)) (1.2)

X ein Term in T(x) ist eine Benennung, die durch die Grammatik G erzeugt wird. Daraus folgt dann, daß die dem Term X zugeordnete Bedeutung durch die Gleichung (1.2) ausgedrückt wird.

Z. B. kann man den Satz „Der angestellte Mitarbeiter soll jung sein“ als eine Begrenzung „Der Mitarbeiter ist jung“ formulieren, die der Bedingung R(Alter(vom Mitarbeiter))=jung äquivalent ist.

Mit anderen Worten: die Bedeutung des X-Terms erhält man durch die Anwendung der semantischen Regel M auf die Bedeutung des X-Terms, die gemäß des rechten Teils der Gleichung (1.2) anzusetzen ist. Darüber hinaus ergibt sich aus (1.1), daß M(X) einer Begrenzung identisch ist, die durch den Term X bedingt ist.

Es sei erwähnt, daß die Anzahl von Elementen in T(x) unendlich sein kann. Für diesen Fall ist es notwendig, daß sowohl zur Erzeugung der Elemente der Menge T(x) als auch zur Berechnung ihrer Bedeutung ein bestimmter Auswahl- oder Filteralgorithmus und nicht nur eine Prozedur zum Durchchecken von Termmengenelementen angewendet werden muß.

Man kann sagen, daß die linguistische Variable x *strukturiert* ist, wenn sich ihre Termmenge T(x) und die Funktion M, die jedem Termmengenelement seine Bedeutung zuordnet, durch einen Algorithmus angeben läßt.

Damit sind die mit der strukturierten linguistischen Variablen verbundenen syntaktischen und semantischen Regeln als algorithmische Prozeduren zur Erzeugung der Mengenelemente T(x) und entsprechende Bedeutungsberechnungen eines jeden Terms in T(x) zu betrachten.

In der Praxis hat man jedoch mit den aus geringer Zahl von Termen bestehenden Termmengen häufiger zu tun, so daß es zweckmäßig ist, die Elemente der Termmenge T(x) einfach aufzuzählen und eine direkte Übereinstimmung zwischen jedem Element und seiner Bedeutung festzustellen.

1.3 Fuzzy-Funktionen

Verschiędene Typen von Abbildungen zwischen Mengen, die in einem gewissen Sinn gewöhnliche Abbildungen verallgemeinern, bilden eine Familie von Fuzzy-Funktionen [4, 5, 9, 11, 18-20, 23].

Fuzzy-Funktionen haben mehrere Bedeutungen je nachdem, wo die „Fuzziness" erscheint. Es gibt drei Grundtypen der FuzzyFunktionen:

- gewöhnliche Funktionen mit Fuzzy Eigenschaften oder solche, die die Fuzzy Beschränkungen erfüllen;
- Funktionen, die nur die „Fuzziness" ihrer Argumente tragen, ohne solche selbst zu generieren: Abbild eines Nicht-Fuzzy Elements ist ein Nicht-Fuzzy-Element;
- implizit angegebene Funktionen von Nicht-Fuzzy-Argumenten:

Sei f eine gewöhnliche Funktion aus V nach W:

$x \in V \rightarrow f(x) \in W$

und seien V und W zwei Universen.

Seien A und B zwei Fuzzy-Mengen auf V und W entsprechend. Man sagt, f habe einen Fuzzy-Bereich (Domain) A und einen Grenzwert (Range) B genau dann, wenn

$\forall\, x \in V,\ \mu_B\,(f(x)) \geq \mu_A\,(x)$ gilt.

1.3.1 Fuzzy-Erweiterung einer Nicht-Fuzzy-Funktion

Sei f eine Nicht-Fuzzy-Funktion aus V nach W; das Abbild der Fuzzy-Menge X auf V ist mit Hilfe des Erweiterungsprinzips definiert. f(X) ist also definiert durch

$$\mu_{f(X)}\,(y) = \sup_{x \in f(y^{-1})} \mu_X(x).$$

$$\mu_{f(X)}\,(y) = 0 \quad \text{wenn } f^{-1}(y)=\emptyset,$$

wobei f^{-1} (y) die Menge der Antezedente von y sei.

Beispiel:

$Y = (a \odot X) \oplus b,\ (a,b) \in R^2,\ V=W=R.\ Y=e^{\lambda x},\ \lambda \in R.$

1.3.2 Fuzzy-Funktionen von Nicht-Fuzzy-Variablen

Hier können zwei Typen von Fuzzy-Funktionen mit Nicht-FuzzyVariablen betrachtet werden:

a) fuzzyfizierende Funktionen

b) Fuzzy-Bündel von Funktionen

Eine fuzzyfizierende Funktion aus V nach W ist eine gewöhnliche Funktion aus V nach P(W), $\tilde{f} : x \rightarrow \tilde{f}(x)$.

Zum Beispiel $Y=((A \odot x) \oplus B)$, wobei $(A,B) \in [\tilde{P}(R)]^2$, und noch allgemeiner jede beliebige Funktion mit FuzzyParametern.

Ein Fuzzy-Bündel F von Funktionen aus V nach W ist eine Fuzzy-Menge auf W^V, d. h. also, daß jede Funktion f aus V nach W einen Zugehörigkeitswert $\mu_F(f)$ in F hat.

1.3.3 Nicht-Fuzzy-Funktionen von Fuzzy-Variablen

Sei f eine Funktion aus P(V) nach P(W). Ein Beispiel einer solchen Funktion ist die Erweiterung einer gewöhnlichen Funktion aus X nach Y. Ein anderes Beispiel ist eine Fuzzy-Relation, mit der wir uns im nächsten Kapitel befassen werden.

1.3.4 Fuzzy-Extremum von Fuzzy-Funktionen

Gewöhnlich wird das Extremum einer Funktion f auf einem bestimmten Bereich D an einem exakten Punkt x_o gefunden. Es ist allerdings auch interessant, die Verhaltensweise von f in der Umgebung von x_0 zu kennen. Für diesen Zweck benutzen wir das Konzept der minimierenden Menge.

Sei f eine reellwertige Funktion mit der Menge V als Definitionsbereich. f wird als begrenzt angenommen: durch inf(f) nach unten, und durch sup(f) nach oben. Die maximierende Menge ist eine derartige Fuzzy Menge M in V, daß gilt:

$$\forall x \in X, \mu_M(x) = \frac{f(x) - \inf(f)}{\sup(f) - \inf(f)}$$

Wir haben immer $\mu_M(x_0)=1 \; \forall x_0$,so daß gilt $f(x_0)=\sup(f)$ und $\mu_M(x)=0$ $\forall x$, so daß gilt $f(x)=\inf(f)$.

Die minimierende Menge von f(x) ist als die maximierende Menge von -f(x) definiert.

Es gibt zwei Wege, das Fuzzy-Extremum einer Fuzzy-Funktion zu erhalten:

a) Maximum einer Nicht-Fuzzy-Funktion auf einem Fuzzy-Bereich;
b) Fuzzy-Maximum einer Fuzzy-Funktion auf einem Nicht-Fuzzy-Bereich.

Hier werden wir das Maximum einer Nicht-Fuzzy-Funktion auf einem Fuzzy-Bereich behandeln.

Es gibt zwei Ansätze, an die Lösung dieses Problems heranzugehen in Abhängigkeit davon, was man als Ziel erreichen will — ein Nicht-Fuzzy- oder ein Fuzzy-Maximum.

I. Nicht-Fuzzy-Maximum:
D sei ein Bereich, auf dem wir die Funktion $f: V \rightarrow R$ maximieren wollen. M sei eine maximierende Menge von f. Falls D ein Nicht-Fuzzy-Bereich ist, ist das Element x_0, das die Funktion f auf D maximiert, so, daß gilt

$$\mu_M(x_0) = \sup_{x \in D} \mu_M(x) = \sup_{x \in X} \min(\mu_M(x), \mu_D(x)).$$

Falls D unscharf ist, kann das Maximierungsproblem so interpretiert werden: Es ist ein Element x aus X zu finden, welches gleichzeitig möglichst stark zu der maximierenden Menge und zum Fuzzy-Bereich D gehört. Der entsprechende Zugehörigkeitsgrad ist die Konsistenz von M und D, d. h.

$$\text{hgt}(M \cap D) = \sup_{x \in X} \min(\mu_M(x), \mu_D(x)) = \mu(x_0),$$

hier hat hgt dieselbe Bedeutung wie bei dem Beispiel in Abb. 1.1.

Die Suche nach dem Maximum für

$$\mu(x) = \min(\mu_M(x), \mu_D(x))$$

ist realisiert mittels der Auflösung von D in seinen α-Schnitt D_α, wobei

$$\mu(x_0)= \sup_{x \in X} \min(\mu_M(x), \mu_D(x))= \sup_{\alpha \in [0,1]} \min(\alpha, \sup_{x \in D_\alpha} \mu_M(x)).$$

II. Fuzzy-Maximum:

$$N(\alpha)=\{x_0 \in X, f(x_0)\} = \sup_{x \in D_\alpha} f(x) \text{ und } R= \bigcup_\alpha N(\alpha).$$

$N(\alpha)$ ist die Menge der Elementen auf D_α, die f(x) maximieren.

Die Fuzzy-Menge der maximierenden Elemente ist $M=D \cap R$. Der Fuzzy Wert des Maximums von f auf D ist die Fuzzy-Menge von R, die durch f aus M generiert wurde, mit anderen Worten also, ein solches f(M), für das gilt:

$$\mu_{f(M)}(y) = \sup_{x \in f^{-1}(y)} \mu_N(x).$$

$$C'=A'\circ (B'\circ R) = A'\circ (B'\circ (A \times B \times C)),$$

$$\mu_{C'}(z) = \max_x \min [\mu_{A'}(x), \max_y \min [\mu_{B'}(y), \mu_R(x, y, z)]].$$

1.4 Fuzzy-Gleichungen — Fuzzy-lineare Gleichungen

Viele Aufgaben der Identifikation von Steuer- und Regelobjekten und die Aufgaben zur Synthese von Steuersystemen laufen auf die Lösung von unscharfen Gleichungen hinaus. Deswegen werden in diesem Abschnitt verschiedene Klassen von unscharfen Gleichungen betrachtet.

Eine Fuzzy-Gleichung (FG) ist eine Gleichung, deren Koeffizienten und/oder Variablen Fuzzy-Mengen auf R sind [11, 21, 22]. Das Konzept von Gleichungen kann erweitert werden, um die Fuzzy-Qualitäten auf verschiedene Art behandeln zu können. Betrachten wir ein sehr einfaches lineares Beispiel

$$a \circledast x = b,$$

wobei $a, b \in R$, x sei eine reelle Variable, und * ist eine Gruppenoperation auf R.

Es existiert dann folgende Fuzzy-Version dieser Gleichung:

α) $A \circledast x = B$; $A, B \in P(R)$; $x \in R$.
Die obere Gleichung bedeutet, daß die Fuzzy-Menge $A \circledast x$ die gleiche wie B ist. Wir bemerken, daß es verboten ist, die Terme von einer Seite zu der anderen zu verschieben („shiften“). Zum Beispiel ist die Gleichung $A \circledast x = B$ der Gleichung $(A \circledast x) \ominus B = 0$ nicht äquivalent; die erste kann eine Lösung haben, wobei die zweite bestimmt keine hat, da $(A \circledast x \ominus B)$ unscharf ist und 0 ein Skalarwert ist.

β) $A \circledast x \subseteq B$.
Die obere Gleichung ist die *relaxed* Version von α). Die Fuzzy-Menge $A \circledast x$ muß in B enthalten sein.

γ) $A \circledast x \cong B$
Die obere Gleichung ist eine andere *relaxed* Version von α). Die Fuzzy-Menge $A \circledast x$ muß ungefähr gleich B sein.

δ) $A \circledast x \equiv b$, $X \subseteq P(R)$, $b \in R$.

Diese Gleichungen können in folgender Weise interpretiert werden: Welches Fuzzy-Toleranzintervall X aus x erfüllt, bei gegebenem Fuzzy-Toleranzintervall A aus a, die Bedingung

$a \circledast x = b.$

Bis jetzt haben wir uns mit linearen Fuzzy-Gleichungen von statischen Systemen beschäftigt.

Jetzt wollen wir lineare Fuzzy Gleichungen von dynamischen Systemen, d. h. fuzzy-linear-rekursive Gleichungen, anschauen.

Das dynamische System sei durch lineare Zustandsgleichungen mit Fuzzy-Zahlen als Koeffizienten beschrieben. Die Zustände seien unscharf. Der ursprüngliche Zustand und die Inputs dürfen auch Vektoren von Fuzzy-Zahlen sein. Der Zustand zum Zeitpunkt t+1 ist durch die Gleichung

$X_{t+1} = A \odot X_t \oplus B \odot U_t$, (1.3)

gegeben, wobei A und B $n \times n$ und $n \times m$ Matrizen sind, X_{t+1}, X_t und U_t n, n und m Vektoren entsprechend der Reihenfolge seien.

Die Summe und das Produkt von Fuzzy-Matrizen können unter Verwendung von erweiternden Summen und Produkten ausgedrückt werden:

$X^i_{t+1} = (A_{i1} \odot X^1_t) \oplus \ldots \oplus (A_{in} \odot X^n_t) \oplus (B_{i1} \odot U^1_t) \oplus \ldots \oplus (B_{im} \odot U^m_t)$.

Die Gleichung (1.3) kann erweitert werden:

$X_1 = A \odot X_0 \oplus B \odot U_0$,
$X_2 = A \odot (A \odot X_0 \oplus B \odot U_0) \oplus B \odot U_1$,
....
$X_{t+1} = A \odot (A \odot (\ldots \odot (A \odot X_0 \oplus B \odot U_0) \oplus \ldots) \oplus B \odot U_{t-1} \oplus B \odot U_t$.

1.4.1 Fuzzy-lineare Ungleichungen

Wir wollen uns mit einem System von linearen Fuzzy-Gleichungen befassen

$A_i \odot x \subseteq B_i, \; i=\overline{1,m}$.

Da die Koeffizienten L-R Fuzzy-Zahlen sind, können wir symbolisch schreiben

$A_i = (A_i, \underline{A}_i, \overline{A}_i)_{LR}$,

wobei A_i, $\underline{A}_i$ und $\overline{A}_i$ Vektoren von Mittelwerten und linke und rechte Abweichungen seien. Da x_j positiv ist, ist das System äquivalent zu

$A_i x = b_i, \; \underline{A}_i x \leq \underline{b}_i, \; \overline{A}_i x \leq \overline{b}_i, \; i=\overline{1,m}, \; x \geq 0$,

was ein gewöhnliches lineares Gleichungs- und Ungleichungssystem ist. Entsprechend dem Wert von m und der Anzahl n von Variablen, die benutzt werden, kann es lösbar oder nicht lösbar sein.

Betrachten wir jetzt das System von ungefähren Gleichungen. Seien A und B zwei Fuzzy-Nummern mit

$A = (A, \underline{A}, \overline{A})_{LR}$ und $B = (B, \underline{B}, \overline{B})_{LR}$.

Wie bekannt, ist A dann größer als B (geschrieben als $A \geq B$), sobald $A\text{-}B \geq \underline{A} + \overline{B}$. A nennt man ungefähr gleich B genau dann, wenn weder $A \geq B$ noch $B \geq A$ stimmt.

Es kann auch ein System von approximierten Gleichungen in oben beschriebenem Sinne betrachtet werden, d. h.

$A_i \odot x \cong B_i,\ i=\overline{1,m},$

wobei A_i ein Vektor von L-R-Zahlen und B eine R-L-Zahl seien und $\cong$ die ungefähre Gleichheit bezeichnet. Ein Fuzzy-System ist dem Nicht-Fuzzy-System äquivalent

$b_i\text{-}A_i x \leq \underline{b}_i + \overline{A}_i x$ wenn $0 \leq b_i\text{-}A_i x$,

$A_i x\text{-}b_i \leq \overline{b}_i + \underline{A}_i x$ wenn $0 \leq A_i x\text{-}b_i$.

1.4.2 Fuzzy-relationale Gleichungen

Wir werden nur binäre Relationen und Gleichungen der Form

$$Q * R = S \tag{1.4}$$

betrachten, wobei Q eine Fuzzy-Relation auf X × Y, R eine Relation auf Y × Z und S eine Relation auf X × Z sind. Bei bekannten Q und R in (1.4) ist es einfach, S zu bestimmen.

Das umgekehrte Problem, d. h. bei bekannten S und R (entspr. Q) das Q (entspr. R) zu bestimmen, ist zwar genau so interessant, kann aber schwieriger erscheinen. Wir betrachten jetzt folgendes Problem:

finde Q, wenn S und R bekannt sind
(oder finde R, wenn S und Q bekannt sind).

Zwei fundamentale Ergebnisse, die die zwei größten Lösungen dieses Problems geben, ergeben sich wie folgt:

1. Q sei eine Fuzzy-Relation auf X × Y, S sei eine Fuzzy-Relation auf X × Z und $\mathscr{R}$ sei so eine Menge von Fuzzy-Relationen R auf Y × Z, so daß Q ∘ R = S gilt. Dann gilt entweder $\mathscr{R} = \varnothing$ oder Q^{-1} @ S ∈ $\mathscr{R}$. Wenn $\mathscr{R} \neq \varnothing$, ist Q^{-1} @ S das größte Element in R.

2. R sei eine Fuzzy-Relation auf Y × Z, S sei eine Fuzzy-Relation auf X × Z und $\mathscr{Q}$ sei so eine Menge von Fuzzy-Relationen auf Y * Z, so daß Q ∘ R = S gilt. Dann gilt entweder $\mathscr{Q} = \varnothing$ oder $(R @ S^{-1})^{-1} \in \mathscr{Q}$. Wenn $\mathscr{Q} \neq \varnothing$, ist $(R @ S^{-1})^{-1}$ das größte Element in $\mathscr{Q}$.

Jetzt wollen wir zwei konkrete Fälle dieses Problems anschauen. Das erste Problem ist auf folgende Weise definiert:

es muß ein derartiges R gefunden werden, daß gilt

$$A \circ R = B \tag{1.5}$$

wobei A eine Fuzzy-Menge auf X sei, B eine Fuzzy Menge auf Y und R eine unbekannte Fuzzy-Relation auf X × Y mit dem Wertebereich [0,1]. X und Y werden als endlich betrachtet.

Seien A und B zwei Fuzzy-Mengen auf X und Y entsprechend. Die Fuzzy-Relation A ⓐ B in X × Y hat die Zugehörigkeitsfunktion

$\mu_{A \circledcirc B}(x,y) = \mu_A(x) \circledcirc \mu_B(y))$.

Sei $\mathscr{R} = \{R, A \circ R = B\}$. Wenn $\mathscr{R} \neq \varnothing$, dann gilt $A \circledcirc B \in \mathscr{R}$

Das zweite Problem besteht in folgendem: es ist eine unbekannte Fuzzy-Menge A auf X (endlich) zu finden, so daß gilt A ∘ R=B, wobei B eine Fuzzy-Menge auf Y (endlich) sei, und R eine Fuzzy Relation auf X × Y sei.

$\mu_B(x) = \sup \min (\mu_A(y), \mu_R(x, y))$.

Dieses Problem hat keine Lösung, sobald $\exists$ y $\forall$x (d. h. für manches y und für jedes x) $\mu_R(x, y) < \mu_B(y)$ gilt.

Wenn die Lösung $\mu_A$existiert, erfüllt die Menge A folgende Eigenschaften:

A ist eine Lösung, dann und nur dann, wenn

1. $\forall y, (\exists x, \mu_A(x) \geq \mu_R(x, y) = \mu_B(y))$

oder $(\exists x, \mu_A(x) = \mu_B(y) < \mu_R(x, y))$,

2. $\forall x \ \forall y, \quad \mu_A(x) \leq \mu_B(y)$ wenn $\mu_R(x, y) > \mu_B(y)$.

Jetzt wollen wir eine mehr verallgemeinerte Version dieses Problems betrachten.

Es ist bekannt, daß 3 Typen von der Gleichung (1.3) existieren, und zwar

$$Y = X \circ R, \tag{1.6}$$
$$Y = X * R, \tag{1.7}$$
$$Y = X \square R, \tag{1.8}$$

wobei X und Y als Fuzzy-Mengen betrachtet werden, die auf den disjunkten Universen V und U definiert seien; R steht für eine Fuzzy-Relation des kartesischen Produkts zwischen U und V; °, * und □, sind entsprechend der Reihenfolge die supmin-, sup-prod- und inf-max-Kompositions-Operatoren. Die Gleichungen (1.6) bis (1.8) können unter Verwendung von Zugehörigkeitsfunktionen von X,Y und R in der folgenden Form aufgeschrieben werden,

$$\mu_Y(y) = \sup_{x \in X} \min(\mu_X(x), \mu_R(x, y)),$$

$$\mu_Y(y) = \sup_{x \in X} (\mu_X(x) \times \mu_R(x, y)),$$

$$\mu_Y(y) = \inf_{x \in X} \max(\mu_X(x), \mu_R(x, y)),$$

$y \in Y$.

Betrachten wir folgende Beispiele:

Beispiel 1:

Es sei: $X = 0.2/1 + 0.4/2 + 1.0/3$

und $R = 1.0/(1,5)+1.0/(1,6)+1.0/(1,7)+$
$1.0/(2,5)+1.0/(2,6)+1.0/(2,7)+$
$0.6/(3,5)+0.8/(3,6)+1.0/(3,7)$

bzw. in Vektorform

$$X = \begin{vmatrix} 0.2 & 0.4 & 1.0 \end{vmatrix},$$

$$R = \begin{vmatrix} 1.0 & 1.0 & 1.0 \\ 1.0 & 1.0 & 1.0 \\ 0.6 & 0.8 & 1.0 \end{vmatrix}$$

Um das Fuzzy-Set Y zu berechnen benutzen wir die Fuzzy-Relations-Gleichung:

$$Y = X \circ R,$$

$$\mu_Y(y) = \sup_{x \in X} \min(\mu_X(x), \mu_R(x,y)),$$

wobei $\mu_Y(y) = \sup_{x \in X} \min(\mu_X(x), \mu_R(x,y)) =$

$$= \sup_{x \in X} \min \left\{ \begin{vmatrix} 0.2 & 0.4 & 1.0 \end{vmatrix}, \begin{vmatrix} 1.0 & 1.0 & 1.0 \\ 1.0 & 1.0 & 1.0 \\ 0.6 & 0.8 & 1.0 \end{vmatrix} \right\}$$

$$= \left| \begin{array}{l} \sup\{\min(0.2,1.0), \min(0.4,1.0), \min(1.0,0.6)\} \\ \sup\{\min(0.2,1.0), \min(0.4,1.0), \min(1.0,0.8)\} \\ \sup\{\min(0.2,1.0), \min(0.4,1.0), \min(1.0,1.0)\} \end{array} \right|$$

$$= \left| \sup(0.2,0.4,0.6)\ \sup(0.2,0.4,0.8)\ \sup(0.2,0.4,1.0) \right|$$

$$= \left| 0.6,\ 0.8,\ 1.0 \right|$$

Das Ergebnis lautet somit: Y = 0.6/5 + 0.8/6 + 1.0/3

Beispiel 2:
Es seien das Fuzzy-Set X und die Fuzzy-Relation R wie folgt beschrieben:

$$X = 0.5/4 + 0.8/5 + 1.0/6$$

$$\begin{aligned} R = {} & 0.4/(4,10) + 1.0/(4,11) + 1.0/(4,12) + \\ & 0.25/(5,10) + 0.75/(5,11) + 1.0/(5,12) + \\ & 0.2/(6,10) + 0.6/(6,11) + 0.9/(6,12) \end{aligned}$$

bzw. in Vektorform

$$X = \left| 0.5 \quad 0.8 \quad 1.0 \right| ,$$

$$R = \left| \begin{array}{lll} 0.4 & 1.0 & 1.0 \\ 0.25 & 0.75 & 1.0 \\ 0.2 & 0.6 & 0.9 \end{array} \right| .$$

Um das Fuzzy-Set Y zu berechnen, benutzen wir die FuzzyRelations-Gleichung:

$$Y = X \circ R ,$$

$$\mu_Y(y) = \sup_{x \in X} (\mu_X(x) \times \mu_R(x,y)),$$

wobei $\mu_Y(y) = \sup_{x \in X} (\mu_X(x) \times \mu_R(x,y)) =$

$$= \sup_{x \in X} \left\{ \left| 0.5\ 0.8\ 1.0 \right| , \left| \begin{array}{lll} 0.4 & 1.0 & 1.0 \\ 0.25 & 0.75 & 1.0 \\ 0.2 & 0.6 & 0.9 \end{array} \right| \right\}$$

$$= \left| \begin{array}{l} \sup\{0.5 \times 0.4,\ 0.8 \times 0.25,\ 1.0 \times 0.2\} \\ \sup\{0.5 \times 1.0,\ 0.8 \times 0.75,\ 1.0 \times 0.6\} \\ \sup\{0.5 \times 1.0,\ 0.8 \times 1.0,\ 1.0 \times 0.9\} \end{array} \right|$$

$$= \left| \sup(0.2,0.2,0.2)\ \sup(0.5,0.6,0.6)\ \sup(0.5,0.8,0.9) \right|$$

$$= \left| 0.2\ 0.6\ 0.9 \right|$$

Das Ergebnis lautet somit: Y = 0.2/10 + 0.6/11 + 0.9/12

Beispiel 3:
Nun sei:

$$X = 0.1/6 + 0.5/7 + 0.8/8$$

$$\text{und } R = 0.4/(6,3) + 0.8/(6,4) + 1.0/(6,5) + 0.0/(7,3) + 0.8/(7,4) + 1.0/(7,5) + 0.0/(8,3) + 0.0/(8,4) + 1.0/(8,5)$$

bzw. in Vektorform

$$X = |\, 0.1 \; 0.5 \; 0.8 \,|$$

$$R = \begin{vmatrix} 0.4 & 0.8 & 1.0 \\ 0.0 & 0.8 & 1.0 \\ 0.0 & 0.0 & 1.0 \end{vmatrix}$$

Das Fuzzy-Set Y berechnet sich mit der Gleichung

$$Y = X\,R$$

$$\mu_Y(y) = \inf_{x \in X} \max\,(\mu_X(x)\,,\, \mu_R(x,y)),$$

$$\text{wobei } \mu_Y(y) = \inf_{x \in X} \max(\mu_X(x)\,,\, \mu_R(x,y)) =$$

$$= \inf_{x \in X} \max \left\{ |\, 0.2 \; 0.5 \; 0.8 \,|\,,\, \begin{vmatrix} 0.4 & 0.8 & 1.0 \\ 0.0 & 0.8 & 1.0 \\ 0.0 & 0.0 & 1.0 \end{vmatrix} \right\}$$

$$= \begin{vmatrix} \inf\{\max(0.1,0.4),\, \max(0.5,0.0),\, \max(0.8,0.0)\} \\ \inf\{\max(0.1,0.8),\, \max(0.5,0.8),\, \max(0.8,0.0)\} \\ \inf\{\max(0.1,1.0),\, \max(0.5,1.0),\, \max(0.8,1.0)\} \end{vmatrix}$$

$$= |\, \inf(0.4,0.5,0.8) \; \inf(0.8,0.8,0.8) \; \inf(1.0,1.0,1.0) \,|$$

$$= |\, 0.4 \; 0.8 \; 1.0 \,|$$

Das Ergebnis lautet somit: $Y = 0.4/3 + 0.8/4 + 1.0/5$

Mit bekannten y und x kann man analog R berechnen.

Falls X und Y bekannt sind und die sup-min Fuzzy relationele Gleichung (1.4) erfüllen, ist die Fuzzy-Relation R, die die Lösung dieses Problems ist, wie folgt definiert:

Falls die Mengen X und Y die Gleichung $X \circ R = Y$ erfüllen, dann ist die größte Fuzzy-Relation $\tilde{R}$, die die Gleichung $Y = X * \tilde{R}$ erfüllt, gleich

$$\tilde{R} = X \circledast Y,$$

wobei α für die α-Komposition von X und Y steht.

Falls X und Y die Gleichung $X \square R = Y$ erfüllen, dann ist die kleinste Fuzzy-Relation $\tilde{R}$, die die Gleichung $X \square R = Y$ erfüllt, gleich

$$\tilde{R} = X \circledS Y,$$

wobei ε für die ε-Komposition von X und Y steht.

Falls X und Y die sup-prod Fuzzy relationale Gleichung $X * R = Y$ erfüllen, dann ist die größte Fuzzy-Relation R′, die die Gleichung $X * R' = Y$ erfüllt, gleich

$$R' = X \oslash Y.$$

Da wir Fuzzy relationale Gleichungen mit binären Relationen behandeln, können sie auf diese Weise leicht in n-äre Fuzzy-Relationen modifiziert werden. Damit erhalten wir

$$Y = X_1 \circ X_2 \circ \ldots \circ X_n \circ R,$$
$$Y = X_1 * X_2 * \ldots * X_n * R,$$
$$Y = X_1 \square X_2 \square \ldots \square X_n \square R,$$

dabei sei

$$\mu_Y(y) = \sup_{\substack{x_1 \in X_1 \\ x_2 \in X_2 \\ \ldots\ldots\ldots \\ x_n \in X_n}} \min(\mu_{X_1}(x_1), \mu_{X_2}(x), \ldots, \mu_{X_n}(x_n))$$

$$\mu_Y(y) = \sup_{\substack{x_1 \in X_1 \\ x_2 \in X_2 \\ \ldots\ldots \\ x_n \in X_n}} (\mu_{X_1}(x_1) \times \mu_{X_2}(x_2) \times \ldots \times \mu_{X_n}(x_n))$$

$$\mu_Y(y) = \inf_{\substack{x_1 \in X_1 \\ x_2 \in X_2 \\ \ldots\ldots\ldots \\ x_n \in X_n}} \max(\mu_{X_1}(x_1), \mu_{X_2}(x_2), \ldots, \mu_{X_n}(x_n))$$

In den obigen Gleichungen betrachten wir lediglich statische Fuzzy relationale Gleichungen.

Fuzzy relationale Gleichungen können dynamisch sein, d. h. zeitabhängig. Sie haben die Form

$X_{t+1} = U_t \circ X_t \circ R,$ (1.9)

wobei X_t, X_{t+1} für die Prozeßzustände für die diskreten Zeitmomente t und t+1 stehen, U_t sei die Kontrolle für den Zeitmoment t, und R sei die zeitabhängige systembeschreibende Relation. Beide Zustände und die Kontrolle werden als Fuzzy-Menge aus dem endlichen Raum des Zustands X und der Kontrolle U behandelt.

Methoden zur Lösung der Gleichung (1.9) sind analog zu der Lösung statischer Fuzzy relationaler Gleichungen.

Die Resultate dieses Abschnittes werden für die Identifikation von technologischen Prozessen, dynamischen Systemen, die mit unscharfen Gleichungen beschrieben sind, und für unscharfe Regelungssysteme benutzt.

1.5 Elemente der Fuzzy-Logik

Gemäß einer der am häufigsten vorkommenden Definitionen stellt die Logik die Analyse der Denkmethoden dar. Während der Untersuchung dieser Methoden interessiert in erster Linie die Form und nicht der Inhalt der Argumente dieser Logik. Die Richtigkeit oder Falschheit der einzelnen Prämissen oder Schlüsse sind für die Logik nicht von Interesse. Diese interessierten nur dann, wenn sich die Richtigkeit einer Schlußfolgerung aus der Richtigkeit der Prämissen ergibt. Systematische Formalisierung und Katalogisierung der richtigen Überlegungsmethoden gehören zu den grundsätzlichen Aufgaben der Logik.

In der Logik kann man durch verschiedenartiges Verknüpfen von einfachen Aussagen kompliziertere Aussagen zusammenstellen. Im folgenden sollen nur diejenigen wahrheitsfunktionalen Kombinationen behandelt werden, in denen Wahrheit oder Falschheit der neugebildeten Aussagen durch die Wahrheit oder Falschheit der ursprünglichen Aussagen bestimmt werden.

Eine der einfachsten Operationen an Aussagen ist die Verneinung. Ist A zum Beispiel eine Aussage, so wird die Verneinung von A durch ¬A bezeichnet und als „nicht A" gelesen.

Eine andere wahrheitsfunktionale Operation an Aussagen ist die Konjunktion J, die mit A & B gebildet wird. Eine Aussage ist dann und nur dann richtig, wenn die beiden Aussagen A und B richtig sind. Die Aussagen A und B werden konjunktive Glieder der Konjunktion A & B genannt.

Die Disjunktionsoperation an den Aussagen A und B entspricht dem Junktor ODER und wird als A∨B bezeichnet. In der konventionellen Sprache besitzt der Junktor ODER zwei verschiedene Bedeutungen — disjunktiv und kopulativ. In der Disjunktionsoperation besitzt der Junktor ODER nur die kopulative Bedeutung.

Eine weitere wichtige richtigkeitsfunktionale Operation ist die Folgerung: *wenn* A existiert, *dann* existiert B. Diese Aussage ist falsch, wenn die Prämisse A richtig und der Schluß B falsch ist. Die Aussage „*wenn* A existiert, *dann* existiert B", kann geschrieben werden: A ⊃ B. Diesen Ausdruck nennt man *Implikation*.

Der Ausdruck „A existiert dann und nur dann, wenn B existiert" wird im allgemeinen durch A ≡ B bezeichnet. Einen solchen Ausdruck nennt man *Äquivalenz*. Offenbar ist, daß A ≡ B dann und nur dann richtig ist, wenn A und B ein und denselben Wahrheitswert annehmen.

Nachstehend ist die Wahrheitstabelle, nach Ludwig Wittgenstein, für alle diese Operationen angeführt.

A	B	¬A	A&B	A∨B	A⊃B	A≡B
R	R	F	R	R	R	R
F	R	R	F	R	R	F
R	F	F	F	R	F	F
F	F	R	F	F	R	R

Die Symbole ¬, &, ∨, ⊃, ≡ werden propositionale Junktoren genannt. Jede beliebige mit diesen Junktoren gebildete Aussage hat einen gewissen von der Wahrheit der Bedeutungen bildenden Aussagen abhängenden Wahrheitswert.

Propositionale Form wird der Ausdruck genannt, wenn die propositionalen Buchstaben A, B, C usw. mit einem propositionalen Junktor gebildet wurden.

Jede beliebige Aussage bestimmt eine gewisse Wahrheitsfunktion, die mit einer Wahrheitstabelle graphisch dargestellt werden kann. Eine Wahrheitsfunktion mit n Argumenten nennt man jede Funktion von n Argumenten, die nur einen der beiden Wahrheitswerte R (richtig) und F (falsch) annimmt, wenn ihre Argumente dieselben und nur dieselben Werte annehmen.

Eine Aussageform, deren Wahrheitsbedeutung R (richtig) ist, unabhängig davon, welche Werte die in ihr vorkommenden Aussagenvariablen annehmen, wird Tautologie genannt. Die Aussageform ist dann und nur dann eine Tautologie, wenn die entsprechende Wahrheitsfunktion nur den R-Wert annimmt. Zum Beispiel sind folgende Sätze Tautologien

1. $\neg$ (A & $\neg$ A) das Widerspruchsverneinungsgesetz;
2. ((A $\vee$ B) $\rightarrow$($\neg$ A $\rightarrow$B)) und ($\neg$ B $\rightarrow$A) Disjunktion gleich Verneinung der Implikation;
3) (((A $\rightarrow$B) & A) $\rightarrow$B).

Die logische Aussage, die bei allen möglichen Wahrheitswerten ihrer Variablen falsch ist, wird ihrerseits *Widerspruch* genannt, zum Beispiel die logische Aussage (A $\equiv$ $\neg$ A) oder (A & ($\neg$ A)).

Es sei erwähnt, daß die Implikation eine weitere wichtige Eigenschaft besitzt, die auch *Trennungsregel (modus ponens)* genannt wird: wenn (A $\rightarrow$B) und A richtig ist, dann ist B ebenfalls richtig. Diese Regel wird auch als die erste Form des hypothetischen Syllogismus bezeichnet. Unter einem Syllogismus wird eine deduktive Schlußfolgerung verstanden, in der eine Aussage die unerläßliche Folge beider anderen ist. Diese Eigenschaft spielt, wie oben erwähnt, eine wichtige Rolle bei der Simulation komplizierter Fertigungsprozesse.

Bisher betrachteten wir die binäre (Boolesche bzw. zweiwertige) Logik. Jetzt gehen wir zur mehrdeutigen (mehrwertigen) Logik über. Der Wahrheitsraum ist in dieser Logik ein wirkliches Intervall [0,1]. Die Idee der mehrwertigen Logik findet sich bereits bei George Boole in seinem Buch von 1853 über die Algebra der Logik, entstanden in Irland. Die ersten mehrwertigen Logiken wurden 1920 getrennt voneinander von Lukasiewicz in Polen und Emil Post in den USA entwickelt. Für Neuronennetze hat sie Johann von Neumann 1952 in den USA entworfen. Eine weitere Variante wurde von Lofti Zadeh in den USA 1966 als Grundlage der Fuzzy-Sets entwickelt. Darüber soll in diesem Buch die Rede sein. Diese als mehrdeutig oder unscharf bezeichnete Logik stützt sich auf die Theorie der unscharfen oder diffusen Mengen. Bestimmen wir nun die semantische Wahrheitsfunktion dieser mehrdeutigen Logik. Es sei P eine Aussage und v(P) ihr Wahrheitswert. Dabei ist $v(P) \in [0,1]$.

Die Verneinung für die Aussage P wird folgendermaßen definiert: $v(\neg P)=1-v(P)$. Also ergibt sich $v(\neg\neg P)=v(P)$. Der Implikationsjunktor $\rightarrow$ wird immer wie folgt bestimmt:

$$v(P \rightarrow Q)= v(\neg P \vee Q),$$

und die Äquivalenz:

$$v(P \leftrightarrow Q)= v[P \rightarrow Q \wedge (Q \rightarrow P)].$$

Es sei bemerkt, daß die ausschließende Disjunktion ex (Exklusiv-Oder), die Verneinungsdisjunktion bzw. der Schäffersche Junktor / und die Verneinungskonjunktion $\downarrow$ und $\sim\rightarrow$ als die Verneinung der Äquivalenz $\leftrightarrow$, der Konjunktion $\wedge$, der Disjunktion $\vee$ und der Implikation $\rightarrow$ definiert werden.

Tautologie und Widerspruch werden entsprechend dargestellt:

$$v(\dot{P})=v(P \vee \neg P); \; v(\mathring{P})=v(P \wedge \neg P).$$

Verallgemeinerung:

$$v(\dot{P}Q)=v((P\vee\neg P) \vee (Q\vee\neg Q)); \quad v(\mathring{P}Q)=v((P\wedge\neg P) \wedge(Q\wedge\neg Q)).$$

Es seien die Grundjunktoren der unscharfen Logik in den zwei am häufigsten vorkommenden Theorien der unscharfen Mengen bestimmt.

Die auf ($\mathscr{P}$(x), $\cup$, $\cap$, -) basierende Fuzzy-Logik.
In diesem Fall werden die Disjunktion und Konjunktion wie folgt definiert:

$$v(P \vee Q)=\max(v(P),v(Q)); \; v(P \wedge Q)=\min(v(P),v(Q)).$$

Es ist selbstverständlich, daß $\vee$ und $\wedge$ kommutativ, assoziativ, idempotent, distributiv sind und nicht dem Gesetz des ausgeschlossenen Dritten folgen, d. h. $v(P \vee \neg P)\neq 1$ und $v(P \wedge\neg P)\neq 0$, sondern dem Absorptionsgesetz

$(v((P) \vee (P \wedge Q)))=v(P); (v((P) \wedge (P \vee Q)))=v(P),$

sowie den De-Morgan-Gesetzen

$v(\neg (P \wedge Q))=v(\neg P \vee \neg Q); v(\neg (P \vee Q))=v(\neg P \wedge \neg Q)$

gerecht werden.

Die Äquivalenz wird durch

$v [(\neg P \vee Q) \wedge (P \vee \neg Q)]=v[(P \wedge Q) \vee (\neg P \wedge \neg Q)]$

bestimmt.

Das Gesetz des Exklusiv Oder lautet:

$v[(\neg P \wedge Q) \vee (P \wedge \neg Q)]=v[(P \vee Q) \wedge (\neg P \vee \neg Q)].$

Nachstehend sind die Ausdrücke für 16 Junktoren angeführt:

PQ	$\mathring{P}Q$	$P \vee Q$	$Q \rightarrow P$	P
pq pq	max(p, 1-p,q, 1-q) $P \rightarrow Q$	max(p,q) Q	max(p,1-q) $P \leftrightarrow Q$	p $P \wedge Q$
pq	max(1-p, q) P/Q	q p ex Q	min(max(1-p,q), max(p,1-q)) $\neg Q$	min(p,q) $Q \sim\!\rightarrow P$
pq PQ	max(1-p, 1-q) $\neg P$	max(min(1-p,q pQ min(p,1-q)) $P \sim\!\rightarrow Q$	1-q $P \downarrow Q$	min(p,1-q) $\mathring{P}Q$
pq	1-p	min(1-p,q)	min(1-p,1-q)	min(p,1-p,q, 1-q)

Hier wird vorausgesetzt, daß v(P)=p und v(Q)=q ist.

Die Quantoren in den Aussagen werden bestimmt durch:

$v(\exists x P(x))=\sup_x(v(P(x))); \quad v(\forall x P(x))=\inf_x(v(P(x))),$

wobei x ein Element des Überlegungsgebietes ist.

Die auf ($\mathscr{P}(x)$, $\cup$, $\cap$, -) basierende mehrdeutige Logik wird im allgemeinen konsequente K-Standardlogik genannt. In dieser Logik genügen die Junktoren den nachstehenden Eigenschaften:

Implikation $v[P \rightarrow (Q \rightarrow R)] = v[(P \wedge Q) \rightarrow R]$;

Tautologie und Widerspruch

$v(P \rightarrow P) = v(\dot{P})$; $v(\mathring{P} \rightarrow P) = v(P)$; $v(P \rightarrow \mathring{P}) = v(\mathring{P})$;

$v(P \leftrightarrow P) = v(\dot{P})$; $v(\mathring{P} \rightarrow P) = v(\dot{P})$; $v(P \rightarrow \mathring{P}) = v(\neg P)$;

$v(P \leftrightarrow \neg P) = v(\mathring{P})$;

Schäffersche und Pirssche Junktoren

$v(\neg P) = v(P/P)$; $v(P \rightarrow Q) = v(P/(Q/Q))$; $v(\mathring{P}) = v(P/(P/P))$.

In [11] wurde gezeigt, daß mehrdeutige Logik eine Abschwächung (im Sinne der Unschärfe) der Aussagenlogik (im Sinne des Erweiterungsprinzips) ist. In dieser Logik wird jeder Aussage P eine normalisierte unscharfe Menge in [0,1] in Übereinstimmung gebracht, d. h. das Paar $\{\mu_q(0), \mu_q(1)\}$ wird als Falschheits- bzw. Wahrheitsgrad ausgelegt. Da die logischen Junktoren des Aussagenkalküls Wahrheitsfunktionale sind, d. h. als Funktionen dargestellt werden, lassen sie sich abschwächen. Es sei hervorgehoben, daß diese Logik zum erstenmal von Kleene und Dines unabhängig voneinander entwickelt wurde.

Die auf ($\mathscr{P}(x)$, $\dot{\cup}$ $\underset{\cdot}{\cap}$, -) basierende Logik. In diesem Fall werden die Disjunktion und Konjunktion wie folgt definiert:

$v(P \dot{\vee} Q) = \min(1, v(P) + v(Q))$; $v(P \underset{\cdot}{\wedge} Q) = \max(0, v(P) + v(Q) - 1)$.

Es ist klar, daß $\dot{\vee}$ und $\underset{\cdot}{\wedge}$ kommutativ, assoziativ, nichtidempotent, nichtdistributiv sind und dem Gesetz

$v(\neg (P \underset{\cdot}{\wedge} Q)) = v(\neg P \dot{\vee} \neg Q)$;

dem De-Morgan-Gesetz

$v(\neg (P \dot{\vee} Q)) = v(\neg P \underset{\cdot}{\wedge} \neg Q)$

sowie dem Gesetz des ausgeschlossenen Dritten

$v(P \dot{\vee} \neg P) = 1$, $v(P \underset{\cdot}{\wedge} \neg P) = 0$
genügen.

Nachstehend sind die Ausdrücke von 16 Junktoren gegeben:

PQ	$P \dot{} Q$	$P \dot{\vee} Q$	$Q \Rightarrow P$	P
pq	1	min(1,p+q)	min(1,p+1-q)	p
PQ	$P \Rightarrow Q$	Q	$P \Longleftrightarrow Q$	$P \underset{\cdot}{\wedge} Q$
pq	min(1,1-p+q)	q	$1- \vert p-q \vert$	max(0,p+q-1)
PQ	$P \parallel Q$	P ex Q	$\neg Q$	$Q \not\approx\!\Rightarrow P$
pq	min(1,1-p+1-q)	$\vert p-q \vert$	1-q	max(0,p-q)
PQ	$\neg P$	$P \not\approx\!\Rightarrow Q$	$P \downdownarrows Q$	$\mathring{P}Q$
pq	1-p	max(0,q-p)	max(0,1-p-q)	0

Hier werden die Junktoren $\vee$, $\rightarrow$, $\leftrightarrow$, $\wedge$, /, ex, $\sim\!\rightarrow$, $\downarrow$
durch $\dot{\vee}$, $\Rightarrow$, $\Longleftrightarrow$, $\underset{\cdot}{\wedge}$, $\parallel$, ex, $\not\approx\!\Rightarrow$, $\downdownarrows$

ersetzt.
Die Tautologie und der Widerspruch werden folgenden Eigenschaften gerecht:

$$v(P \Rightarrow P)=v(\dot{P}),\ v(\mathring{P} \Rightarrow P)=v(P),\ v(P \Rightarrow \mathring{P})=v(\mathring{P}),$$

$$v(P \Longleftrightarrow P)=v(P),\ v(\mathring{P} \Rightarrow P)=v(\mathring{P}),\ v(P \Longleftrightarrow \mathring{P})=v(\neg P).$$

In den Definitionen von Zadeh entspricht die Implikation $\Rightarrow$ einem üblichen Einschluß der unscharfen Mengen und die Symbole ex und $\not\approx\!\Rightarrow$ entsprechen den Symbolen Δ-symmetrische Differenz und $\parallel$ -begrenzte Differenz. Die gegebene Logik ist unter dem Namen Lukasiewicz-Logik ($\pm$) bekannt.

Es sei erwähnt, daß zwei verschiedene Theorien der unscharfen Mengen existieren und die auf deren Basis aufgebaute Logik zur Zeit nicht zu den allgemein bekannten Logikarten gehört. In diesem Zusammenhang ist es zweckmäßig, die semantische Analyse der hauptsächlich bekannten mehrdeutigen Logiken zu betrachten und mit der Darlegung von Kenntnissen aus der Theorie unscharfer „starker" Mengen zu beginnen. Dieses ist für die Formalisierung einiger zur Durchführung semantischer Analysen notwendiger Operationen an unscharfen Mengen unentbehrlich.

Es seien A und B unscharfe Teilmengen eines deutlichen Universums U; innerhalb der Theorie unscharfer Mengen ist man im herkömmlichen

Sinne der Ansicht, daß A die Teilmenge von B dann und nur dann ist, wenn gilt: $\mu_A \leq \mu_B$, d. h. $\forall x \in U, \mu_A x \leq \mu_B x$.

Definition 1.6:
Sind [12] ein unscharfer Implikationsoperator $\rightarrow$ und eine unscharfe Menge B aus dem Universum U vorhanden, so wird die unscharfe „starke" Menge $\mathscr{P}B$ aus B durch die Zugehörigkeitsfunktion $\mu_{\mathscr{P}B}$ der Art

$$\mu_{\mathscr{P}B}A = \bigwedge_{x \in U} (\mu_A x \rightarrow \mu_B x)$$

angegeben.

Der Grad, der angibt, inwieweit Menge A Teilmenge von B ist, lautet:

$$\Pi(A \subseteq B) = \mu_{\mathscr{P}B}A.$$

Definition 1.7:
Ist [12] ein unscharfer Implikationsoperator $\rightarrow$ in einem geschlossenen Einzelintervall [0,1] gegeben, so ergibt sich:

$$a \leftarrow b = b \rightarrow a$$

$$a \leftrightarrow b = (a \rightarrow b) \wedge (a \leftarrow b) = (a \rightarrow b) \wedge (b \rightarrow a).$$

Definition 1.8:
Anders als bei den Definitionsbedingungen 1.6 spricht man im Falle einer Äquivalenz beider unscharfer Mengen A und B von ihrem „Äquivalenzgrad":

$$\Pi(A \equiv B) = \Pi(A \subseteq B) \wedge (A \geq B);$$

$$\Pi(A \equiv B) = \bigwedge_{x \in U} (\mu_A x \leftrightarrow \mu_B x).$$

In [12] wurde gezeigt, daß es im allgemeinen für praktische Anwendungen gerechtfertigt ist, mit mehrwertigen Logiken zu arbeiten, in denen logische Variable Werte aus dem reellen Intervall I=[0,1] annehmen. Dieses Intervall soll dabei selbst in 10 Teilintervalle aufgeteilt sein, d. h. die Menge V_{11} = [0, 0, 1, 0, 2, ..., 1] soll benutzt werden.

Die in [13] angesprochenen Implikationsoperationen innerhalb der zu analysierenden Logiken sehen wie folgt aus:

1. die S#-Logik

$$a \underset{S\#}{\rightarrow} b = \begin{cases} 1, \text{ wenn } a \neq 1 \text{ oder } b=1; \\ 0 \text{ im entgegengesetzten Fall;} \end{cases}$$

2. die S-Logik („Standardfolge"):

$$a \underset{S}{\rightarrow} b = \begin{cases} 1, \text{ wenn } a \leq b; \\ 0 \text{ im entgegengesetzten Fall;} \end{cases}$$

3. die G-Logik („Gödel-Reihe")

$$a \underset{g}{\rightarrow} b = \begin{cases} 1, \text{ wenn } a \leq b; \\ b \text{ im entgegengesetzten Fall;} \end{cases}$$

4. die G43-Logik

$a \underset{G43}{\rightarrow} b = \min(1, b/a)$ bei $a=0$, $a \underset{G43}{\rightarrow} b=1$;

5. die Ł-Logik bzw. die schon erwähnte Lukasiewicz-Logik

$a \underset{Ł}{\rightarrow} b = \min(1, 1-a+b)$;

6. die oben gezeigte KD-Logik

$a \underset{KD}{\rightarrow} b = (1-a) \vee b = \max(1-a, b)$.

Weiterhin werden die in den nachstehenden Abschnitten des vorliegenden Buches anzuwendenden Z_1-Z_3-Logiken durch folgende Implikationsoperationen [14] gekennzeichnet:

7. die Z_1-Logik:

$$a_1 \rightarrow b = \begin{cases} 1-a, & \text{wenn } a<b; \\ 1, & \text{wenn } a=b; \\ b, & \text{wenn } a>b; \end{cases}$$

8. die Z_2-Logik:

$$a_2 \rightarrow b = \begin{cases} 1, & \text{wenn } a \leq b; \\ (1-a) \wedge b, & \text{wenn } a>b; \end{cases}$$

9. die Z_3-Logik:

$$a_3 \rightarrow b = \begin{cases} 1, \text{ wenn } a \leq b; \\ b/[a+(1-b)] \text{ im entgegengesetzten Fall.} \end{cases}$$

Die Implikationsoperationen lassen sich bequem in Form von implikativen Übergangstabellen für elfwertige Logiken darstellen. Eine solche Tabelle für die S # -Logik sieht wie folgt aus (waagerecht über dem Strich sind die Werte der logischen Ausgangsprämisse, senkrecht die Richtigkeitswerte der Eingangsprämisse angeführt):

→ S #	0	0,1	0,2	0,3	0,4	0,5	0,6	0,7	0,8	0,9	1
0	1	1	1	1	1	1	1	1	1	1	1
0,1	1	1	1	1	1	1	1	1	1	1	1
0,2	1	1	1	1	1	1	1	1	1	1	1
0,3	1	1	1	1	1	1	1	1	1	1	1
0,4	1	1	1	1	1	1	1	1	1	1	1
0,5	1	1	1	1	1	1	1	1	1	1	1
0,6	1	1	1	1	1	1	1	1	1	1	1
0,7	1	1	1	1	1	1	1	1	1	1	1
0,8	1	1	1	1	1	1	1	1	1	1	1
0,9	1	1	1	1	1	1	1	1	1	1	1
1	0	0	0	0	0	0	0	0	0	0	0

→ S	0	0,1	0,2	0,3	0,4	0,5	0,6	0,7	0,8	0,9	1
0	1	1	1	1	1	1	1	1	1	1	1
0,1	0	1	1	1	1	1	1	1	1	1	1
0,2	0	0	1	1	1	1	1	1	1	1	1
0,3	0	0	0	1	1	1	1	1	1	1	1
0,4	0	0	0	0	1	1	1	1	1	1	1
0,5	0	0	0	0	0	1	1	1	1	1	1
0,6	0	0	0	0	0	0	1	1	1	1	1
0,7	0	0	0	0	0	0	0	1	1	1	1
0,8	0	0	0	0	0	0	0	0	1	1	1
0,9	0	0	0	0	0	0	0	0	0	1	1
1	0	0	0	0	0	0	0	0	0	0	1

$\overrightarrow{G}$	0	0,1	0,2	0,3	0,4	0,5	0,6	0,7	0,8	0,9	1
0	1	1	1	1	1	1	1	1	1	1	1
0,1	0	1	1	1	1	1	1	1	1	1	1
0,2	0	0,1	1	1	1	1	1	1	1	1	1
0,3	0	0,1	0,2	1	1	1	1	1	1	1	1
0,4	0	0,1	0,2	0,3	1	1	1	1	1	1	1
0,5	0	0,1	0,2	0,3	0,4	1	1	1	1	1	1
0,6	0	0,1	0,2	0,3	0,4	0,5	1	1	1	1	1
0,7	0	0,1	0,2	0,3	0,4	0,5	0,6	1	1	1	1
0,8	0	0,1	0,2	0,3	0,4	0,5	0,6	0,7	1	1	1
0,9	0	0,1	0,2	0,3	0,4	0,5	0,6	0,7	0,8	1	1
1	0	0,1	0,2	0,3	0,4	0,5	0,6	0,7	0,8	0,9	1

$\overrightarrow{G}_{43}$	0	0,1	0,2	0,3	0,4	0,5	0,6	0,7	0,8	0,9	1
0	0	1	1	1	1	1	1	1	1	1	1
0,1	0	1	1	1	1	1	1	1	1	1	1
0,2	0	0,5	1	1	1	1	1	1	1	1	1
0,3	0	0,33	0,67	1	1	1	1	1	1	1	1
0,4	0	0,25	0,5	0,75	1	1	1	1	1	1	1
0,5	0	0,2	0,4	0,6	0,8	1	1	1	1	1	1
0,6	0	0,17	0,33	0,5	0,67	0,83	1	1	1	1	1
0,7	0	0,14	0,29	0,43	0,57	0,71	0,86	1	1	1	1
0,8	0	0,13	0,25	0,38	0,5	0,63	0,75	0,88	1	1	1
0,9	0	0,11	0,22	0,33	0,44	0,56	0,67	0,78	0,89	1	1
1	0	0,1	0,2	0,3	0,4	0,5	0,6	0,7	0,8	0,9	1

$\overrightarrow{Ł}$	0	0,1	0,2	0,3	0,4	0,5	0,6	0,7	0,8	0,9	1
0	1	1	1	1	1	1	1	1	1	1	1
0,1	0,9	1	1	1	1	1	1	1	1	1	1
0,2	0,8	0,9	1	1	1	1	1	1	1	1	1
0,3	0,7	0,8	0,9	1	1	1	1	1	1	1	1
0,4	0,6	0,7	0,8	0,9	1	1	1	1	1	1	1
0,5	0,5	0,6	0,7	0,8	0,9	1	1	1	1	1	1
0,6	0,4	0,5	0,6	0,7	0,8	0,9	1	1	1	1	1
0,7	0,3	0,4	0,5	0,6	0,7	0,8	0,9	1	1	1	1
0,8	0,2	0,3	0,4	0,5	0,6	0,7	0,8	0,9	1	1	1
0,9	0,1	0,2	0,3	0,4	0,5	0,6	0,7	0,8	0,9	1	1
1	0	0,1	0,2	0,3	0,4	0,5	0,6	0,7	0,8	0,9	1

$\rightarrow$ KD	0	0,1	0,2	0,3	0,4	0,5	0,6	0,7	0,8	0,9	1
0	1	1	1	1	1	1	1	1	1	1	1
0,1	0,9	0,9	0,9	0,9	0,9	0,9	0,9	0,9	0,9	0,9	1
0,2	0,8	0,8	0,8	0,8	0,8	o,8	0,8	0,8	0,8	0,9	1
0,3	0,7	0,7	0,7	0,7	0,7	0,7	0,7	0,7	0,8	0,9	1
0,4	0,6	0,6	0,6	0,6	0,6	0,6	0,6	0,7	0,8	0,9	1
0,5	0,5	0,5	0,5	0,5	0,5	0,5	0,6	0,7	0,8	0,9	1
0,6	0,4	0,4	0,4	0,4	0,4	0,5	0,6	0,7	0,8	0,9	1
0,7	0,3	0,3	0,3	0,3	0,4	0,5	0,6	0,7	0,8	0,9	1
0,8	0,2	0,2	0,2	0,3	0,4	0,5	0,6	0,7	0,8	0,9	1
0,9	0,1	0,1	0,2	0,3	0,4	0,5	0,6	0,7	0,8	0,9	1
1	0	0,1	0,2	0,3	0,4	0,5	0,6	0,7	0,8	0,9	1

$\rightarrow$ 1	0	0,1	0,2	0,3	0,4	0,5	0,6	0,7	0,8	0,9	1
0	1	1	1	1	1	1	1	1	1	1	1
0,1	0	1	0,9	0,9	0,9	0,9	0,9	0,9	0,9	0,9	0,9
0,2	0	0,1	1	0,8	0,8	0,8	0,8	0,8	0,8	0,8	0,8
0,3	0	0,1	0,2	1	0,7	0,7	0,7	0,7	0,7	0,7	0,7
0,4	0	0,1	0,2	0,3	1	0,6	0,6	0,6	0,6	0,6	0,6
0,5	0	0,1	0,2	0,3	0,4	1	0,5	0,5	0,5	0,5	0,5
0,6	0	0,1	0,2	0,3	0,4	0,5	1	0,4	0,4	0,4	0,4
0,7	0	0,1	0,2	0,3	0,4	0,5	0,6	1	0,3	0,3	0,3
0,8	0	0,1	0,2	0,3	0,4	0,5	0,6	0,7	1	0,2	0,2
0,9	0	0,1	0,2	0,3	0,4	0,5	0,6	0,7	0,8	1	0,1
1	0	0,1	0,2	0,3	0,4	0,5	0,6	0,7	0,8	0,9	1

$\rightarrow$ 2	0	0,1	0,2	0,3	0,4	0,5	0,6	0,7	0,8	0,9	1
0	1	1	1	1	1	1	1	1	1	1	1
0,1	0	1	1	1	1	1	1	1	1	1	1
0,2	0	0,1	1	1	1	1	1	1	1	1	1
0,3	0	0,1	0,2	1	1	1	1	1	1	1	1
0,4	0	0,1	0,2	0,3	1	1	1	1	1	1	1
0,5	0	0,1	0,2	0,3	0,4	1	1	1	1	1	1
0,6	0	0,1	0,2	0,3	0,4	0,4	1	1	1	1	1
0,7	0	0,1	0,2	0,3	0,3	0,3	0,3	1	1	1	1
0,8	0	0,1	0,2	0,2	0,2	0,2	0,2	0,2	1	1	1
0,9	0	0,1	0,1	0,1	0,1	0,1	0,1	0,1	0,1	1	1
1	0	0	0	0	0	0	0	0	0	0	1

$\underset{3}{\rightarrow}$	0	0,1	0,2	0,3	0,4	0,5	0,6	0,7	0,8	0,9	1
0	1	1	1	1	1	1	1	1	1	1	1
0,1	0	1	1	1	1	1	1	1	1	1	1
0,2	0	1/11	1	1	1	1	1	1	1	1	1
0,3	0	1/12	2/11	1	1	1	1	1	1	1	1
0,4	0	1/13	1/6	3/11	1	1	1	1	1	1	1
0,5	0	1/14	2/13	1/4	4/11	1	1	1	1	1	1
0,6	0	1/15	1/7	3/13	1/3	5/11	1	1	1	1	1
0,7	0	1/16	2/15	3/14	4/13	5/12	6/11	1	1	1	1
0,8	0	1/17	1/8	1/5	2/7	5/13	1/2	7/11	1	1	1
0,9	0	1/18	2/17	3/16	4/15	5/14	6/13	7/12	8/11	1	1
1	0	1/19	1/9	3/17	1/4	1/3	3/7	7/13	2/3	9/11	1

Es sollen die analytischen Definitionsausdrücke der Doppelimplikationsoperation für die unscharfen Logiken Z_1-Z_3 aufgeführt werden:

$$a \underset{1}{\leftrightarrow} b = \begin{cases} 1\text{-}ka, & \text{wenn } a<b; \\ 1, & \text{wenn } a=b; \\ 1\text{-}kb, & \text{wenn } a>b; \end{cases}$$

$$a \underset{2}{\leftrightarrow} b = \begin{cases} 1, & \text{wenn } a=b; \\ \min[(\neg a \wedge b), (\neg b \wedge a)] & \text{andernfalls;} \\ 0, & \text{wenn } (ka=1) \vee (kb=1); \end{cases}$$

$$a \underset{3}{\leftrightarrow} b = \begin{cases} 1, & \text{wenn } a=b; \\ \min\left(\dfrac{a}{b+\neg a}; \dfrac{b}{a+\neg b}\right) & \text{andernfalls;} \\ 0, & \text{wenn } (a=0) \vee (b=0), \end{cases}$$

wobei ka=max(a, 1-a) (siehe Definition 1.11).

Definition 1.9:
Der Oberteil einer unscharfen Menge B wird

$$hB = \bigvee_{U} \mu_B x$$

genannt.

Definition 1.10:
Der Unterteil einer unscharfen Menge B wird

$pB = \bigwedge_{U} \mu_B x$ genannt.

Definition 1.11:
Als Deutlichkeit einer gewissen $a \in V$ wird

$ka = a \vee (1-a)$ bezeichnet.

Die Deutlichkeit einer unscharfen Menge B wird durch

$kB = \bigwedge_{U} k\mu_B x$ definiert.

Es soll jetzt eine kurze semantische Analyse der unscharfen Logiken gegeben werden, wobei die in der Theorie der starken unscharfen Mengen verwendete Terminologie benutzt wird. Zu diesem Zweck ist folgendes zu formulieren.

Satz 1.1
(Möglichkeitsgrad des Mengeneinschlusses) Es sollen die Funktionen der Art Π_i $(A \subseteq B)$ durch die folgenden unscharfen Logiken 1-3 definiert werden:

$$1.\ \Pi_1(A \subseteq B) = \begin{cases} 1-\mu_A x, & \text{wenn } \mu_A x < \mu_B x; \\ 1, & \text{wenn } \mu_A x = \mu_B x; \\ \mu_B x, & \text{wenn } \mu_A x > \mu_B x; \end{cases}$$

$$2.\ \Pi_2(A \subseteq B) = \begin{cases} 1, & \text{wenn } \mu_A x \leq \mu_B x; \\ (1-\mu_A x) \wedge \mu_B x, & \text{wenn } \mu_A x > \mu_B x; \end{cases}$$

$$3.\ \Pi_3(A \subseteq B) = \begin{cases} 1, & \text{wenn } \mu_A x \leq \mu_B x; \\ \dfrac{\mu_B x}{\mu_A x + (1-\mu_B x)}, & \text{wenn } \mu_A x > \mu_B x. \end{cases}$$

Bemerkenswert ist, daß ein deutlicher Einschluß für die unscharfe Logik Z_1 möglich ist, wenn $\mu_A x = 0$ bzw. $A = \varnothing$. Es soll im weiteren auf die Frage der Mengenäquivalenz eingegangen werden.

Satz 1.2

(Möglichkeitsgrad der Mengenäquivalenz) Hier bedeutet die Menge $T=\{x \in U/\mu_A x \neq \mu_B x\}$ und A=B, daß $\forall x\ \mu_A x=\mu_B x$, oder mit anderen Worten $T=\varnothing$.

$$1.\ \Pi_1(A \equiv B)=\begin{cases} 1-[(1-\mu_A x) \vee \mu_A x], & \text{wenn } \mu_A x < \mu_B x; \\ 1 & \text{, wenn } \mu_A x = \mu_B x; \\ 1-[(1-\mu_B x) \vee \mu_B x], & \text{wenn } \mu_A x > \mu_B x; \end{cases}$$

$$2.\ \Pi_2(A \equiv B)=\begin{cases} 1, \text{ wenn } A=B; \\ \bigwedge_T \{[(1-\mu_A x) \wedge \mu_B x], [(1-\mu_B x) \wedge \mu_A x]\}, \text{ wenn } A \neq B \\ 0, \text{ wenn } \exists x\ |||\ \mu_A x = 0, \mu_B x \neq 0 \text{ (oder umgekehrt)}, \\ \text{auch } \quad \exists x\ |||\ \mu_X = 1, \mu_B x \neq 1 \text{ (oder umgekehrt)}; \end{cases}$$

$$3.\ \Pi_3(A \equiv B)=\begin{cases} 1, \text{ wenn } A=B; \\ \bigwedge_T \left[\dfrac{\mu_A x}{\mu_B x+(1-\mu_A x)}, \dfrac{\mu_B x}{\mu_A x+(1-\mu_B x)} \right] \\ \text{im entgegengesetzten Fall}; \\ 0, \text{ wenn } \exists x\ |||\ \mu_A x = 0, \text{ aber } \mu_B x \neq 0 \\ \text{(oder umgekehrt)}; \end{cases}$$

Das Symbol ||| bedeutet „so wie".

Aus dem Ausdruck $\Pi_i(A \equiv B)$ folgt, daß die Äquivalenzmöglichkeit Π_1 $(A \equiv B)=1$ für alle drei unscharfen Logiken nur bei der reellen Mengenäquivalenz (bei A=B) vorhanden ist. Auf der Hand liegt auch die Tatsache, daß die Äquivalenzmöglichkeit in solchen Fällen gleich 0 ist, wenn eine der Aussagen deutlich, d. h. entweder richtig oder falsch, und die andere unscharf bewertet ist.

Satz 1.3

(Der Grad, mit dem die unscharfe Menge B leer ist) B bedeutet in der Schreibweise $B=\varnothing$, daß $\forall x \mu_B x=0$ oder hB=0 äquivalent ist.

$$1.\ \Pi_1(B \equiv \varnothing)=\begin{cases} 1, \text{ wenn } B=\varnothing; \\ 0, \text{ im entgegengesetzten Fall}; \end{cases}$$

$$2.\ \Pi_2(B \equiv \varnothing)= \begin{cases} 1, \text{ wenn } hB < 1 \text{ oder } B=\varnothing \\ 0 \text{ im entgegengesetzten Fall;} \end{cases}$$

$$3.\ \Pi_3(B \equiv \varnothing)= \begin{cases} 1, \text{ wenn } B=\varnothing; \\ 0 \text{ im entgegengesetzten Fall} \end{cases}$$

Es soll der Begriff Durchschnittsfreiheit (Disjointness) der unscharfen Mengen eingeführt werden. Es bestehen zwei Arten der Unvereinbarkeit: 1. Die erste wird definiert durch den Grad, inwieweit eine Menge A Ergänzungsteilmenge der zweiten Menge B^c ist. 2. Die zweite Art stellt den Grad dar, inwieweit der Mengendurchschnitt leer ist. Deshalb läßt sich folgendes formulieren.

Satz 1.4
(Der Unvereinbarkeitsgrad der Mengen A und B ist der Grad, mit dem A und B unvereinbar sind)

$$\Pi(A \text{ disj}_1 B)=\Pi(A \subseteq B^c) \wedge \Pi(B \subseteq A^c), \tag{1.8}$$

$$\Pi(A \text{ disj}_2 B)=\Pi((A \cap B)=\varnothing). \tag{1.9}$$

Bei $T=\{x \mid \mu_A x > 1-\mu_B x\}$ betrachten wir die Unvereinbarkeit erster Art:

$$1.\ \Pi_1(A \text{ disj}_1 B)= \begin{cases} 1, \text{ wenn } \exists x \ ||| \ \mu_A x=1-\mu_B x; \\ (1-\mu_A x) \wedge (1-\mu_B x), \text{ anderfalls;} \\ 0 \text{ niemals;} \end{cases}$$

$$2.\ \Pi_2(A \text{ disj}_1 B)= \begin{cases} 1, \text{ wenn } \mu_A x \leq 1-\mu_B x; \\ \bigwedge_T[(1-\mu_A x), (1-\mu_B x)] \text{ anderfalls;} \\ 0, \text{ wenn } \exists x \ ||| \ \mu_A x=1, \text{ aber } \mu_B x \neq 0 \\ \text{bzw. } \mu_B x=1, \text{ aber } \mu_A x \neq 0; \end{cases} \tag{1.10}$$

$$3.\Pi_3(A \ \mathrm{disj}_1 B) = \begin{cases} 1, \text{ wenn } \mu_{\ddot{A}}x = \mu_B x \text{ oder } \mu_B x = 0; \\ \bigwedge_T \left[\dfrac{1-\mu_B x}{\mu_A x + (1-\mu_B x)}, \dfrac{1-\mu_B x}{\mu_B x + (1-\mu_A x)} \right] \\ \text{im entgegengesetzten Fall;} \\ 0, \text{ niemals.} \end{cases}$$

Es sei hervorgehoben, daß der Unvereinbarkeitsgrad der Mengen nur für die unscharfe Logik Z_2 gleich 0 ist. Obligatorische Voraussetzung ist dabei die Normalität einer der zu betrachtenden unscharfen Mengen bei gleichzeitiger Subnormalität der anderen Mengen.

Satz 1.5

(Der Grad, mit dem eine Menge Teilmenge ihrer Ergänzung ist) Für die zu behandelnden Systeme wird $\Pi_i(A \subseteq A\ )$ in folgender Weise definiert:

$$1.\Pi_1(A \subseteq A^c) = \begin{cases} 1, \text{ wenn } hA = 0; \\ 0, \text{ wenn } hA = 1; \\ 1-hA \text{ anderfalls;} \end{cases}$$

$$2.\ \Pi_2(A \subseteq A^c) = \begin{cases} 1, \text{ wenn } hA \leq 0{,}5; \\ 0, \text{ wenn } hA = 1; \\ 1-hA \text{ anderfalls;} \end{cases} \tag{1.11}$$

$$3.\ \Pi_3(A \subseteq A^c) = \begin{cases} 1, \text{ wenn } hA \leq 0{,}5; \\ 0, \text{ wenn } hA = 1; \\ (1-hA)/(2hA) \text{ anderfalls.} \end{cases}$$

Offenbar ist, daß für die unscharfe Logik Z_1 der Grad, inwieweit eine Menge Teilmenge ihrer Ergänzung ist, gleich ist mit dem Grad, inwieweit diese Teilmenge leer ist. Weiter sei erwähnt, daß die in [14] durchgeführte semantische Analyse sowie die oben angeführte Analyse eine große Ähnlichkeit mit den Eigenschaften der unscharfen Logiken Z_1 und der KD-Logik aufweisen. Wie jedoch nachstehend gezeigt werden soll, besitzt die unscharfe Logik Z_1 im Vergleich zur KD-Logik eine Reihe von Vorteilen, die sich zur Formalisierung verbesserter Regeln eines unscharfen konventionellen Schlusses und zur Simulation verschiedener Fertigungsprozesse erfolgreich einsetzen lassen.

1.6 Die Regel des bedingten Fuzzy-Schließens

In letzter Zeit schenkt man bei der Untersuchung von Fuzzy-Mengen (F-Mengen) viel Aufmerksamkeit der Entwicklung von Regeln des logischen Fuzzy-Schließens (F-Herleitung), die auch F-Conditional Rules Inference oder kurz CRI gennant wird [8,12-17]. Die gewöhnliche Sprache besitzt eine gewisse Anzahl von Fuzzy-Begriffen (F-Begriffe). Dies erklärt, wieso wir bei logischen Überlegungen Voraussetzungen und Folgerungen mit F-Begriffen formulieren.

Die Praxis zeigt, daß die Formalisierung der Regeln für derartige Herleitungswege sehr vielfältig sein kann. Allerdings können solche Herleitungsmethoden nicht mit Hilfe der klassischen booleschen Logik formuliert werden, da für dieses Ziel mehrwertige logische Systeme notwendig sind. Die Entwicklung von Regeln der F-bedingten Herleitung, beinhaltet 3 Typen der bedingten Sätze [10,14]:

P_1 = WENN x ist A_1 DANN y ist B_1

P_2 = WENN x ist A_2 DANN y ist B_2 ELSE C

P_3 = WENN x_1 ist A_1 und x_2 ist A_2 und ... x_n ist A_n DANN y ist B.

Wie bereits erwähnt, dient dazu die Regel Modus Ponens, die besagt:

WENN ($\alpha \rightarrow \beta$) wahr ist und α wahr ist, DANN ist β wahr. Seinerseits dient die Kompositionsregel von L. Zadeh [1,2] der methodologischen Basis einer solchen Formalisierung. Unter Verwendung dieser Regel wurden von L. Zadeh einige Schlußregeln formuliert, in denen logische Voraussetzungen und Folgerungen bedingter Sätze mit einem F-Begriff verbunden sind. Später wurde eine neue Herleitungsregel von E. Mamdani [15] vorgeschlagen, die genauso wie eine der Regeln von Zadeh für den logischen Satz P_1 gilt. Mit anderen Worten, es wird der bedingte F-Schluß folgender Form betrachtet:

Voraussetzung 1: WENN x ist A DANN y ist B

Voraussetzung 2: x ist A′ (1.12)

⇒ Folgerung: y ist B′, wobei A und A′ F-Begriffe in Form von F-Mengen im Universum U seien; B ein F-Begriff oder eine F-Menge im Universum V. Damit ist B′ eine Folgerung, die als eine F-Menge aus V dargestellt ist. Um eine logische Folgerung mit Hilfe von CRI zu bekommen, müssen wir die Voraussetzungen 1 und 2 zu der binären F-Relation vom Typ $R(A_1(x), A_2(y))$ und der unären F-Relation vom Typ $R(A_1(x))$ verbinden. Hierbei sind $A_1(x)$ und $A_2(y)$ durch Attribute x und y aus den Universen U und V zu bestimmen. Dann gilt

$$R(A_1(x)) = A'; \tag{1.13}$$

$R(A_1(x),A_2(y))$ werden ensprechend den Regeln von Zadeh-Mamdani folgenderweise bestimmt:

Maximin-Regel von bedingtem Satz

$$R_m(A_1(x), A_2(y)) = (A \times B) \cup (\neg A \times V) \tag{1.14}$$

Arithmetische Regel von bedingtem Satz

$$R_0(A_1(x), A_2(y)) = (\neg A \times V) \oplus (U \times B) \tag{1.15}$$

Min-funktionale Regel von bedingter Regel

$$R_c(A_1(x), A_2(y)) = A \times B. \tag{1.16}$$

Hier seien $\times$, $\cup$ und $\neg$ entsprechend kartesisches Produkt, Vereinigung und Inversion; $\oplus$-Grenzwert-Summe.

Damit, enstprechend [1, 2, 15], kann die logische Folgerung $R(A_2(y))$, die B' in (1.12) ist, folgenderweise festgestellt werden:

$$R(A_2(y)) = A' \circ [(A \times B)] \cup [(\neg A \times U)];$$

$$R(A_2(y)) = A' \circ [(\neg A \times V)] \oplus [(U \times B)];$$

oder $R(A_2(y)) = A' \circ (A \times B)$,

wobei $\circ$ die Operation „Maximin-Komposition von F-Mengen" sei. Auf Grund dieser Regel wurden in [16] die Regeln für den bedingten Satz P_2 vorgeschlagen:

$$R_4(A_1(x), A_2(y)) = [(\neg A \times V) \oplus (U \times B)] \cap [(A \times V) \oplus (U \times C)]; \tag{1.17}$$

$$R_5(A_1(x), A_2(y)) = [(\neg A \times V) \cup (U \times B)] \cap [(A \times V) \cup (U \times C)]; \tag{1.18}$$

$$R_6(A_1(x), A_2(y)) = [(A \times B) \cup (\neg A \times C)]. \tag{1.19}$$

In derselben Quelle wurden auch Regeln für den Typ P_3 vorgeschlagen:

$$R_7(A_1(x), A_2(y)) = [\bigcap_{i=\overline{1,n}} (\neg A_i \times V)] \oplus [(U \times B)]; \quad (1.20)$$

$$R_8(A_1(x), A_2(y)) = [\bigcap_{i=\overline{1,n}} (\neg A_i \times V)] \cup [(U \times B)]; \quad (1.21)$$

$$R_9(A_1(x), A_2(y)) = [\bigcap_{i=\overline{1,n}} A_i] \times B. \quad (1.22)$$

Bei der Analyse der Regeln (1.9)-(1.20) werden wir von einigen Kriterien für die F-bedingte logische Herleitung aus [17] Gebrauch machen. Der Sinn dieser Kriterien besteht darin, daß sie die Möglichkeiten bieten, zu prüfen, inwieweit die eine oder die andere Regel des bedingten Fuzzy-Schlusses der menschlichen Intuition beim ungenauen Denken entspricht. Diese Kriterien haben folgende Form:

Kriterium I. Voraussetzung 1: WENN x ist A DANN y ist B
Voraussetzung 2: x ist A
⇒Folgerung: y ist B

Kriterium II-1. Voraussetzung 1: WENN x ist A DANN y ist B
Voraussetzung 2: x ist sehr A
⇒Folgerung: y ist sehr B

Kriterium II-2. Voraussetzung 1: WENN x ist A DANN y ist B
Voraussetzung 2: x ist sehr A
⇒Folgerung: y ist B

Kriterium III. Voraussetzung 1: WENN x ist A DANN y ist B
Voraussetzung 2: x ist mehr oder weniger A
⇒Folgerung: y ist mehr oder weniger B

Kriterium IV-1. Voraussetzung 1: WENN x ist A DANN y ist B
Voraussetzung 2: x ist nicht A
⇒Folgerung: y — unbekannt

Kriterium IV-2. Voraussetzung 1: WENN x ist A DANN y ist B
Voraussetzung 2: x ist nicht A
⇒Folgerung: y ist nicht B

Es sollen Formalisierungs-Regeln des bedingten Fuzzy Schließens für den bedingten Satz vom Typ P_1 angegeben werden. Wie oben bereits gezeigt, hat des logische Schließen für bedingte Sätze vom Typ P_1 folgende Form:

Voraussetzung 1: WENN x ist A DANN y ist B
Voraussetzung 2: x ist A′
⇒ Folgerung: y ist B′ (1.23)

wobei A, B und A′ F-Begriffe seien; dargestellt als F-Mengen entsprechend in U,V und V. Die F-Mengen müssen die Kriterien I,II-1,III und IV-1 erfüllen.

Für ein solches Schließen WENN wird die Voraussetzung 2 in eine unäre F-Relation vom Typ $R(A_1(x)) = A'$ und die Voraussetzung 1 in eine F-Relation vom Typ $R(A_1(x), A_2(y))$, die zusätzlich definiert wird, transformiert. Für DANN wird die Folgerung $R(A_1(y))$ durch die entsprechende Regel des F-bedingten logischen Schließens CRI erreicht, d. h.

$$R(A_2(y)) = R(A_1(x)) \circ R(A_1(x), A_2(y)). \tag{1.24}$$

Hier ist $R(A_2(y))$ gleichwertig mit B′ aus (1.21).

In [14] werden die Beweise für folgende Theoreme gegeben. Die 1. Regel des bedingten Fuzzy-Schließens:

Theorem 1.1 Falls die F-Mengen A aus U und B aus V in der traditionellen Form

$$A = \int_U \mu_A(u)/u; \quad B = \int_V \mu_B(v)/v, \tag{1.25}$$

gegeben sind und für das mehrstellige logische System 1 die Relation

$$R_1(A_1(x), A_2(y)) = A \times V \underset{1}{\rightarrow} U \times B = \int_{U \times V} \mu_A(u)/(u,v) \underset{1}{\rightarrow}$$

$$\underset{1}{\rightarrow} \int_{U \times V} \mu_B(v)/(u,v) = \int_{U \times V} \mu_A(u) \underset{1}{\rightarrow}$$

$$\underset{1}{\rightarrow} \mu_B(v)/(u,v). \tag{1.26}$$

gegeben ist, wobei

$$\mu_A(u) \underset{1}{\rightarrow} \mu_B(v) = \begin{cases} 1\text{-}\mu_A(u), & \mu_A(u) < \mu_B(v); \\ 1, & \mu_A(u) = \mu_B(v); \\ \mu_B(v) & \mu_A(u) > \mu_B(v), \end{cases}$$

so sind die Kriterien I-IV erfüllt.

Die 2. Regel des bedingten Fuzzy-Schließens:

Theorem 1.2. Falls die Mengen A aus U und B aus V so sind wie in (1.25), und die binäre Relation $R_2((A_1(x), A_2(y))$ für das mehrstellige logische System 2 ist definiert als

$$R_2(A_1(x), A_2(y)) = A \times V \underset{2}{\rightarrow} U \times B = \int_{U \times V} \mu_A(u) \underset{2}{\rightarrow} \mu_B(v)/(u,v), \qquad (1.27)$$

wobei

$$\mu_A(u) \underset{2}{\rightarrow} \mu_B(v) = \begin{cases} 1, & \mu_A(u) \leq \mu_B(v) \\ (1-\mu_A(u)) \wedge \mu_B(v), & \mu_A(u) > \mu_B(v), \end{cases}$$

dann sind die Kriterien I-IV erfüllt.

Die 3. Regel des bedingten Fuzzy-Schließens:

Theorem 1.3. Falls die Mengen A aus U und B aus V so sind wie in (1.25), und die binäre Relation $R_3((A_1(x), A_2(y))$ für das mehrstellige logische System 3 ist wie folgt definiert als

$$R_3(A_1(x), A_2(y)) = A \times V \underset{3}{\rightarrow} U \times B = \int_{U \times V} \mu_A(u) \underset{3}{\rightarrow} \mu_B(v)/(u,v), \qquad (1.28)$$

wobei

$$\mu_A(u) \underset{3}{\rightarrow} \mu_B(v) = \begin{cases} 1, \ \mu_A(u) \leq \mu_B(v); \\ \dfrac{\mu_B(v)}{\mu_A(u)+(1-\mu_B(v))}, \ \mu_A(u) > \mu_B(v), \end{cases}$$

dann sind die Kriterien I-IV erfüllt.

Als eine anschauliche Illustration zu den vorgeschlagenen Regeln kann folgendes Beispiel für das logische mehrstellige System 1 dienen.

Beispiel: Sei U=V=0+1+2+3+4+5+6+7+8+9+10,
A=wenig=1/0+0,8/1+0,6/2+0,4/3+0,2/4,
B=mittelgroß=0,2/2+0,4/3+0,8/4+1/5+0,8/6+0,4/7+0,2/8.
Dann wird der bedingte F-Satz

WENN x ist wenig DANN ist y mittelgroß

zur binären Relation vom Typ

$$R(A_1(x), A_2(y)) = [\text{wenig}] \times V \underset{1}{\rightarrow} U \times [\text{mittelgroß}] =$$

	0	1	2	3	4	5	6	7	8	9	10
0	0	0	0.2	0.4	0.8	1	0.8	0.4	0.2	0	0
1	0	0	0.2	0.4	1	0.2	1	0.4	0.2	0	0
2	0	0	0.2	0.4	0.4	0.4	0.4	0.4	0.2	0	0
3	0	0	0.2	1	0.6	0.6	0.6	1	0.2	0	0
= 4	0	0	1	0.8	0.8	0.8	0.8	0.8	1	0	0
5	1	1	1	1	1	1	1	1	1	1	1
6	1	1	1	1	1	1	1	1	1	1	1
7	1	1	1	1	1	1	1	1	1	1	1
8	1	1	1	1	1	1	1	1	1	1	1
9	1	1	1	1	1	1	1	1	1	1	1
10	1	1	1	1	1	1	1	1	1	1	1

Sei $R(A_1(x))$=wenig, dann

$R(A_2(y))$ = [wenig] $\circ$ $R_1(A_1(x), A_2(y))$ = 0,2/2+0,4/3+0,8/4+1/5+ 0,8/6+0,4/7+0,2/8 = mittelgroß.

Wenn $R_1(A_1(x))$=sehr wenig ist, erhalten wir

$R(A_2(y))$ = [sehr wenig] $\circ$ $R_1(A_1(x), A_2(y))$ =
= $[\text{wenig}]^2$ $\circ$ $R_1(A_1(x), A_2(y))$ = 0,04/2+0,16/3+0,64/4+1/5+
+0,64/6+0,16/7+0,04/8 = $[\text{mittelgroß}]^2$ = sehr mittelgroß.

Wenn $R(A_2(y))$ = nicht wenig ist, so erhalten wir

$R(A_2(y))$ = [nicht wenig] $\circ$ $R_1(A_1(x), A_2(y))$ =
= 0+1+2+3+4+5+6+7+8+9+10 = unbekannt = V.

In der natürlichen Sprache kann das angegebene Beispiel so dargestellt werden:

WENN x ist wenig DANN y ist mittelgroß
x = wenig
⇒ y = mittelgroß

WENN x ist wenig DANN y ist mittelgroß
x = sehr wenig
⇒ y = sehr mittelgroß

WENN x ist wenig DANN y ist mittelgroß
x = nicht wenig
⇒ x = unbekannt

Die Formalisierung der Regel des bedingten Fuzzy-Schließens für bedingte Sätze wurde in [14] eingehend dargestellt.

Literatur zu Kapitel 1

1. Zadeh L.A., „Fuzzy sets“, Information and Control, 1965, Nr. 8, pp. 338-353.

2. Zadeh L.A., „Fuzzy orderings“, Information Sciences, 1971, Nr. 3, pp.117-200.

3. Zadeh L.A., „Shadows of fuzzy sets“, Proc. in Transactions of Information., 1966, Nr. 2, pp.37-44.

4. Yager R.R., Ovchinnikov S., Tong R.M., Nguyen H.T. (eds.), „Fuzzy Sets and Applications — Selected papers by L.A.Zadeh“, John Wiley Sons, New York, 1987, pp. 680.

5. Zadeh L.A., „The Concept of a Linguistic Variable and its Application to Approximate Reasoning“, Information Sciences, v.8, 1975, pp. 199-249.

6 Mizumoto M., Tanaka K., „Fuzzy sets and their operations“, Information and Control, 1981, Nr. 48, pp. 30-48.

7. Mizumoto M., „Fuzzy sets and their operations (part 2)“, Information and Control, 1981, Nr. 50, pp. 160-174.

8. Mizumoto M., „Fuzzy Conditional Inference under Max-Composition“, Information Sciences., 1982, Nr. 27, pp. 183-209.

9. Bezdek J.C.(ed.), „Analysis of Fuzzy Information — Vol.1: Mathematics and Logic“, CRC Press, Boca Raton, Florida, USA, 1987, pp. 358

10. Aliev R.A., Aliev F.T. and Babaev M.D., „Fuzzy Process Control and Knowledge Engineering in Petrochemical and Robotic Manufacturing“, Verlag TÜV Rheinland, Köln, 1991, pp. 148 mit einem Vorwort von Dr. S. Klaczko-Ryndzin.

11. Dubois D., Prade H., „Fuzzy sets and systems: theory and applications“, Academic Press, New York, 1980, pp. 389.

12. Bandler W., Kohout L., „Fuzzy power sets and fuzzy implications operators“, Fuzzy sets and systems, 1980, Nr. 1, pp. 13-30.

13. Rescher, „Many-Valued Logic“, Mc.Graw-Hill, New York, 1969.

14. Aliev R.A., Zerkovny A. E., Mamedova G. A., „Upravlenie proisvodstvom pri netschetkoy ischodnoy informaziji“, Moskva, Energoatomisdat, 1991, pp. 240. (in russisch)

15. Mamdani E.H., „Applications of fuzzy logic to approximate reasoning using linguistic systems“, IEEE Transactions on Computer., C-26, 1977, pp. 1182-1191.

16. Baldwin J.F., Pilsworth B.W., „A model of fuzzy reasoning through multivalued logic and set theory“, International Journal on Man-Machine Studies, 1979, Nr. 11, pp. 351-380.

17. Fukami S., Mizumoto M., Tanaka K., „Some considerations of fuzzy conditional inference“, Fuzzy sets and Systems, 1980, Nr. 4, pp. 243-273.

18. Negoita C.V., Ralescu, „Applications of Fuzzy Sets to Systems Analysis“, Birkhäuser Verlag, Basel und Stuttgart, 1975, pp. 187.

19. De Nola A., Ventre A G.S.(eds.), „The Mathematics of Fuzzy Systems“, Interdisciplinary Systems Research Series, Vol. 88, Verlag TÜV Rheinland Köln, 1986, pp. 386.

20. Kandel A., Lee S.C., „Fuzzy Switching and Automata: Theory and Applications“, Grane & Russak, Edvard Arnold Ltd., London, 1979, pp. 299.

21. Sanches E., „Resolution of Composite Fuzzy Relation Equations“, Information and Control, Vol. 30, 1976, pp.38-47.

22. Sanches E., „Solution of Fuzzy Equations with Extended Operations“, Fuzzy Sets and Systems, Vol.12, Nr. 3, 1984, pp. 237-238.

23. Kandel A., „Fuzzy Mathematical Techniques with Applications“, Addison Wesley Pub.Co., Reading, Mass., 1986, pp. 320.

2 Verarbeitungsmethoden der Fuzzy-Information

2.1 Bestimmungsmethoden der Zugehörigkeitsfunktion von Fuzzy-Mengen

Gegenwärtig ist die Anwendung der Fuzzy-Sets für die Lösung praktischer Probleme durch eine wesentliche Steigerung ihrer Bedeutung gekennzeichnet. Zu diesen Aufgaben zählt die Bestimmung der Zugehörigkeitsfunktion von Fuzzy-Mengen.

Dies erscheint vor allen Dingen aus zwei Gründen logisch. Der erste Grund kann durch eine traditionelle Tendenz der Verbesserung von Zugehörigkeitsfunktions-Bestimmungsmethoden erklärt werden, die noch lange nicht allen Praxisanforderungen entsprechen.

Der zweite Grund hängt mit dem zunehmenden Anstieg der Anzahl von Anwendungsbereichen für die Theorie der Fuzzy-Sets zusammen. Dies erzeugt einen Zwang zur Entwicklung immer neuerer Methoden der Zugehörigkeitsfunktions-Bestimmung, je nach Charakter und Anwendungsgebiet der Fuzzy-Mengen.

Die Vielfalt der Methoden zur Bestimmung der Zugehörigkeitsfunktion ist auf eine Grundeigenschaft zurückzuführen: den subjektiven Charakter der Fuzzy-Mengen. Dies macht den wesentlichen Unterschied zwischen den Fuzzy-Mengen und den traditionellen mathematischen Ansätzen zur Lösung der Steuerungsprobleme, der Künstlichen Intelligenz und anderen Gebieten aus: Der Formalisierungsanteil der Algorithmen ist nicht so hoch und dies wirkt sich auf die Effizienz des Systementwickelns ungünstig aus.

Es ist nicht Ziel dieses Abschnittes, alle existierenden Zugehörigkeitsfunktions-Bestimmungsmethoden namentlich aufzulisten, vielmehr werden die Hauptklassen von Methoden vorgestellt [1]. Wenn man von der traditionellen Genauigkeit der jeweiligen Ingenieurmethoden eines bestimmten Faches abstrahiert, erkennt man, daß viele dieser Methoden gemeinsame oder sehr ähnliche Grundlagen haben.

2.1.1. Bestimmung der Zugehörigkeitsfunktion durch paarweisen Vergleich von Elementen [1,6]

Die Zugehörigkeitsfunktions-Bestimmungmethoden können zunächst in zwei Gruppen unterteilt werden. Der ersten sollte man die Methoden zuordnen, die von der Unmöglichkeit ausgehen den Zugehörigkeitsgrad für einen Gegenstand direkt zu bestimmen. Dies erzwingt die Verwendung von indirekten Befragungsmethoden zur Zugehörigkeitsfunktions-Bestimmung durch den Experten. Eine indirekte Methode ist der paarweise Vergleich von Werten einer Variablen, der die Meinung des Experten über die relative Zugehörigkeit der Elemente einer Menge zu eben dieser Menge wiedergibt. Es wird dabei angenommen, daß die Zugehörigkeitsfunktion $\mu_A(u)$ der Fuzzy-Menge $A = \{\mu_A(u)/u\}$ mit den Elementen u aus dem Vorrat X, also $u \in X$ normiert ist, d. h. daß die Summe aller Zugehörigkeiten der u_1 gleich 1 ist, also

$$\sum_{i=1}^{n} \mu_A(u_i) = 1$$

Das Wesen der Methode besteht darin, daß die befragten menschlichen Experten die Schätzwerte aus der *Tabelle 2.1* einsetzen.

Auf Grund dieser Tabelle muß der Experte darüber urteilen, bei welchem von jeweils zwei Objekten — u_i oder u_j — die Eigenschaft A in höheren Maße zutrifft. Dabei muß eine Vergleichsbewertung angegeben werden, deren konkreter Zahlwert als Element b_{ij} der Vergleichsmatrix B eingetragen wird. Daraus folgt, daß allgemein $b_{ji} \neq b_{ij}$ ist.

Unter Berücksichtigung der Tatsache, daß die Vergleichswerte grundsätzlich zueinander passen, wird $b_{ij} = \dfrac{1}{b_{ji}}$ angenommen.

Eine einfache Überlegung veranschaulicht diese Gleichung: Wenn b_{ij} dafür steht, daß beim Objekt u_i die Eigenschaft A b_{ij}mal stärker vertreten ist als beim Objekt u_j, so heißt es, daß sie $\dfrac{1}{b_j}$ mal stärker bei u_j ist.

Jetzt, wo die Bestimmung der Matrix der paarweisen Vergleiche $B = \| b_{ij} \|$ klar ist, ist noch festzustellen, wie man aus dieser Matrix die Zugehörigkeitsfunktion bilden kann.

Tab. 2.1: Bewertungsskala zur Bestimmung der Urteils-Matrix

Wichtigkeitsbewertung	Qualitätsbewertung	Bemerkung
1	Gleichwertig	Nach diesem Kriterium haben beide Alternativen einen gleichen Status
3	Geringer Vorteil	Die Überlegenheit einer Alternative der anderen gegenüber ist überzeugend
5	Wesentliche Überlegenheit	Es existieren zuverlässige Beweise, daß eine Alternative der anderen wesentlich überlegen ist
7	Klare Überlegenheit	Es existieren überzeugende Hinweise für die Bevorzugung einer der beiden Alternativen
9	Absolute Überlegenheit	Die Gründe für die Bevorzugung einer Alternative sind im höchsten Maße überzeugend
2,4,6,8	Mittelwerte zwischen benachbarten Schätzungswerten	Sie werden dann benutzt, wenn Kompromisse nötig sind

Mit diesem Ziel wenden wir uns den Lineartransformationen des Raumes zu. Wie bekannt, hat eine Lineartransformation im allgemeinen die Form

$$Y = BW \tag{2.1}$$

wobei $Y_i = \sum_{j=1}^{n} b_{ij} w_j$

Wir stellen uns jetzt die Aufgabe, die Eigenwerte und Eigenvektoren dieser Transformationen zu finden.

Damit führen wir diese Aufgabe auf die Lösung des Gleichungssystems

$$BW = \lambda W, \; W = (w_1 \ldots w_n) \tag{2.2}$$

zurück, wobei λ die Eigenwerte der Matrix B seien.

Zunächst findet man aus der Lösung der charakteristischen Gleichung alle Werte $\lambda_1 \ldots \lambda_n$, d. h. die Eigenwerte, und dann findet man unter Verwendung von diesen $\lambda_1 \ldots \lambda_n$in der Gleichung (2.2) alle Eigenvektoren W.

Diese Methode wird für die Bestimmung der Zugehörigkeitsfunktion aus der Matrix der paarweisen Vergeiche eingesetzt.

Dabei werden die gefundenen Werte von Eigenvektoren als Zugehörigkeitsgrade angenommen, d. h.

$$\mu_A(u_i) = w_i \qquad (2.3)$$

Zunächst nimmt man den größten Eigenwert λ_{max}und rechnet danach den Eigenvektor w aus. Dieser Vektor wird als der Wert der Zugehörigkeitsfunktion angenommen.

Beispiel [1]:
Bewertung der Belichtung von Gegenständen. Dabei werden 4 gleiche Gegenstände betrachtet, die in verschiedenen Entfernungen von der Lichtquelle liegen. An der visuellen Bewertung der Lichtintensität waren zwei Expertengruppen beteiligt. Alle Gegenstände hatten verschiedene Entfernungen von der Lichtquelle: 9, 15, 21 und 28 Längeneinheiten. Die Matrix zum dualen Belichtungsvergleich erhielt nach der Expertenbefragung die Form

$$B = \left\| \begin{matrix} 1 & 5 & 6 & 7 \\ 1/5 & 1 & 4 & 6 \\ 1/6 & 1/4 & 1 & 4 \\ 1/7 & 1/6 & 1/4 & 1 \end{matrix} \right\|$$

Es muß der Eigenvektor W gefunden werden, für den die Bedingung BW = λW (λ ist der Eigenwert der Matrix) erfüllt ist. Wenden wir uns der Lösung des Problems der Eigenwertsuche zu:

$$(B-\lambda E)\ W = 0.$$

Dieses heterogene System besitzt eine nichttriviale Lösung genau dann, wenn die Determinante der Matrix B-λE gleich Null ist. Wir wollen diese Determinanten finden:

$$\begin{vmatrix} 1-\lambda & 5 & 6 & 7 \\ 1/5 & 1-\lambda & 4 & 6 \\ 1/6 & 1/4 & 1-\lambda & 4 \\ 1/7 & 1/6 & 1/4 & 1-\lambda \end{vmatrix} = \lambda^4-4\lambda^3-6{,}914\lambda-2{,}715$$

Diese lassen wir jetzt gleich Null sein. Die Gleichung hat die Lösungen

$\lambda_1 = -0{,}362$; $\lambda_2 = -0{,}140 + i1{,}305$; $\lambda_3 = -0{,}140-i1{,}305$; $\lambda_4 = 4{,}390$

Daraus folgt, $\lambda_{max} = 4{,}390$. Wir wollen den Eigenvektor:

$$\begin{Vmatrix} 1-4.390 & 5 & 6 & 7 \\ 1/5 & 1-4.930 & 4 & 6 \\ 1/6 & 1/4 & 1-4.930 & 4 \\ 1/7 & 1/6 & 1/4 & 1-4.930 \end{Vmatrix} \text{ x } \begin{Vmatrix} w_1 \\ w_2 \\ w_3 \\ w_4 \end{Vmatrix} = 0$$

finden.

Es wird eine Normierungsbedingung eingeführt:
$w_1 + w_2 + w_3 + w_4 = 1$.

Wir wollen das System

$$\begin{cases} -3.390w_1 + 5w_2 + 6w_3 + 7w_4 = 0 \\ 0.2w_1 - 3.390w_2 + 4w_3 + 6w_4 = 0 \\ 0.166w_1 + 0.25w_2 - 3.390w_3 + 4w_4 = 0 \\ 0.142w_1 + 0.166w_2 + 0.25w_3 - 3.390w_4 = 0 \end{cases} \tag{2.4}$$

betrachten.

Das System (2.4) besitzt in der Tat nur eine Null-Lösung. Um den Eigenvektor W zu finden, wird eine Substitution einer der Gleichungen aus dem Gleichungssystem (2.4) mit der Normierungsbedingung durchgeführt. Infolgedessen erhalten wir den Eigenvektor:

$w_1 = 0.619$; $w_2 = 0.235$; $w_3 = 0.101$; $w_4 = 0.045$ (bei $\lambda_{max} = 4{,}390$)

Bei einer Nacheinander-Substitution der Normierungsbedingung an Stelle der System-Gleichungen ändert sich das Lösungsergebnis nicht.

2.1.2 Bestimmung der Zugehörigkeitsfunktion von linguistischen Termen unter Verwendung von statistischen Daten [1,2]

Die statistische Methode kann zu der zweiten Gruppe der Methoden gezählt werden. Dies sind die Methoden, in denen die Werte der Zugehörigkeitsfunktionen entweder vorgeschrieben oder nach einer vorgegebenen Formel bzw. Methode berechnet werden können.

Die Grundidee dieser Formel liegt im Berechnen des Zugehörigkeitsgrades auf Grund statistischer Daten. Genauer gesagt, es wird der Zugehörigkeitsgrad einer Eigenschaft oder eines Begriffes zu einem Objekt durch die Verwendungsfrequenz dieser Eigenschaft oder dieses Begriffes im Verlauf der Charakterisierungsprozedur bestimmt. Diese Methode wird in jenen Situationen angewandt, wo es zur Automatisierung von Entscheidungs- und Steuerungsprozessen nötig ist, ein Modell der Entscheidungstätigkeit des Menschen beim Steuern dieser Prozesse herzustellen. Dieser Ansatz hängt mit der Modellierung der Zugehörigkeitsfunktionen von Fuzzy-Systemen zusammen, deren Ungenauigkeit durch einen durchaus natürlichen und offensichtlichen Faktor erklärt werden kann. Dieser Faktor ist einfach die Tatsache, daß der Mensch in ungenauen Kategorien denkt und überlegt. Tatsächlich operiert der Mensch nur dann mit exakten Zahlenwerten wenn er spezielle Meßmittel verwendet. In den restlichen Fällen benutzt der Mensch meist solche Aussagen wie z. B. „sehr wenig“, „annähernd“, „ungefähr“, „mittelgroß“ usw., die alle ungenau, also diffus, sind.

Für die Modellierung solcher ungenauer Werte benutzt man den Begriff der linguistischen Variablen, die statt eines einzigen festen Wertes, eine Fuzzy-Menge als ganzes Intervall von Werten annehmen kann. Zum Beispiel ist Temperatur eine linguistische Variable, deren Werte die Fuzzy-Mengen „Gering“, „Mittel“, „Hoch“ usw. sein können. Die Aufstellung und die Bestimmung der linguistischen Variablen und ihrer Zugehörigkeitsfunktion hat einen subjektiven Charakter, da sie vom individuellen z. T. subjektiven Urteil des bestimmenden Experten abhängig sind.

Die zweite besondere Eigenschaft dieser Methode ist das aus der Wahrscheinlichkeitstheorie übernommene rein technische Verfahren zur Bestimmung der Zugehörigkeitsfunktion.

Wir gehen jetzt zur Beschreibung der Methode selbst über. Angenommen, es würde eine Beobachtung eines Objektes über eine bestimmte Zeitdauer durchgeführt. Als Ergebnis wird das Auftreten oder Nicht-Auftreten eines Ereignisses A fixiert. Falls in k Tests das Ereignis A aufgetreten ist, wird vom Beobachter die Häufigkeit $p=k/n$ des Erscheinens von A registriert und wörtlich mit Hilfe von solchen Begriffen wie „oft", „sehr oft", „selten" usw. bewertet.

Allerdings soll man dies nicht mit der Datenerfassung aus der Wahrscheinlichkeitstheorie (WT) verwechseln, da in der WT nur die Versuchsergebnisse erfaßt werden. Indessen wird angenommen, daß in unserem Fall der Beobachter sich beim Bewerten der Häufigkeit p eines Ereignisses auf seine Erfahrungen stützt und dabei gewisse Analogien zu diesem Ereignis findet. Außerdem wird bei der Häufigkeitsbewertung die Berücksichtigung der externen Information über das Ereignis A zugelassen (Information von anderen Personen, Gruppenmeinungen usw.).

Nehmen wir an, die linguistische Variable „relative Größe", zur Bezeichnung der Normalabweichung eines technischen Prozesses, nehme die drei möglichen Werte an: „äußerst selten", „mehr oder weniger oft", „äußerst oft". Zur Bewertung des Zugehörigkeitsgrades dieser linguistischen Variablen teilen wir die Änderungsgebiete des Parameters selbst in Intervalle, um die invarianten Zeitperioden des Parameters zu charakterisieren. Für jeden Wert der linguistischen Variablen wird bestimmt, wie oft sie in jedem Intervall fixiert wird. Dann kann der Zugehörigkeitsgrad des Wertes einer linguistischen Variable als die Auftrittshäufigkeit dieses Wertes im gegebenen Intervall bestimmt werden. Das Aufzählen dieser Häufigkeit wird auf folgende Weise durchgeführt:

Wenn k die Anzahl der Ereignisse „Der Wert entspricht dem Intervall 1" ist und maximal n Beobachtungen möglich sind, so wird die Größe

$$p_i = \frac{k_i}{n} \tag{2.5}$$

der Zugehörigkeitsgrad, dem der Wert dieser linguistischen Variablen mit den Werten aus der universellen Skala [0,1] angehört.

Bevor wir zu der Bestimmung der Zugehörigkeitsfunktion mit Hilfe von Beobachtungen übergehen, ist es notwendig, die Werte aus der Skalentabelle 2.1 so zu bearbeiten, daß die Fehler, die der Versuch selbst erzeugt, möglichst klein werden. Zwei natürliche Eigenschaften der Zugehörig-

Tab. 2.2: Statistische Abweichungstabelle zur Erfassung von λB mit B=20

Werte	Intervalle																			
	1	2	3	4	5	6	7	8	9	10	11	12	13	14	15	16	17	18	19	20
Sehr klein	3	7	0	1	0	0	0	0	0	0	0	0	0	0	0	0	1	0	0	0
Klein	0	0	1	0	4	1	6	4	1	0	0	0	0	0	0	0	0	0	0	0
Mittel	0	0	0	0	0	0	0	2	2	5	7	0	0	0	0	0	0	0	0	0
Viel	0	0	0	0	0	0	0	0	0	0	3	8	0	7	5	2	3	0	0	0
Sehr viel	0	0	0	0	0	0	0	0	0	0	0	0	0	0	1	2	5	7	5	2

keitsfunktion sind das Vorhandensein eines Maximums und einer glatten, gedämpften, gegen Null fallenden Flanke. Wir zeigen jetzt wie die *Tabelle 2.2* aufgebaut wird.

Im Laufe der Steuerung eines technischen Prozesses wird der Operator gebeten, seine Entscheidungen mit den Werten der linguistischen Variablen „relative Abweichung B" irgendeines Parameters zu bewerten. Dabei soll B der maximal mögliche Wert der Abweichung B aus dem Intervall [0,B] sein. Die linguistische Variable „Relative Größe" hat folgende Werte: „Sehr klein", „Klein", „Mittel", „Viel", „Sehr viel". Wir betrachten jetzt λB/B. Sowohl das Intervall [0,B] als auch λB/B sind in 20 weitere Intervalle zerteilt. In diesen Intervallen wird Statistik geführt, wobei die Häufigkeit der Verwendung eines Wortes dargestellt wird, das zur Definition der Vorstellung des Menschens dient. Somit kann die Tabelle der Auftrittshäufigkeit eines Ereignisses mit Hilfe der Formel (2.5) aufgebaut werden.

Zur Bearbeitung der statistischen Daten verwendet man die Vorhersagen-Matrizen. Vorerst entfernt man aus jeder Zeile der Tab. 2.2 die offensichtlich falschen Elemente. Als Kriterium zum Entfernen eines Elements dient das Vorhandensein von Nullen in der Zeile um das Element herum. Die Elemente der Vorhersagen-Matrix werden nach der Formel

$$k_j = \sum_{i=1}^{5} b_{ij}, \; j=\overline{1,20}$$

berechnet. Die Vorhersagen-Matrix stellt eine Zeile der Form

$$\| \; 3\;7\;4\;0\;5\;1\;6\;6\;3\;5\;1\;0\;8\;0\;7\;6\;4\;9\;7\;5\;2 \; \|$$

dar. In der Zeile der Tab. 2.2 wird das größte Element $k_{max} = \max k_j$ ausgesucht und dann werden alle Elemente dieser Zeile nach der Formel

$$c_{ij} = \frac{b_{ij}k_{max}}{k_j} \quad ,i=\overline{1,5},\ j=\overline{1,20}$$

transformiert.

Für die Spalten, wo $k_j = 0$ ist, wird die lineare Approximation angewendet:

$$c_{ij} = \frac{c_{ij-1}+c_{ij+1}}{2} \quad ,i=\overline{1,5},\ j=\overline{1,20}$$

Zur Bestimmung der Zugehörigkeitsfunktion werden aus den Zeilen der Tab. 2.1. die maximalen Elemente $c_{imax} = \max c_{ij}$ ausgesucht. Die Zugehörigkeitsfunktion wird nach der Formel $\mu_{ij} = c_{ij}/c_{imax}$ berechnet *(Tab. 2.3)*. Aus der *Abb. 2.1*sind Beispiele zur Bestimmung der Zugehörigkeitsfunktion vor (vor der Punktlinie) und nach (hinter der ganzen Linie) der Bearbeitung der Daten für die linguistische Variable „Wenig" angegeben.

Tab. 2.3: Die Bedeutung der ZF der linguistischen Variable

μ_i	ΔB/B																			
	0,05	0,1	0,15	0,2	0,25	0,3	0,35	0,4	0,45	0,5	0,55	0,6	0,65	0,7	0,75	0,8	0,85	0,9	0,95	1,0
μ_1	1,0	1,0	0,75	0,47	0,2	0	0	0	0	0	0	0	0	0	0	0	0	0	0	0
μ_2	0	0	0,25	0,52	0,8	1,0	1,0	0,67	0,33	0	0	0	0	0	0	0	0	0	0	0
μ_3	0	0	0	0	0	0	0	0,33	0,67	1,0	0,7	0	0	0	0	0	0	0	0	0
μ_4	0	0	0	0	0	0	0	0	0	0	0	1,0	1,0	1,0	0,83	0,5	0,33	0	0	0
μ_5	0	0	0	0	0	0	0	0	0	0	0	0	0	0	0,16	0,5	0,55	1,0	1,0	1,0

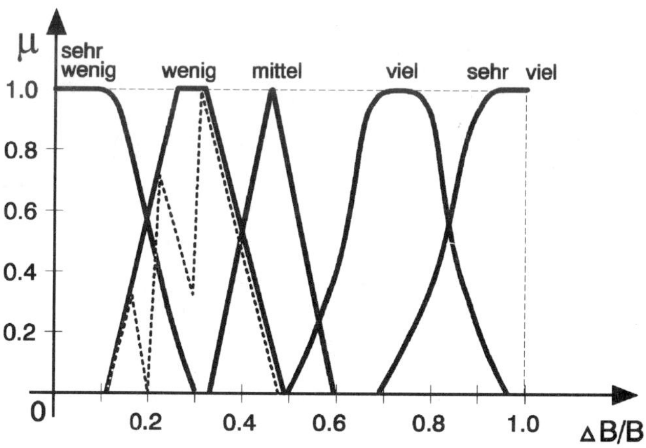

Abb. 2.1: Zugehörigkeitsfunktionen der Werte der linguistischen Variable „Relative Größe"

2.1.3 Bestimmung der Zugehörigkeitsfunktion auf Grund der Expertenbewertungen [1,3]

Sehr viele Steuerungs- und Entscheidungsprobleme sind dadurch charakterisiert , daß ihre Modellstruktur bekannt ist. Jedoch können die Koeffizienten hierfür nicht genau bestimmt werden.

In solchen Fällen verwendet man unscharfe Zahlen, die dadurch charakterisiert werden, daß sie Werte darstellen, die gewissen scharfen Zahlen nahe sind. Diese Nähe kann subjektiv angegeben werden. Hier wird eine Methode zur Bestimmung der Zugehörigkeitsfunktion von ungenauen Zahlen betrachtet. Diese Methode setzt voraus, daß der Typ der Zugehörigkeitsfunktion bekannt sei. Deshalb reduziert sich das Problem in ein Problem der Parameterbestimmung für diesen Funktionstyp auf Grund der bekannten Expertenumfrageergebnisse.

Wir betrachten jetzt die Hauptpunkte der Bestimmung der Zugehörigkeitsfunktion für ungenaue Zahlen und Intervallbewertungen. Auf *Abb. 2.2* sind die Zugehörigkeitsfunktionen von der ungenauen Zahl des Typs „X ist annäherend gleich 10“ und von der Intervallbewertung „X liegt ungefähr im Intervall von 8 bis 11“ dargestellt. Die auf *Abb. 2.2b* dargestellte Zugehörigkeitsfunktion einer Intervallbewertung wird auf folgende Weise gebildet:

$\mu(\alpha,\beta)(u) = 1$, wenn $\alpha \leq u \leq \beta$;
$\mu(\alpha,\beta)(u) = \mu_\alpha$, wenn $u < \alpha$;
$m(\alpha,\beta)(u) = \mu_\alpha$, wenn $u > \beta$,

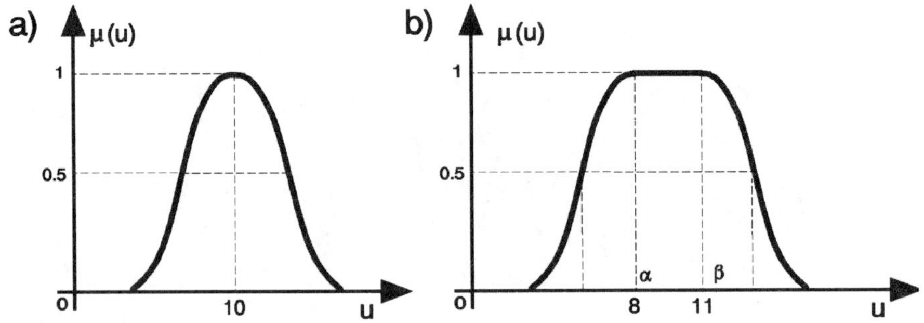

Abb. 2.2: Zugehörigkeitsfunktionen von unscharfen Mengen, die der approximierten Punktabschätzung entsprechen

wobei $\mu(\alpha,\beta)(u)$ die Funktion der Zugehörigkeit zu einem Intervall (α,β); $\mu_\alpha(u)$ und $\mu_\beta(u)$ sind, die Zugehörigkeitsfunktionen zu den Fuzzy-Mengen, die ungefähr gleich den Zahlen α und β sind. Sie werden analog zu der Zugehörigkeitsfunktion in *Abb. 2.2 a* bestimmt.

Zur Bestimmung der Zugehörigkeitsfunktion der ungenauen Zahl **„annähernd gleich der Zahl K"** verwenden wir die Funktion

$$\mu_k(u) = e^{-\alpha(k-u)^2}, \tag{2.6}$$

wobei α der Wert von $\mu_k(u)$ zwischen den Wendepunkten ist, d. h. den Punkten, wo die Funktion von dem Typ (2.6) den Wert 0.5 annimmt. Diese Punkte sind mit α und β gekennzeichnet. Daraus folgt, daß die Bestimmung der Zugehörigkeitsfunktion $\mu_k(u)$ auf die Suche der Parameter α und β zurückgeführt wird. Damit kann man nachher $\varrho(u)$ bestimmen; mit Hilfe von $\varrho(u) - \alpha$ und mit der Hilfe von α kann dann $\mu_k(u)$ gebildet werden.

Zur Bestimmung der ungenauen Zahl des Typs *„Die Zahl, ungefähr gleich k"* muß man wissen, wie die Experten sich die Grenzen solcher Zahlen vorstellen. Mit diesem Ziel führt man Umfragen durch mit der Bitte, $\alpha(k)$ und $\beta(k)$ anzugeben. Die letzten zwei Werte trennen die Zahlen, die annähernd gleich der Zahl k sind, von den anderen. Die Umfrageergebnisse nach einer nachfolgenden Bearbeitung sind in der *Tabelle 2.4* angegeben. Wir betrachten die natürliche Zahl k. Angenommen, die niedrigstwertige

Tab. 2.4: Entfernung zwischen Übergangspunkten

u	β(u)
1, 2, 3, 4, 5, 6, 7, 8, 9	0,46u
10, 20, 30, 40, 60, 80, 90	(0,357 - 0,00163u)u
35, 45, 55, 65, 75, 85, 95	(0,213 - 0,00067u)u
5	2,8
15	6,48
25	6,75
50	24
andere zweistellige Zahlen	$\frac{1}{2}\left(\rho\left([\frac{u}{10}]10+5\right)+\rho\left(u-[\frac{u}{10}]10\right)\right)$

Ziffer dieser Zahl hat die Größenordnung q. Wir teilen jetzt alle möglichen Werte von q in die Klassen der Subtraktion modulo 3 und kennzeichnen mit d eine Variable, deren Werte die Repräsentanten der Klassen {0,1,2} sein werden. Wir erhalten Äquivalenzklassen:

Md{d=0,1,2}, d=q mod (3).

Wir führen jetzt eine ganzzahlige Variable u ein, die im Intervall [1..99] variieren kann und außerdem nehmen wir an, daß für alle ihre Werte die Parameter α und β und folglich auch $\varrho(u)$ bekannt seien. Auf Grund der Ergebnisse der statistischen Bearbeitung der Umfrage kann man die Werte von $\varrho(u)$ feststellen. Die Werte $\varrho(u)$ hängen auch davon ab, zu welcher Klasse Md die Zahl k gehört.

2.1.4 Parametrischer Ansatz zur Bestimmung der Zugehörigkeitsfunktion [1.4]

Bei der Behandlung vieler Steuerungs- und Entscheidungsprobleme in den Fuzzy-Systemen ist es oft nötig, Fuzzy-Mengen aus schon bestehenden Fuzzy-Mengen zusammenzustellen. Dies geschieht mit Hilfe der sogenannten Fuzzy-Modifikatoren. Zu solchen Modifikatoren kann man zum Beispiel die Adverben „SEHR", „RECHT" usw. zählen. Dadurch ist es praktisch möglich, die Einführung neuer Worte (Terme) zu verhindern, die nur der Beschreibung einer bereits existenten linguistischen Variablen mit geschwächter, verstärkter bzw. leicht modifizierter Bedeutung einer schon existierenden linguistischen Variablen dienen. Zum Beispiel kann die ursprüngliche linguistische Variable „TEMPERATUR" einen Wert „HOCH" haben. Dann kann der Term „NICHT SEHR HOCH" sowohl unabhängig von dem Wert „HOCH", als auch unter Verwendung dieses Terms gebildet werden. Dieser Ansatz kann bei einer bereits vorhandenen Formalisierung, den mühsamen Bestimmungsprozeß von neuen Zugehörigkeitsfunktionen erheblich vereinfachen.

Die momentan behandelte Methode erlaubt uns die Bestimmung von neuen Zugehörigkeitsfunktionen durch Transformation einer schon bestehenden Zugehörigkeitsfunktion. Im Mittelpunkt steht dabei die Bestimmung von Parametern derjenigen Transformation, die dem Fuzzy-Modifikator entspricht. Dabei genügt es,diese Funktion bei der Bestimmung der

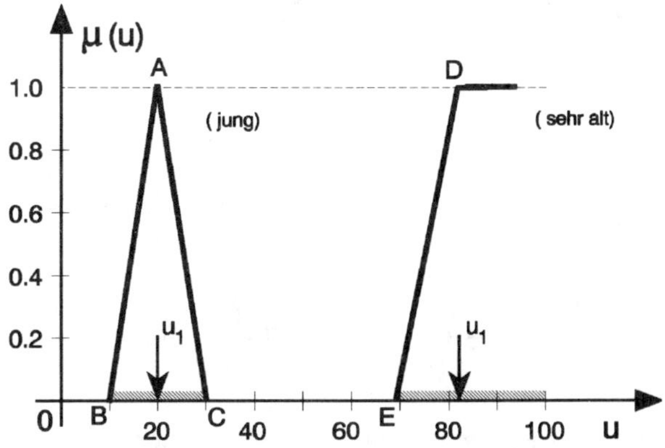

Abb. 2.3: Zugehörigkeitsfunktionen von unscharfen Termen der Variable „Alter"

Zugehörigkeitsfunktionen der Anfangsterme in ihrer einfachsten Form zu bestimmen: entweder dreieckig oder S-förmig. Dies vereinfacht die Arbeit des Experten, da er bei der Beschreibung des linguistischen Wertes irgendeiner Eigenschaft nur 3 Punkte A, B, C auf der Universalskala angeben muß. Auf der *Abb. 2.3* sind Beispiele zur Bestimmung der linguistischen Variablen „ALTER" angegeben. Angenommen, es seien zwei Terme tl und t2 einer linguistischen Variablen durch ihre parametrische Beschreibung bekannt: $t_1(z_1, z_2, z_3)$ und $t_2(w_1, w_2, w_3)$. Angenommen, der Term t_2 sei die Modifikation des Termes t_1, also $t_2=h(t_1)$, wobei h eine Beschränkung in Form eines Adverbs wie „RECHT", „SEHR" usw. sei.

Die Aufgabe besteht darin, den adverbalen Modifikator h zu beschreiben, d. h. zu zeigen, wie sich die Parameter (z_1, z_2, z_3) in (w_1, w_2, w_3) umwandeln.

Die Haupttypen der Zugehörigkeitsfunktion sind in *Abb. 2.4* angegeben. Die S-förmige Funktion (Abb. 2.4 b,c) kann man als einen Spezialfall der Dreiecksfunktion ansehen *(Abb. 2.4 a)*, in der einer der Parameter z_1 oder z_2 gegen Unendlich strebt.

Die Lösung dieser Aufabe erfolgt mit Hilfe einer automorphen Funktion, nämlich einer bruch-linearen Transformation, die eine Gerade auf sich selbst abbildet:

$$T{:}x \rightarrow \frac{\alpha x+\beta}{jx+\delta}\ ,\ \alpha\delta\text{-}\beta j \neq 0$$

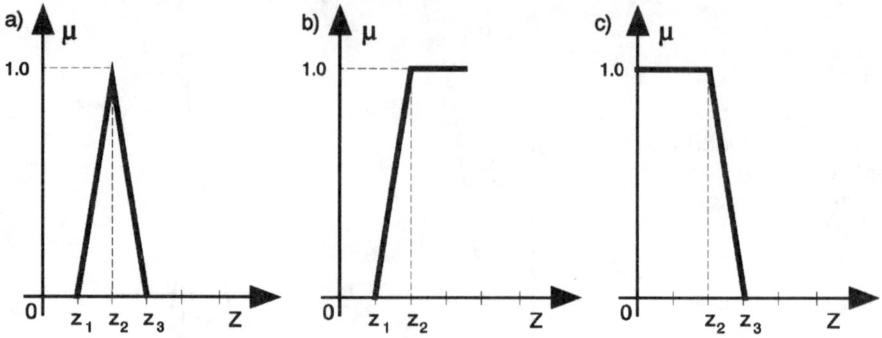

Abb. 2.4: Parametrische Form der Termbestimmung

Die Transformation T^{-1}, reziprok zu T, ensteht durch die Lösung der Gleichung

$$z = \frac{\alpha w+\beta}{jx+\delta}$$

bezüglich w:

$$T^{-1}: w = \frac{-\delta z+\beta}{jz-\alpha} \tag{2.7}$$

Man kann den Übergang von Term $t_1(z_1,z_2,z_3)$ zum Term $t_2(w_1, w_2, w_3)$ erreichen, wenn man vier Parameter α, β, γ; δ nach folgenden Gleichungen berechnet:

$$\begin{aligned} \alpha &= z_1z_2(w_1-w_2)+z_1z_3(w_3-w_1)+z_2z_3(w_2-w_3);\\ \beta &= w_1w_2z_3(z_1-z_2)+w_1w_3z_2(z_3-z_1)+w_2w_3z_1(z_2-z_3);\\ j &= z_2(w_1-w_3)+z_1(w_3-w_2)+z_3(w_2-w_1);\\ \delta &= w_1w_2(z_1-z_2)+w_1w_3(z_3-z_1)+w_2w_3(z_2-z_3). \end{aligned} \tag{2,8}$$

Würden wir diese Koeffizienten in (2.7) einsetzen, so würden wir einen umgekehrten Übergang von t_2 zu t_1 erhalten.

Wir wollen zeigen, wie sich die Formeln für die Koeffizienten in (2.8) beim Übergang vom Term t_1 mit der Dreiecks-Zugehörigkeitsfunktion zum Term t_2 mit der S-förmigen Zugehörigkeitsfunktion ändern.

In diesem Fall geht ein Parameter von den Randpunkten z_1 oder z_2 in die Unendichkeit über. Wenn $z_1 = \infty$ ist, dann nehmen die Parameter α, β, γ und δ folgende Gestalt an:

$\alpha = z_2(w_2\text{-}w_1) + z_3(w_1\text{-}w_3);$
$\beta = w_2 z_3(w_3\text{-}w_1) + w_3 z_2(w_1\text{-}w_2);$
$\gamma = w_2\text{-}w_3;\ \delta = w_1(w_3\text{-}w_2);$

Für den Fall, daß die Terme nur durch zwei Parameter beschrieben werden, d. h. wenn die Zugehörigkeitsfunktion Sförmig oder einfach eine Ungerade ist, tritt eine lineare Abbildung der Geraden ein:

$1{:}x \rightarrow \alpha x+\beta,\ \alpha \neq 0$

Die Transformationsparameter nehmen dann die Form

$$\alpha = \frac{y_2\text{-}y_1}{x_2\text{-}x_1};\quad \beta = \frac{y_1x_2\text{-}y_2x_1}{x_2\text{-}x_1}$$

an.

Der umgekehrte Übergang ($y \rightarrow x$) wird nach der Formel

$$x = \frac{1}{\alpha}\, y + \left[-\frac{\beta}{\alpha} \right]$$

realisiert.

2.2 Fuzzy-Algorithmen

Die Einfürung von neuen Begriffen wie Fuzzy-Menge, Fuzzy-Relation, Fuzzy-Funktion, Fuzzy- und linguistische Variable führt in der klassischen Mathematik zu einem für die Modellierung der Entscheidungs- und Steuerungsprozesse mit ungenauer Beschreibung sehr wichtigen Begriff des Fuzzy-Algorithmus. Solch ein Algorithmus kann als eine Folge von Operatoren definiert werden, deren Ausführung entsprechend der Semantik und dem Input zur Gewinnung gewisser Rechenergebnisse führt [6,7].

Falls ein Operator in seiner Formulierung mindestens eine Fuzzy- oder linguistische Variable, Fuzzy-Funktion oder Fuzzy-Relation enthält, so sprechen wir von einem Fuzzy-Operator. Eine Folge von Fuzzy-Operatoren, die entsprechend ihrer Fuzzy-Definitionen ausgeführt werden und zu einer ungefähren Lösung des jeweiligen Problems führen, nennen wir FuzzyAlgorithmus [6-10].

Die Verwendung von Fuzzy-Algorithmen ermöglicht uns folgendes: Verwendung der linguistischen Beschreibung zur Modellierung von komplexen Prozessen, Beschreibung einiger ungenauer Begriffe durch andere, bereits definierte ungenaue Begriffe; Vorhersagen des Verhaltens eines mit einem Fuzzy-Algorithmus zu steuernden Objektes und die Formalisierung des Entscheidungsprozesses der Steuerung mittels ungenauer Begriffe.

Das Problem der Ausführung von Fuzzy-Algorithmen muß in zwei Unterprobleme unterteilt werden: die Ausführung von separaten Fuzzy-Operatoren und die Ausführung des Fuzzy-Algorithmus im Ganzen.

In Folge der Unterteilung wird , wie schon oben erwähnt, die Ausführung des Algorithmus in zwei Unterprobleme geteilt. Dabei wird das erste Teilproblem noch in mindestens drei weitere Unterprobleme geteilt: die Ausführung von FuzzyBedingungsoperatoren mit der Struktur „if A then B else C“, die Ausführung von arithmetischen Fuzzy-Operatoren und die linguistische Approximation. Das zweite Unterproblem ist durch die Notwendigkeit der Bestimmung der Ergebnisse des Fuzzy-Algorithmus und durch die Beschränkung auf die Laufzeit bedingt.

Wir wollen jetzt die Durchführung von Fuzzy-Algorithmen für jedes der oben beschriebenen Probleme erläutern.

Ausführen eines Fuzzy-Bedingungs-Operators

Es sei if A then B else C (2.9)

ein Fuzzy-Bedingungsoperator (FBO), wobei A eine ungenaue logische Aussage (Bedingung) sei; B und C seien Gruppen von ungenauen Operatoren. Das Ergebnis der Ausführung des Operators (2.9) kann in allgemeiner Form durch folgenden Ausdruck dargestellt werden:

$$V(\text{if A then B else C}) = \{\mu_A/V(B), (1-\mu_A)/V(C)\} \tag{2.10}$$

wobei V das Ergebnis der Berechnung vom Operator t und μ_A der Wahrheitsgrad der Bedingung A seien.

Infolge der Ausführung des Fuzzy-Operators (2.9) erhält man eine Fuzzy-Menge, die eigentlich das Ergebnis der Ausführung einer Gruppe von Fuzzy-Operatoren ist. Als Erläuterung zum Operator (2.10) könnte man sagen, daß man anfängt mit der Ausführung von zwei Gruppen von Fuzzy-Operatoren B und C. Dabei wird jede Gruppe mit ihrem eigenen Kennzeichen, d. h. dem Wahrheitsgrad, markiert.

Zur eindeutigen Bestimmung der Operatorgruppen werden zwei Methoden vorgeschlagen:

1. Es wird der Wahrheitspegel $j_0 \in [0,1]$ angegeben. μ_A wird berechnet. Dann gilt

$$V\ (\text{if A then B else C}) = \begin{cases} V(B), \text{ wenn } \mu_A \geq j_0 \\ \\ V(C), \text{ wenn } \mu_A < j_0 \end{cases} \tag{2.11}$$

Dabei muß besondere Aufmerksamkeit dem Fall $j_0=0.5$ geschenkt werden, da hier eine Wende bei der Ausführung der Gruppe von Fuzzy-Operatoren B stattfindet, falls die Bedingung A eher richtig als falsch ist. Um die Anforderugen zum Niveau der eindeutigen Bestimmtheit der Korrektheit-Bewertung von der Bedingung A zu steigern, muß man den Wert $j_0 \geq 0.5$ größer machen.

2. μ_A wird berechnet. Eine zufällige Größe, die gleichmäßig im Intervall (0,1) gestreut ist, wird angegeben. j_0 sei der erhaltene Wert. Dann kann das Resultat aus (2.11) gefunden werden.

Ein wichtiges Moment bei der Berechnung des Operators (2.9)ist die Korrektheit-Berechnung der Fuzzy-Bedingung A. Deshalb werden wir die Korrektheit-Berechnung im Rahmen des zu betrachtenden Operators (2.9) behandeln.

Unter Fuzzy logischer Aussage werden wir eine Formel verstehen, die ungenaue Prädikate enthält.

Unter Fuzzy-Prädikaten wird eine Abbildung

$\underline{P}^F: X^n \rightarrow [0,1]$

verstanden, wobei $X = \{x\}$ und n eine beliebige natürliche Zahl ist.

Eine Zahl aus [0,1], die das Prädikat dem konkreten Tupel $(x_{k_1}, \ldots, x_{k_n})$ $k_j \in N$ zuordnet, benennen wir Zugehörigkeitsgrad einer Aussage die durch diesen Tupel beschrieben ist, zu der Menge der korrekten Aussagen.

Unter dem Begriff Wahrheits(Korrektheits-)grad einer logischen Aussage versteht man den Wert der Zugehörigkeitsfunktion dieser Aussage zu der Menge der korrekten Aussagen.

Es seien $\mu_1$und $\mu_2$die Wahrheitsgrade der Aussagen P_1^F und P_2^F.

Dann wird der Wahrheitsgrad der Aussage, die aus P_1^F und P_2^F gebildet wurde, durch folgende Formel beschrieben:

$$\mu(P_1^F \vee P_2^F) = +[\mu_1,\mu_2]; \quad (2.12)$$
$$\mu(P_1^F \vee P_2^F) = \cdot[\mu_1,\mu_2]; \quad (2.13)$$
$$\mu(P_1^F) = 1\text{-}\mu. \quad (2.14)$$

Die Wahreitsgrade von komplexeren Aussagen kann man mit Hilfe von Substitutionen und Formeln (2.12)-(2.14) bestimmen. Die Fuzzy Prädikate werden mittels spezieller Umfragen von der entscheidungtreffenden Person oder mit Hilfe von Fuzzy Algorithmen angegeben.

Linguistische Approximation
Es sei $<x,T(x),U,G,M>$ eine linguistische Variable, $T=\{T_i\}$ ihre Basis-Term-Menge. Nach der Definition der linguistischen Variablen ist deren Wert T_i eine Bezeichnung für die Fuzzy-Variable $<T_i ,U,\tilde{X}_i>$, wobei $\tilde{X}_i = \bigcup_{u\in U} \mu_i/u$ ist.

Wir wollen uns jetzt mit der erweiternden Term-Menge T* mit Hilfe von Prozeduren G und M beschäftigen. Den Träger der Fuzzy-Menge $\tilde{X}_i$ bezeichnen wir mit S_i. Die Elemente der Menge T* sind die Zeilen von Symbolen $\tau=\tau_1,\tau_2, \ldots, \tau_i$. Hier gehören die Elemente der Zeilen τ_i zu einer von vier Mengen: zu der Basis-Term-Menge T, zu der Menge der Verbindungen oder Konjunktionen {und, oder}, zu der Menge der Modifikatoren {nicht, sehr, ungefähr,...} oder zu der Menge der Trenner { ,(,)}.

Die Praxis zeigt, daß das Set von Modifikatoren, mit deren Hilfe die Prozedur G die Erweiterung der Menge T auf die Menge T* beschreibt, für die Steuerungsprozesse erstens nicht allzu groß sein soll und zweitens, auch die Länge der Ketten τ (die Anzahl der Elemente) nicht allzu groß sein soll. Dabei genügt es, daß die Prozedur G als eine kontextfreie Grammatik mit den Axiomen

$G=<V_N,V_T,Q,\top\!\!\top>$
$V_N=\{A,B,C,D,E,F,H,Q\}$;
$V_T=\{\ \lambda\ , \text{und, oder, nicht, sehr}\}\ T$;

Π:

$Q \rightarrow ABCDEE$, $Q \rightarrow ABE$;

H und, H

$A \rightarrow$ nicht, $A \rightarrow \lambda$;

$B \rightarrow$ sehr, $B \rightarrow \lambda$;

$C \rightarrow A$, $D \rightarrow B$;

$F \rightarrow E$, $E \rightarrow T_1$;

$E \rightarrow T_2$, $E \rightarrow T_3$;

$E \rightarrow T_n$

dargestellt wird.

Wobei V_T die Menge der Terminalsymbole, V_N die Menge der Nichtterminalsymbole, V die Anfangsliste, Π die Menge der Substitutionsregeln, ∧ das leere Symbol seien. Dann ist $T^* = L(G)$ die Sprache, die durch Grammatik (2.15) zustande kommt.

Die Prozedur M bestimmt die Semantik der Terme $T_j \in T^*$ und wird durch folgende Regel beschrieben:

$$M(T_i)=\tilde{X}_i \text{ ; } M(\text{nicht} \sqcup T_i) = \bar{\tilde{X}}_i \tag{2.16}$$

$$M(\text{sehr} \sqcup T_i)=\tilde{X}_i^2 \text{ ; } M(\text{nicht} \sqcup \text{sehr} \sqcup T_i)=(\bar{\tilde{X}}_i)^2.$$

Die Fuzzy-Sets $\tilde{X}_i$ der Terme T_i werden TLR-bestimmt und alle restlichen Bestandteile werden durch analytische Transformationen der Basis-Term-Semantik bestimmt, die durch die Fuzzy-Mengen $\tilde{X}_i$ angegeben werden.

Nun wollen wir die Fuzzy-Ähnlichkeits-Relation zwischen den Fuzzy-Relationen bestimmen. T_i und T_j seien Terme der linguistischen Variablen $X°$, $\tilde{X}_i$ und $\tilde{X}_j$ seien ihnen entsprechende Fuzzy-Mengen; S_i und S_j die Träger der Fuzzy-Mengen $\tilde{X}_i$ und $\tilde{X}_j$. Bestimmen wir nun die Fuzzy-Ähnlichkeits-Relation R zwischen den Fuzzy Mengen, die die Termwerte der linguistischen Variablen mit Hilfe der ZF $\mu_R:\tilde{X} \times \tilde{X} \rightarrow [0,1]$ beschreibt. Die Relation R soll folgende Eigenschaften erfüllen:

1. $\mu_R(\tilde{X}_i, \tilde{X}_j) = 1$ — Reflexivität;

2. $\mu_R(\tilde{X}_i, \tilde{X}_j) = \mu_R(\tilde{X}_j, u)$ — Symmetrie;

3. $\mu_R(\tilde{X}_i, 0) = 0$ — nicht vorhandene Ähnlichkeit zwischen leeren und nicht-leeren Mengen;

4. $S_i \cap S_j = 0 \Rightarrow \mu_R(\tilde{X}_i, \tilde{X}_j) = 0$ nicht vorhandene Ähnlichkeit zwischen Mengen, die sich nicht überschneiden;

Der Typ der Funktion $\mu_R$kann durch folgende Formel angegeben werden:

$$\mu_R 1(\tilde{X}_i, \tilde{X}_j) = \frac{\underset{S_i \cap S_j}{S} \min[\mu_x^i, \mu_x^j] dx}{\underset{S_i \cap S_j}{S} \max[\mu_x^i, \mu_x^j] dx} \tag{2.17}$$

$$\mu_R 2(\tilde{X}_i, \tilde{X}_j) = 1 - \frac{\underset{S_i \cap S_j}{S} f[\mu_x^i - \mu_x^j] dx}{\underset{S_i}{S} f[\mu_x^i] dx + \underset{S_j}{S} f[\mu_x^j] dx} \tag{2.18}$$

Unter der Lösung des Problems der linguistischen Approximation verstehen wir ein Element $T_k \in T^*$, das die Gleichung

$$\tilde{X}_k = \text{argmax } \mu_R(\tilde{X}_i, \tilde{X}_j) \tag{2.19}$$

erfüllt.

Somit enthält die Prozedur der linguistischen Approximation folgende Schritte [5]:

1. Schritt: Bestimmung von denjenigen linguistischen Variablen mittels der Prozedur G (2.15) einer erweiternden Term-Menge, deren Wert die approximierende Fuzzy-Menge ist.
2. Schritt: Bestimmung der Term-Semantik aus der erweiternden Term-Menge mittels der Prozedur M (2.16).

3. Schritt: Lösung des Problems (2.19).

Die Ausführung der Fuzzy-arithmetischen Operatoren wird in dem nächsten Abschnitt betrachtet.

2.3 Fuzzy-Zahlen und Operationen mit Fuzzy-Zahlen [11-13]

Eine Fuzzy-Zahl ist eine konvex-normalisierte Fuzzy-Menge A einer reellen Linie R; somit gilt

a) $\exists!\ x_0 \in R$, $\mu_A(x_0) = 1$, (x_0 heißt der Mittelwert von A);
b) μ_A ist eine stückweise stetige Funktion.

Algebraische Operationen können auch auf Fuzzy-Zahlen angewendet werden. Zu diesem Zweck benutzt man das Erweiterungsprinzip. Es handelt sich bei diesem Prinzip um folgendes: X sei das kartesische Produkt von Universen $X = X_1 \times X_2 \times \ldots \times X_r$ und $A_1, A_2, \ldots, A_r$ seien r Fuzzy-Mengen in $X_1, X_2, \ldots, X_r$. Das kartesische Produkt von $A_1, A_2, \ldots, A_r$ ist definiert als

$$A_1 \times A_2 \times \ldots \times A_r = \int_{x_1 \times x_2 \times \ldots \times x_r} \min(\mu_A(x_1), \ldots, \mu_A(x_2))/(x_1, x_2, \ldots, x_r).$$

Ist f eine Abbildung aus $X_1 \times X_2 \times \ldots \times X_r$ in dem Universum Y, so gilt $y = f(x_1, x_2, \ldots, x_r)$. Entsprechend dem Erweiterungsprinzip wird mittels f aus r Fuzzy-Mengen A_i eine Fuzzy-Menge B auf Y generiert:

$$\mu_B(y) = \sup_{\substack{x_1, x_2, \ldots, x_r \\ y=f(x_1, x_2, \ldots, x_r)}} \min(\mu_{A_1}(x_1), \mu_{A_2}(x_2), \ldots, \mu_{A_r}(x_r)). \tag{2.20}$$

$$\mu_B(y) = 0 \quad \text{wenn } f^{-1}(y) = \varnothing$$

wobei $f^{-1}(y)$ das inverse Abbild von y sei. $\mu(y)$ ist der größte Wert zwischen allen Werten der Zughörigkeitsfunktion $\mu_{A_1 \times A_2 \times \ldots \times A_r}(x_1, x_2, \ldots, x_r)$ der Realisierung unter Verwendung des r-tupels $(x_1, x_2, \ldots, x_r)$.

Die Gleichung (2.20) wird gewöhnlich folgendermaßen geschrieben:

$$B = f(A_1, A_2, \ldots, A_r) = \int_{x_1 \times x_2 \times \ldots \times x_r} \min(\mu_{A_1}(x_1), \mu_{A_2}(x_2), \ldots, \mu_{A_r}(x_r))/$$

$$/(x_1, x_2, \ldots, x_r),$$

wobei die Operation *sup* implizit ist.

Unter Verwendung dieses Erweiterungsprinzips ist es möglich, algebraische Operationen wie Addition, Subtraktion, Multiplikation und Division mit Fuzzy-Zahlen auszuführen. Ein allgemeiner Algorithmus für die Berechnung von komplexeren Operationen, wie z. B. erweiterte Addition, Subtraktion, Multiplikation und Division, besteht aus vier Schritten:

1. Glätten (flatter). Die fuzzy Mengen werden auf gleiche Höhe gebracht.

Die Glättung (flattering) von zwei Fuzzy-Mengen geschieht auf folgende Weise: M und N seien zwei Fuzzy-Mengen im Intervall I von R derart, daß $\mu_M(I) = [0,w_M]$ und $\mu_N(I) = [0,w_N]$ ist. Wir betrachten solche M′ und N′, wobei gilt

$$\mu_{M'}(x) = \min(\mu_M(x), \min(w_M,w_N))$$

und

$$\mu_{N'}(y) = \min(\mu_N(y), \min(w_M,w)_N);$$

Es ist leicht zu erkennen, daß M′* N′ = M * N für alle Operationen * gilt. Damit können M und N in M′ und N′ „geglättet" werden, die die gleiche Höhe haben.

2. Dekomposition jeder Fuzzy-Menge wie oben beschrieben in zwei Mengen oder Teile: in die Menge der nicht-fallenden „Teile" und in die Menge der nicht-steigenden „Teile". Die konstanten Teile zwischen zwei nicht-fallenden (bzw. nicht-steigenden) Teilen gehören der nicht-fallenden (bzw. nicht-steigenden) Menge an. Konstante Teile, die zwischen verschiedenen Teilen liegen, gehören beiden an.

3. Operation *. Die Operation * wird für jeden n-Tupel von Teilen (ein Teil für jede Fuzzy-Menge) angewendet, die alle zum selben Mengentyp (nicht-fallend oder nicht-steigend) gehören. Der Glättungs-Effekt kann verwendet werden.

4. Vereinigung: Für jeden n-Tupel der Teile wurde eine FuzzyMenge im Schritt 3 bestimmt. Die Vereinigung der Fuzzy-Mengen ist das endgültige Ergebnis.

Gewöhnliche Operationen mit Fuzzy-Zahlen:

Es sei φ eine unäre Operation; das Erweiterungsprinzip wird auf

$$\forall M \in P(R), \qquad \mu_{\varphi(M)}(z) = \sup_{\substack{x \\ z=\varphi(x)}} \mu_M(x),$$

reduziert, wobei P(R) eine Menge von Fuzzy-Mengen auf R, und R eine Menge der reellen Zahlen ist.

Die Negation von Fuzzy-Zahlen:

$\varphi(x)=-x$, $\varphi(M)=-M$, $\forall x \in R$, $\mu_{-M}(x)=\mu_M(-x)$.

Das Inverse zu Fuzzy-Zahlen:

$\varphi(x)=1/x$, $\varphi(M)=M^{-1}$, $\forall x \in R-\{\varnothing\}$, $\mu_{M-1}(x)=\mu_M(1/x)$.

Skalare Multiplikation:

$\mu_{\lambda M}(x)=\mu_M(x.\lambda)$, $\forall \lambda \in R-\{\varnothing\}$.

Exponent von Fuzzy-Zahlen:

$$\varphi(x)=e^x,\ \varphi(M)=e^M,\ \mu_{e^M}(x)=\begin{cases}\mu_M(\ln x) \text{ wenn } x > 0\\ 0, \text{ sonst}\end{cases}$$

Absoluter Wert von Fuzzy-Zahlen:

$$\text{abs}(M) = \begin{cases}M \cup (-M), \text{ auf } R+,\\ 0, \qquad\qquad \text{auf } R-.\end{cases}$$

L-R-Repräsentation von Fuzzy-Zahlen und -operationen auf L-R-Fuzzy-Zahlen *(Abb. 2.5 a)* [12].

Eine Funktion, gewöhnlich mit L oder R bezeichnet, ist eine Referenz-Funktion der Fuzzy-Funktion, wenn

1) $L(x)=L(-x)$,
2) $L(0)=1$,
3) L ist nicht-steigend auf $[0,+\infty]$.

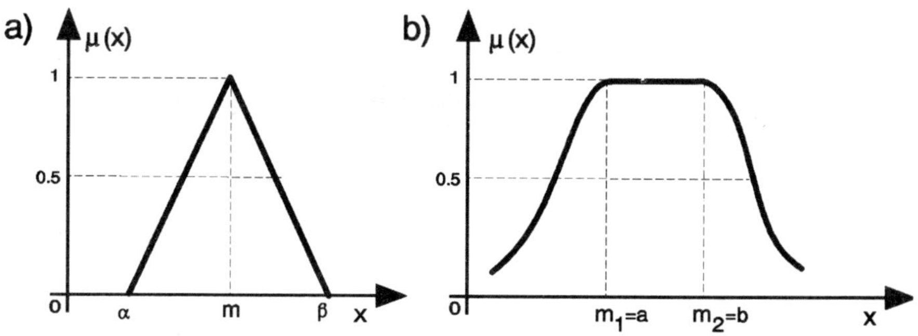

Abb. 2.5: L-R und glatte Fuzzy-Zahlen

Eine Fuzzy-Zahl M heißt eine Zahl vom Typ L-R, wenn

$$\mu_M(x) = \begin{cases} L((m\text{-}x)/\alpha) \text{ für } x \leq m, \alpha > 0, \\ \\ R((x\text{-}m)/\beta) \text{ für } x \geq m, \beta > 0. \end{cases}$$

wobei L für die linke Referenz und R für die rechte Referenz steht, m heißt Mittelwert von M, α und β werden linke und rechte Abweichungen genannt.

Symbolisch schreiben wir $M = (m,\alpha,\beta)_{LR}$.

Addition von L-R-Zahlen:

M und N seien L-R-Fuzzy-Zahlen: $M = (m,\alpha,\beta)_{LR}$, $N = (n,\gamma,\sigma)_{LR}$.

Dann kann die Addition nach der folgenden Formel berechnet werden:

$$(m,\alpha,\beta)_{LR} \oplus (n,\gamma,\sigma)_{LR} = (m+n,\alpha+\gamma,\beta+\sigma)_{LR}.$$

Subtraktion von L-R-Zahlen:

$$(m,\alpha,\beta)_{LR} \ominus (n,\gamma,\sigma)_{LR} = (m\text{-}n,\alpha+\sigma,\beta+\gamma)_{LR}.$$

Multiplikation von L-R-Zahlen:

$$(m,\alpha,\beta)_{LR} \odot (n,\gamma,\sigma)_{LR} \cong (mn,m\gamma+n\alpha,m\sigma+n\beta)_{LR} \qquad (2.21)$$

(für $M > 0$ und $N > 0$).

Falls $M < 0$ und $N > 0$, dann bekommt Gl. (2.21) die Form

$$(m,\alpha,\beta)_{LR} \odot (n,\gamma,\sigma)_{LR} = (mn,n\alpha\text{-}m\sigma,n\beta\text{-}m\gamma)_{RL}.$$

Falls $M < 0$ und $N < 0$, dann bekommt Gl.(2.21) die Form

$$(m,\alpha,\beta)_{LR} \odot (n,\gamma,\sigma)_{LR} = (mn,\text{-}n\beta,\text{-}m\sigma,\text{-}n\alpha\text{-}m\gamma)_{RL}.$$

Die Inverse einer Fuzzy-Zahl.

Es sei M eine positive L-R-Fuzzy-Zahl. Die Gleichung der rechten Seite von M^{-1} ist

$$\mu_{M^{-1}}(x) = L\left(\frac{1\text{-}mx}{\alpha x}\right), \quad x \geq 1/m,$$

wobei $M = (m,\alpha,\beta)_{LR}$ sei.

Beim Betrachten der Umgebung von 1/m bekommen wir

$$(m,\alpha,\beta)_{LR}^{-1} \simeq (m^{-1}, \beta m^{-2}, \alpha m^{-2})_{RL}. \qquad (2.22)$$

Division von Fuzzy-Zahlen:

Unter Verwendung der Identität $M: N = M \odot N^{-1}$ und (2.21), (2.22) für positive L-R- und R-L-Fuzzy-Zahlen, können folgende ungefähre Resultate gefunden werden:

$$(m,\alpha,\beta)_{LR} : (n,\gamma,\sigma)_{LR} \simeq \left[\frac{m}{n}, \frac{\sigma m + \alpha n}{n^2}, \frac{\gamma m + \beta n}{n^2} \right]_{LR}.$$

Glatte (flache) Fuzzy-Zahlen (Abb. 2.5 b):

Eine glatte Fuzzy-Zahl ist eine Fuzzy-Zahl M, bei der gilt:

$$\exists (m_1, m_2) \in R,\ m_1 < m_2 \text{ und } \mu_M(x) = 1 \quad \forall x \in [m_1, m_2].$$

Eine L-R-glatte-Fuzzy-Zahl M ist definiert als

$$\mu_M(x) = \begin{cases} L((m_1\text{-}x)/\alpha) & \text{wenn } x \le m_1,\ \alpha > 0 \\ R((x\text{-}m_2)/\beta) & \text{wenn } x \ge m_2,\ \beta > 0, \\ 1 & \text{sonst} \end{cases}$$

Noch kürzer, eine glatte Zahl wird wie $M = (m_1, m_2, \alpha, \beta)_{LR}$ geschrieben. Addition und Multiplikation können für diesen Fall problemlos konstruiert werden:

$$(m_1, m_2, \alpha, \beta)_{LR} \oplus (n_1, n_2, \gamma, \sigma)_{LR} = (m_1+n_1, m_2+n_2, \alpha+\gamma, \beta+\sigma)_{LR},$$
$$(m_1, m_2, \alpha, \beta)_{LR} \odot (n_1, n_2, \gamma, \sigma)_{LR} = (m_1 n_1, m_2 n_2, m_1\gamma+n_1\alpha, m_2\sigma+n_2\beta)_{LR}$$

Beispiel:

M und N seien L-R-Fuzzy-Zahlen

$M = (m,\alpha,\beta)_{LR} = (0,1,2)_{LR}$, $N = (n,\gamma,\sigma)_{LR} = (3,1,2)_{LR}$.

Die Addition von diesen Zahlen wird folgendermaßen berechnet:

$$M \oplus N = (m,\alpha,\beta)_{LR} \oplus (n,\gamma,\sigma)_{LR} = (0,1,2)_{LR} \oplus (3,1,2)_{LR} = (3,2,4)_{LR}.$$

Subtraktion:

$$(m,\alpha,\beta)_{LR} \ominus (n,\gamma,\sigma)_{LR} = (m\text{-}n, \alpha+\sigma, \beta+\gamma)_{LR} = (0,1,2)_{LR} \ominus (3,1,2)_{LR} =$$
$$= (-3,3,3)_{LR}.$$

Multiplikation:

$$(m,\alpha,\beta)_{LR} \odot (n,\gamma,\sigma)_{LR} = (mn, m\gamma+n\alpha, m\sigma+n\beta)_{LR},$$
$$(0,1,2)_{LR} \odot (3,1,2)_{LR} = (0,3,6)_{LR}.$$

Division:

$$(m,\alpha,\beta)_{LR} : (n,\gamma,\sigma)_{LR} \simeq \left[\frac{m}{n}, \frac{\sigma m+\alpha n}{n^2}, \frac{\gamma m+\beta n}{n^2} \right]_{LR}.$$

$$(0,1,2)_{LR} : (3,1,2)_{LR} = \left\{ 0, \frac{0+3}{9}, \frac{0+6}{9} \right\}_{LR} = \left\{ 0, \frac{1}{3}, \frac{2}{3} \right\}_{LR}.$$

Literatur zu Kapitel 2

1. Borisov A.N., Krumberg O.A., Federov I.P. „Prinjatije rescheniy na osnove netschetkich modeley“ -Riga: Ridsch. politechn.inst., 1990, pp. 7-30.(in russisch)

2. Svarovsky S.T., „Approksimazija funkziy prinadledschnosti snatscheniy lingvistischeskoy peremennoy“, Matematitscheskije voprosu analisa dannuch, -Novosibirsk: VZ SO AN SSSR, 1980. pp. 127-131.(in russisch)

3. Skofenko A.V., „O postroeniyi funkziy prinadledschnosti netschetkich mnoschestv, sootvetstvuyuschich kolitschest vennum expertnum ozenkam“, Naukovedenie i informatika, Kiev: Naukova dumka, 1981, -Vup. 22, pp. 70-79.(in russisch)

4. Kuzmin V.B., „A parametric approach to description of linguistic values of variables and hedges“, Fuzzy Sets Systems, 1981, Vol. 6, No. 1, pp. 27-41.

5. Saaty T.L., „Measuring the fuzziness of sets“, Journal of Cybernetics, 1974, Vol. 4, No. 4, pp. 53-61.

6. Zadeh L.A., „Fuzzy Algorithm“, Information and Control, 1968, Vol.12, No. 2, pp. 94-102.

7. Borisov A.N., Alekseev A.V., Krumberg O.A., Merkurjeva G.V., Popov V.A., „Modeli prinjatija rescheniy na osnove lingvistitscheskoy peremennoy.“, Riga: Ridsch. politechn. inst., 1982, pp. 58-86.

8. Yamakava T., „Fuzzy Hardware System of tomorrow“ Approximate Reasoning in intelligent Systems, Decision and Control, pp. 1-20.

9. Cheng S.K., „On the execution of fuzzy algorithms using finite state machines“, IEEE Transactions on Systems, Man and Cybernetics, 1972, vol.2, No. 3, pp. 241-253.

10. Tanaka K., Mizumoto M., „Fuzzy programs and their execution“, In: Fuzzy Sets and Their Application to Cognitive and Decision Processes. New York: Academic. Press., 1976, pp. 41-76.

11. Zadeh L.A., „A Fuzzy Algorithmic Approach to the Definition of Complex or Imprecise Concepts“, Intenational Journal of Man-Machine Studies, 8(1976), pp. 249-291.

12. Dubois D., Prade H., „Fuzzy sets and systems: theory and applications“, New York: Academic Press, 1980, p.393.

13. Kaufmann A., Gupta M.M., „Introduction to Fuzzy Arithmetic Theory and Applications“, Van Nostrand Reinhold Company, New York, p. 320.

3 Fuzzy-Identifikation

3.1 Die Identifikation von statischen Modellen

Die Forschung auf dem Gebiet der Identifikation von unscharfen Systemen wird in zwei Hauptrichtungen durchgeführt:

1. Die Identifikation von unscharfen funktionalen Systemen.

2. Die Identifikation von unscharfen Systemen in Relationen.

In der ersten Richtung werden die unscharfen Systeme durch konventionelle Gleichungen dargestellt, bei denen nur die Parameter unscharf beschrieben sind. Die Aufgabe bei der Identifizierung solcher Systeme besteht in der Bewertung oder Schätzung dieser unscharfen Parameter [1-7]. In der zweiten Richtung wird das System mit den unscharfen Gleichungen in Relationen beschrieben und die Aufgabe der Identifikation wird auf die Lösung dieser Gleichungen zurückgeführt [8-13].

Wir wenden uns nun der Aufgabe der Systemidentifikation von statischen, funktionalen Modellen mit unscharfen Parametern zu. Die Fragen der Identifikation von dynamischen, unscharfen, funktionalen Systemen, welche durch unscharfe Gleichungen in Relationen beschrieben werden, werden im nächsten Abschnitt besprochen.

Die Aufgabenstellung: Es seien $x = \{x_1, x_2, \ldots, x_n\}$ die Eingangsvariablen; y sei die Ausgangsvariable des zu steuernden Objektes. Wir setzen für x_i $(i = \overline{1,n})$ die determinierten und für y die unscharfen Werte. Das mathematische Verhältnis zwischen diesen Variablen beschreiben wir mit einer unscharfen Regressionsgleichung, deren Parameter unbekant sind [1],

$$\tilde{y} = \tilde{f}\,(x_1, \ldots, x_2) \tag{3.1}$$

Die Tilde wird als Unschärfeoperator bezeichnet.

Nehmen wir an, daß als Untersuchungsergebnis N Werte von Eingangs- (Ausgangs-)variablen (x_{1i}, x_{2i}, ..., x_{mi}, y_i) erhalten seien (Tabelle 3.1).

Die Aufgaben der Identifikation dieses Objektes sind:

1. Die Funktion

$$\tilde{y} = f(x_1, \ldots, x_n, \tilde{a}_1, \ldots, \tilde{a}_n) = \sum_{j=0}^{n} \tilde{a}_j x_j, \qquad (3.2)$$

die die Funktion $\tilde{f}$ (x_1, ..., x_n) aus der *Tabelle 3.1* approximiert, soll ausgewählt werden.

Tab. 3.1: Tabelle der Untersuchungsergebnisse von Ein- bzw. Ausgangsvariablen

Messung	Eingangswerte				Ausgangs- werte
Nr.	x_1	x_2	...	x_n	y
1	x_{11}	x_{21}	...	x_{n1}	y_1
2	x_{12}	x_{22}	...	x_{n2}	y_2
⋮	⋮	⋮	⋮	⋮	⋮
N	x_{1N}	x_{2N}	...	x_{nN}	y_N

2. Deren Parameterwerte sind festzustellen.Für solch eine Bewertung kann man das Kriterium der Minimierung von quadratischen Abweichungen (Gauß-Methode) der unscharfen Werte der Ausgangsvariablen $\hat{\tilde{y}}_i$ auswählen. Die Werte $\tilde{y}_i$ bekommt man nach (3.2) aus seinen ausgewählten unscharfen Werten, die in der Tabelle 3.1 dargestellt sind.

$$\tilde{J} = \bigcup_{i=\overline{1,N}} (\tilde{y}_i \mid - \mid \hat{\tilde{y}}_i)^2 \rightarrow \min \qquad (3.3)$$

$\mid - \mid$ ist hier die beschränkte Differenz von unscharfen Zahlen, die nach der Formel

$$\mu_{\tilde{J}}(x) = \mu_{\tilde{y}_i|-|\hat{\tilde{y}}_i}(x) = \max(0, \mu_{\tilde{y}_i}(x) - \mu_{\hat{\tilde{y}}_i}(x)) \tag{3.4}$$

festgestellt werden kann.

Die Identifikationsmethode: In der Anfangsetappe der Identifikation hat die qualitative Analyse des Prozesses die entscheidende Bedeutung. Der Schwerpunkt der zweiten Etappe ist die Auswahl des Bewertungsmittels, das die notwendigen Eigenschaften der enstehenden Objekte gewährleistet.

Betrachten wir das mathematische Modell, das in der Form einer unscharfen Gleichung der mehrfachen Regression dargestellt ist:

$$\tilde{y} = \tilde{a}_0 + \tilde{a}_1 x_1 + \tilde{a} x_2 + \ldots + \tilde{a}_n x_n. \tag{3.5}$$

Die Aufgabe der Bewertung von Gleichungsparametern aus (3.5) besteht darin, diejenigen Koeffizienten $\tilde{a}$ $(i = \overline{1,n})$,festzustellen, die der Bedingung (3.4) entsprechen.

Der Ausdruck $\tilde{y} = f(x_1, \ldots, x_n, \tilde{a}_1, \ldots, \tilde{a}_n)$ stellt eine mehrdimensionale also multivariante Funktion mit unscharfen Variablen dar. Bei Verwendung dieser in (3.4) folgt dann:

$$\tilde{J} = \bigcup_{i=\overline{1,N}} (\tilde{y}_i | - | f(x_1, \ldots, x_n, \tilde{a}_1, \ldots, \tilde{a}_n))^2 \rightarrow \min \tag{3.6}$$

Mit anderen Worten: die Aufgabe der Bewertung von Parametern der Regressionsgleichung (3.5) wird auf die Minimierung der mehrdimensionalen Funktion (3.6) mit deren unscharfen Parametern zurückgeführt.

Angenommen, die unscharfen Koeffizienten $\tilde{a}_i (i = \overline{1,n})$ seien normale unscharfe Mengen auf R:

$$\tilde{a}_i = \bigcup_{a_i \in R} \mu_{\tilde{a}_i}(a_i)/a_i$$

Wir bestimmen die Menge der α-Schnitte für die unscharfen Koeffizienten $\tilde{a}_i$

$$a_i^\alpha = \{a_i : a_i \in R,\ \mu_{\tilde{a}_i}(a_i) \geq \alpha\},\ i = \overline{0,n}$$

wobei $\alpha \in [0,1]$.

Dann kann man für jeden Schnitt

$$\alpha : \{\alpha_0 = 0, \alpha_1, \ldots, \alpha_j, \ldots, \alpha_p = 1\}$$

die Gleichung der mehrfachen bzw. multivarianten Regression (3.5) darstellen:

$$\begin{cases} y^{\alpha_0} = a_0^{\alpha_0} + a_1^{\alpha_0} x_1 + \ldots + a_n^{\alpha_0} x_n \\ y^{\alpha_1} = a_0^{\alpha_1} + a_1^{\alpha_1} x_1 + \ldots + a_n^{\alpha_1} x_n \\ \ldots\ldots\ldots\ldots\ldots\ldots\ldots\ldots\ldots\ldots \\ y^{\alpha_p} = a_0^{\alpha_p} + a_1^{\alpha_p} x_1 + \ldots + a_n^{\alpha_p} x_n \end{cases} \tag{3.7}$$

Die Gleichungen (3.7) sind gewöhnliche Gleichungen der mehrfachen Regression, die den Korrelationszusammenhang zwischen mehreren Größen in den Schnitten α_j darstellen. Für die Schätzung der unscharfen Koeffizienten $\tilde{a}_0$, $\tilde{a}_1$, ..., $\tilde{a}_n$ reicht es, die Koeffizienten $a_0^{\alpha_j}$, $a_1^{\alpha_j}$, ..., $a_n^{\alpha_j}$, $j = \overline{1,p}$, die die Bedingung

$$J_j = \sum_{i=1}^{N} (y_i^{\alpha_j} - \hat{y}_i^{\alpha_j})^2 \rightarrow \min, \quad j = \overline{1,p} \tag{3.8}$$

erfüllen, auf jedem Schnitt α_j zu bestimmen.

Hier sei

$$\hat{y}_i^{\alpha_j} = a_0^{\alpha_j} + a_1^{\alpha_j} x_1 + a_2^{\alpha_j} x_2 + \ldots + a_n^{\alpha_j} x_n.$$

Die beobachteten, determinierten Werte $y_i^{\alpha_j}$ sind mit Hilfe der Approximation der unscharfen Werte der Ausgangsvariablen y durch unscharfe Mengen der α-Schnitte ensprechend der Approximation von unscharfen Koeffizienten $\tilde{a}_i (i = \overline{1,n})$ *(Tabelle 3.2)* in der Tabelle 3.1 erhalten worden.

So wird die ursprüngliche Aufgabe der Schätzung von unscharfen Koeffizienten aus der unscharfen Regressionsgleichung (3.5) in eine klassische Aufgabe der Schätzung von Parameten der mehrfachen Regression (3.7) umgewandelt.

Beispiel:

Betrachten wir eine Aufgabe der Identifikation des Prozesses einer katalytischen Aufspaltung. Das Ziel dieses Prozesses ist die Gewinnung des Benzins (y) aus einem Rohstoff mit einer höheren Dichte. Das Hauptobjekt des betrachteten Prozesses ist der Reaktor-Regenerator-Block. Die haupterregenden Eingangsparameter des zu identifizierenden Prozesses sind: der Rohstoffverbrauch (x_1), seine Dichte (x_2) und die Temperatur

Tab. 3.2: Tabelle der Ein- bzw. Ausgabewerte bei den Messungen

Messung	Eingangswerte				Ausgangs-werte
Nr.	x_1	x_2	...	x_n	y
1	x_{11}	x_{21}	...	x_{n1}	$y_1^{\alpha_0}$
2	x_{12}	x_{22}	...	x_{n2}	$y_2^{\alpha_0}$
⋮	⋮	⋮	⋮	⋮	⋮
N	x_{1N}	x_{2N}	...	x_{nN}	$y_N^{\alpha_0}$
1	x_{11}	x_{21}	...	x_{n1}	$y_1^{\alpha_1}$
2	x_{12}	x_{22}	...	x_{n2}	$y_2^{\alpha_1}$
⋮	⋮	⋮	⋮	⋮	⋮
N	x_{1N}	x_{2N}	...	x_{nN}	$y_N^{\alpha_1}$
1	x_{11}	x_{21}	...	x_{n1}	$y_1^{\alpha_p}$
2	x_{12}	x_{22}	...	x_{n2}	$y_2^{\alpha_p}$
⋮	⋮	⋮	⋮	⋮	⋮
N	x_{1N}	x_{2N}	...	x_{nN}	$y_N^{\alpha_p}$

(x_3). Die steuernden Eingangsparameter sind dabei die Temperaturen in den Reaktoren der ersten (x_4) und zweiten (x_5) Stufe und die Temperaturen in dem Regenerator (x_6). In der *Tabelle 3.3* ist ein Fragment einer Beobachtung des Prozesses einer katalytischen Aufspaltung dargestellt.

Hier sind
ungefähr 96 = 0,5/92+0,8/93+1/96+0,8/100+0,5/106
ungefähr 100 = 0,5/94+0,8/99+1/100+0,8/101+0,5/103
ungefähr 73 = 0,5/64+0,8/68+1/73+0,8/76+0,5/79

Tab. 3.3: Fragment einer Beobachtung eines Prozesses der katalytischen Aufspaltung

	x_1	x_2	x_3	x_4	x_5	x_6	y
1	140	0,8882	273	490	500	545	ungefähr 96
⋮	⋮	⋮	⋮	⋮	⋮	⋮	⋮
5	156	0,8837	270	480	495	545	ungefähr 100
⋮	⋮	⋮	⋮	⋮	⋮	⋮	⋮
40	164	0,8725	162	480	495	550	ungefähr 73

Die Regressionsgleichung, die den Prozeß beschreibt, ist in folgender Form ausgewählt:

$$\tilde{y} = \tilde{a}_0 + \tilde{a}_1 x_1 + \tilde{a}_2 x_2 + \tilde{a}_3 x_3 + \tilde{a}_4 x_4 + \tilde{a}_5 x_5 + \tilde{a}_6 x_6 \qquad (3.9)$$

Für die Identifikation von unscharfen Koeffizienten $\tilde{a}_i (i = \overline{0,6})$ sind die genutzten unscharfen Mengen auf folgende Schnitte aufgeteilt: $\alpha = 0,5$; 0,8; 1. Ensprechend der ausgewählten Schnitte sind die beobachteten Werte der Eingangsvariablen $x_i (i = \overline{1,6})$ und der Ausgangsvariablen y in *Tabelle 3.4* für jeden Schnitt $\alpha_j (j = \overline{1,3})$ dargestellt. Jede dieser Tabellen stellt sich mit einem determinierten Zusammenhang zwischen Ein- und Ausgangsparametern auf dem Schnitt $\alpha_j$dar.

Für die Identifikation der Koeffizienten $a_i^{\alpha_j}$ $(i = \overline{0,6};\ j = \overline{1,3})$ für jeden Schnitt α_j ist die unscharfe Regressionsgleichung (3.9) entsprechend (3.7) in folgender Form dargestellt:

$$y^{\alpha_j} = a_0^{\alpha_j} + a_1^{\alpha_j} x_1 + a_2^{\alpha_j} x_2 + a_3^{\alpha_j} x_3 + a_4^{\alpha_j} x_4 + a_5^{\alpha_j} x_5 + a_6^{\alpha_j} x_6 \qquad (3.10)$$

Da (3.10) eine klassische Gleichung der mehrfachen Regression darstellt, kann für die Bewertung ihrer Koeffizienten $a_i^{\alpha_j} (i = \overline{0,6}; j = \overline{1,3})$ eine Standardprozedur der mehrfachen linearen Regression benutzt werden. Die Berechnungsergebnisse der Koeffizienten $a_i^{\alpha_j}$ aus der Gleichung (3.10) sind die folgenden:

$a_0^{0,5} = (-946,385;-870,639)$; $a_0^{0,8} = (-886,112;-833,64)$; $a_0^1 = -840,9$

$a_1^{0,5} = (-0,165;-0,157)$; $a_1^{0,8} = (-0,163;-0,16)$; $a_1^1 = -0,161$

$a_2^{0,5} = (673,875;\ 727,18)$; $a_2^{0,8} = (691,574;\ 671,808)$; $a_2^1 = 685,355$

$a_3^{0,5} = (0,114;\ 0,122)$; $a_3^{0,8} = (0,125;\ 0,121)$; $a_3^1 = 0,126$

Tabb. 3.4: Schrittweise Darstellung von beobachteten Ein- bzw. Ausgabewerten

Messung	Eingangswerte						Ausgangswerte
	x_1	x_2	x_3	x_4	x_5	x_6	y
$\alpha = 0,5$							
1	140	0,8882	273	490	500	545	(92 ; 106)
⋮	⋮	⋮	⋮	⋮	⋮	⋮	⋮
5	156	0,8837	270	480	495	545	(94 ; 103)
⋮	⋮	⋮	⋮	⋮	⋮	⋮	⋮
40	164	0,8725	162	480	495	550	(64 ; 79)
$\alpha = 0,8$							
1	140	0,8882	273	490	500	545	(93 ; 100)
⋮	⋮	⋮	⋮	⋮	⋮	⋮	⋮
5	156	0,8837	270	480	495	545	(99 ; 101)
⋮	⋮	⋮	⋮	⋮	⋮	⋮	⋮
40	164	0,8725	162	480	495	550	(68 ; 76)
$\alpha = 1$							
1	140	0,8882	273	490	500	545	96
⋮	⋮	⋮	⋮	⋮	⋮	⋮	⋮
5	156	0,8837	270	480	495	545	100
⋮	⋮	⋮	⋮	⋮	⋮	⋮	⋮
40	164	0,8725	162	480	495	550	73

$a_4^{0,5} = (0{,}292;-0{,}062)$; $a_4^{0,8} = (0{,}116;-0{,}0026)$; $a_4^1 = 0{,}0014$

$a_5^{0,5} = (0{,}602;\ 0{,}751)$; $a_5^{0,8} = (0{,}637;\ 0{,}704)$; $a_5^1 = 0{,}687$

$a_6^{0,5} = (-0{,}0123;-0{,}049)$; $a_6^{0,8} = (-0{,}029;-0{,}041)$; $a_6^1 = -0{,}043$

Um die unscharfen Koeffizienten $\tilde{a}_i$ ($i = \overline{0,6}$) zu erhalten, sind die berechneten Werte $a_i^{\alpha_j}$ mit Hilfe des folgenden Verhältnisses vereinigt worden:

$$\tilde{a}_i = \bigcup_{\alpha \in [0,1]} a_i^\alpha \text{ oder } \mu_{\tilde{a}_i}(a_i) = \sup_{\alpha \in [0,1]} \min\{\alpha, \mu_{a_i}\alpha(\alpha_i)\},$$

wobei

$$a_i^\alpha = \{a_i \mid \mu_{\tilde{a}_i}(a_i) \geq \alpha\}$$

Somit sieht die Gleichung, die das unscharfe Verhältnis zwischen der Benzinproduktion und den Parametern x(i = $\overline{1,6}$) beschreibt, wie folgt aus:

$$\begin{aligned}\tilde{y} = \tilde{f}(x_1,x_2, \ldots, x_6) = {} & (0{,}5/-946{,}385 + 0{,}8/-886{,}112 + 1/-840{,}9 + \\ & 0{,}8/-833{,}64 + 0{,}5/-870{,}639\ ) + (0{,}5/-0{,}165 + 0{,}8/-0{,}163 + \\ & 1/-0{,}161 + 0{,}8/-0{,}16 + 0{,}5/-0{,}157)x_1 + (0{,}5/673{,}875 + \\ & 0{,}8/691{,}574 + 1/685{,}355 + 0{,}8/671{,}808 + 0{,}5/727{,}18)x_2 + \\ & (0{,}5/0{,}114 + 0{,}8/0{,}125 + 1/0{,}126 + 0{,}8/0{,}121 + 0{,}5/0{,}122)x_3 + \\ & (0{,}5/0{,}292 + 0{,}8/0{,}116 + 1/0{,}0014 + 0{,}8/-0{,}0026 + 0{,}5/-0{,}062)x_4 + \\ & (0{,}5/0{,}602 + 0{,}8/0{,}637 + 1/0{,}687 + 0{,}8/0{,}704 + 0{,}5/0{,}751)x_5 + \\ & (0{,}5/-0{,}0123 + 0{,}8/-0{,}029 + 1/-0{,}043 + 0{,}8/-0{,}041 + 0{,}5/-0{,}049)x_6.\end{aligned}$$

3.2 Identifizierung der fuzzy-dynamischen Systeme

Zunächst wollen wir uns die Identifizierungsmethoden der fuzzy-funktionellen Systeme anschauen. $\tilde{X}_i$, i = $\overline{1,n}$, $\tilde{U}_i$, i = $\overline{1,m}$ und $\tilde{Y}$ seien entsprechend Fuzzy-Ein- und -Ausgangsparameter des zu identifizierenden Systems (Objekt). Nehmen wir an, daß wir infolge der Beobachtung des Objektes die Familie N von Ein- und Ausgangswerten erhalten *(Tab. 3.5)*.

Tab. 3.5: Infolge der Beobachtung entstandene Familie N der Ein- bzw. Ausgangswerte

t	$\tilde{X}_1$	$\tilde{X}_2$	...	$\tilde{X}_n$	$\tilde{U}_1$	$\tilde{U}_2$	...	$\tilde{U}_m$	$\tilde{Y}$
0	$\tilde{X}_{10}$	$\tilde{X}_{20}$	...	$\tilde{X}_{n0}$	$\tilde{U}_{10}$	$\tilde{U}_{20}$	...	$\tilde{U}_{m0}$	$\tilde{Y}_0$
1	$\tilde{X}_{11}$	$\tilde{X}_{21}$	...	$\tilde{X}_{n1}$	$\tilde{U}_{11}$	$\tilde{U}_{21}$	...	$\tilde{U}_{m1}$	$\tilde{Y}_1$
⋮	⋮	⋮	⋮	⋮	⋮	⋮	⋮	⋮	⋮
N	$\tilde{X}_{1N}$	$\tilde{X}_{2N}$	...	$\tilde{X}_{nN}$	$\tilde{U}_{1N}$	$\tilde{U}_{2N}$	...	$\tilde{U}_{mN}$	$\tilde{Y}_N$

Außerdem nehmen wir an, daß das Objekt durch die lineare Fuzzy-Differenzen-Gleichung

$$\tilde{Y}_{k+1} = \tilde{A}_0 \oplus \tilde{A}_1 \odot \tilde{X}_{1k} \oplus \ldots \oplus \tilde{A}_n \odot \tilde{X}_{nk} \oplus \tilde{A}_{n+1} \odot \tilde{A}_{n+k} \oplus \tilde{Y}_k \oplus \tilde{B}_1 \odot \tilde{U}_{1k} \oplus$$
$$\oplus \tilde{B}_2 \odot \tilde{U}_{2k} \oplus \ldots \oplus \tilde{B}_m \odot \tilde{U}_{mk} \qquad (3.11)$$

beschrieben wird, wobei $\{(\tilde{A}_i, \tilde{B}_j)\}$, $i = \overline{0,n+1}$; $j = \overline{1,m}$ Fuzzy Koeffizienten seien.

Die Aufgabe, das Objekt zu identifizieren, welches durch die Gl.(3.11) beschrieben wird, besteht in der Bewertung der Koeffizienten $\tilde{A}_i$ $(i = \overline{0,n+1})$ und $\tilde{B}_j (j = \overline{1,m})$.

Für die Bewertung der Modellqualität werden wir das Funktional $\tilde{J}$ verwenden, das die Differenz zwischen den beobachteten Werten $(\tilde{Y}_k)$ des Ausgangsparameters und den Werten $(\hat{\tilde{Y}}_k)$ aus der Gl.(3.11) darstellt.

Die Bewertung der Koeffizienten $\tilde{A}_i$ $(i = \overline{0,n+1})$ und $\tilde{B}_j (j = \overline{1,m})$ werden wir wie folgt ausführen: Die resultierenden Werte $\tilde{Y}_k$ werden in die Gleichung (3.11) eingesetzt, folglich erhalten wir das Gleichungssystem von Fuzzy-Gleichungen

$$\begin{cases} \tilde{A}_0 \oplus \tilde{A}_1 \odot \tilde{X}_{10} \oplus \ldots \oplus \tilde{A}_n \odot \tilde{X}_{n0} \oplus \tilde{A}_{n+1} \odot \tilde{Y}_0 \oplus \tilde{B}_1 \odot \tilde{U}_{10} \oplus \ldots \oplus \tilde{B}_m \odot \tilde{U}_{m0} = \tilde{Y}_1 \\ \tilde{A}_0 \oplus \tilde{A}_1 \odot \tilde{X}_{11} \oplus \ldots \oplus \tilde{A}_n \odot \tilde{X}_{n1} \oplus \tilde{A}_{n+1} \odot \tilde{Y}_1 \oplus \tilde{B}_1 \odot \tilde{U}_{11} \oplus \ldots \oplus \tilde{B}_m \odot \tilde{U}_{m1} = \tilde{Y}_2 \\ \ldots\ldots\ldots\ldots\ldots\ldots\ldots\ldots\ldots\ldots\ldots\ldots\ldots\ldots \\ \tilde{A}_0 \oplus \tilde{A}_1 \odot \tilde{X}_{1,N-1} \oplus \ldots \oplus \tilde{A}_n \odot \tilde{X}_{n,N-1} \oplus \tilde{A}_{n+1} \odot \tilde{Y}_{N-1} \oplus \tilde{B}_1 \odot \tilde{U}_{1,N-1} \oplus \\ \ldots \oplus \tilde{B}_m \odot \tilde{U}_{m,N-1} = \tilde{Y}_N \end{cases} \qquad (3.12)$$

Die Aufgabe besteht in der Bestimmung derartiger Werte der Koeffizienten $\tilde{A}_i$ $(i = \overline{0,n+1})$ und $\tilde{B}_j$ $(j = \overline{1,m})$, daß die Gleichungen (3.12) erfüllt werden.

In der Praxis ist die Gewährleistung der exakten Gleichheit unmöglich; deshalb muß man solche Werte von $\tilde{A}_i$ $(i = \overline{0,n+1})$ und $\tilde{B}_j$ $(j = \overline{1,m})$ finden, daß die Differenzen zwischen den linken und rechten Seiten der Gl.(3.12) minimal werden. Mit anderen Worten, das Funktional

$$J=\{(\widetilde{A}_0\oplus\widetilde{A}_1\odot\widetilde{X}_{10}\oplus \dots \oplus\widetilde{A}_n\odot\widetilde{X}_{n0}\oplus\widetilde{A}_{n+1}\odot\widetilde{Y}_0\oplus\widetilde{B}_1\odot\widetilde{U}_{10}\oplus \dots \oplus\widetilde{B}_m\odot\widetilde{U}_{m0}\ominus\widetilde{Y}_1)^2\oplus$$
$$\oplus(\widetilde{A}_0\oplus\widetilde{A}_1\odot\widetilde{X}_{11}\oplus \dots \oplus\widetilde{A}_n\odot\widetilde{X}_{n1}\oplus\widetilde{A}_{n+1}\odot\widetilde{Y}_1\oplus\widetilde{B}_1\odot\widetilde{U}_{11}\oplus \dots \oplus\widetilde{B}_m\odot\widetilde{U}_{m1}\ominus\widetilde{Y}_2)^2\oplus$$
$$\dots \oplus(\widetilde{A}_0\oplus\widetilde{A}_1\odot\widetilde{X}_{1,N-1}\oplus \dots \oplus\widetilde{A}_n\odot\widetilde{X}_{n,N-1}\oplus\widetilde{A}_{n+1}\odot\widetilde{Y}_{N-1}\oplus\widetilde{B}_1\odot\widetilde{U}_{1,N-1}\oplus$$
$$\dots \oplus\widetilde{B}_m\odot\widetilde{U}_{m,N-1}\ominus\widetilde{Y}_N)^2\}/N \tag{3.13}$$

muß minimal sein.

Es sind zwei Fälle in diesem Zusammenhang zu erwähnen:

1. Die Koeffizienten $\widetilde{A}_i$ $(i = \overline{0,n+1})$, $\widetilde{B}_j(j = \overline{1,m})$ sind Fuzzy-Zahlen. In diesem Fall können die Operationen der erweiterten Multiplikation, Addition und Subtraktion entsprechend dem Abschnitt 2.3 implementiert werden.

2. Die Koeffizienten $\widetilde{A}_1$ $(i = \overline{0,n+1})$, $\widetilde{B}_j(j = \overline{1,m})$ sind hier gewöhnliche Zahlen. In diesem Fall stellt die Bewertung (3.13) eine gewöhnliche Funktion von Fuzzy-Variablen dar. Zu ihrer Minimierung wird sie in α-Niveaus geteilt, und es wird eine Suche auf allen Niveaus α durchgeführt.

Wir wollen uns jetzt die Identifizierung von fuzzy-dynamischen Systemen in Relationen anschauen [2].

Das zu behandelnde System sei durch eine Fuzzy-Gleichung

$$\widetilde{X}_{t+1} = \widetilde{X}_t \circ \widetilde{U}_t \circ R(x_t, u_t, x_{t+1}) \tag{3.14}$$

beschrieben.

Die Identifizierungsaufgabe besteht in der Lösung der Gleichung (3.14) bezüglich der Fuzzy-Relation R. Diese wird ihrerseits durch die Wahl der Kompositionsoperationen bestimmt, die jeweils die exakte Lösung, die kleinste, die größte usw. beschreiben. Folglich besteht der Sinn des Identifizierungsproblems in der Bestimmung solch einer Operation aus der Menge der Kompositionsoperationen, die den minimalen Wert der Summenabweichung zwischen dem Modelloutput, der durch (3.14) beschrieben wird, und den fuzzy-beobachtbaren Daten des Systemoutputs gewährleistet

$$\min_{\substack{* \in O_1 \\ R \in \mathcal{R}}} J(*,R) = \min_{\substack{* \in O_1 \\ R \in \mathcal{R}}} \Sigma\, \varrho(\widetilde{X}_i * \widetilde{U}_i * R, \widetilde{X}_{t+1}) \tag{3.15}$$

R sei die Familie von Fuzzy-Relationen, die mit Hilfe von Kompositionsoperationen °, α, β, ε usw. ausgerechnet wird. Als Maß ϱ kann man die Minkowskische, Hemingsche oder die einfache Euklidische (LZ) Distanz im sogenannten LebesqueRaum L benutzen. Die Minimierung der aufsummierten Distanz J wird bezüglich der Vereinigung von Kompositionsoperationen der Fuzzy-Relation durchgeführt. Wir behandeln jetzt das folgende Beispiel:

Schauen wir ein Objekt mit dem Eingang (x) und dem Ausgang (y) an. Angenommen, das Objekt sei durch die folgende Gleichung in Relationen beschrieben:

$$\tilde{Y} = \tilde{X} \circ R(x,y) \qquad t = 0,1 \tag{3.16}$$

Infolge von Beobachtungen seien folgende Daten entstanden:

Die Aufgabe, das Objekt zu identifizieren, das durch die Gleichung (3.16) beschrieben wird, besteht in der Auswahl einer solchen Fuzzy Relation R (einer solchen Kompositionsoperation bei der Objektberechnung), die adäquat die beobachtbaren Daten in der *Tab. 3.6* beschreibt.

Unter Verwendung von max-min, max-α, max-β, max-ε und anderen Kompositionsoperationen berechnen wir die Fuzzy-Verhältnisse zwischen der Eingangsvariablen ($\tilde{x}$) und der Ausgangsvariablen ($\tilde{y}$).

Tab. 3.6: Infolge der Beobachtung entstandene Daten

$\tilde{X}$	$\tilde{Y}$	$\tilde{X}$	$\tilde{Y}$
groß	mittel	0,4 / 200 + 1,0 / 205 + 0,6 / 210	0,1 / 35 + 0,8 / 40 + 0,3 / 45
mittel	klein	0,3 / 215 + 0,5 / 220 + 0,8 / 225	0,2 / 50 + 0,4 / 55 + 0,9 / 60

$$R_{\text{max-min}} = \begin{vmatrix} 0,1 & 0,4 & 0,3 \\ 0,1 & 0,8 & 0,3 \\ 0,1 & 0,6 & 0,3 \\ 0,2 & 0,3 & 0,3 \\ 0,2 & 0,4 & 0,5 \\ 0,2 & 0,4 & 0,8 \end{vmatrix}, \quad \mu_{R_{\text{max-min}}} = \max_i \min\{\mu_{X_i}, \mu_{Y_i}\}$$

$$R_{max\text{-}\alpha} = \begin{vmatrix} 1{,}0 & 1{,}0 & 1{,}0 \\ 0{,}1 & 0{,}4 & 0{,}3 \\ 0{,}1 & 1{,}0 & 1{,}0 \\ 0{,}2 & 1{,}0 & 1{,}0 \\ 1{,}0 & 1{,}0 & 0{,}9 \\ 1{,}0 & 1{,}0 & 0{,}9 \end{vmatrix}, \quad \mu_{R_{max\text{-}\alpha}} = \{\mu_{X_i}\ \alpha\ \mu_{Y_i}\}$$

$$R_{max\text{-}\beta} = \begin{vmatrix} 0{,}1 & 0 & 0 \\ 0{,}1 & 0 & 0{,}3 \\ 0{,}1 & 0 & 0{,}3 \\ 0{,}2 & 0 & 0 \\ 0{,}2 & 0{,}4 & 0 \\ 0{,}2 & 0{,}4 & 0 \end{vmatrix}, \quad \mu_{R_{max\text{-}\beta}} = \{\mu_{X_i}\ \beta\ \mu_{Y_i}\}$$

$$R_{max\text{-}\varnothing} = \begin{vmatrix} 1{,}0 & 1{,}0 & 1{,}0 \\ 0{,}25 & 1{,}0 & 0{,}7 \\ 0{,}3 & 1{,}0 & 1{,}0 \\ 0{,}6 & 1{,}0 & 1{,}0 \\ 0{,}4 & 0{,}8 & 1{,}0 \\ 0{,}25 & 0{,}5 & 1{,}0 \end{vmatrix}, \quad \mu_{R_{max\text{-}\varnothing}} = \{1,\ y/x\}$$

$$R_{max\text{-}\varepsilon} = \begin{vmatrix} 0 & 0{,}8 & 0{,}3 \\ 0 & 0{,}8 & 0 \\ 0 & 0{,}8 & 0 \\ 0 & 0{,}4 & 0{,}9 \\ 0 & 0 & 0{,}9 \\ 0 & 0 & 0{,}9 \end{vmatrix}, \quad \mu_{R_{max\text{-}\varepsilon}} = \{\mu_{X_i}\ \varepsilon\ \mu_{Y_i}\}$$

Jetzt wollen wir prüfen, welche von diesen Fuzzy-Relationen die verwendeten Fuzzy-Daten am genausten darstellen. Mit diesem Ziel, und unter Verwendung von verschiedenen Operationen in der Kompositionsherleitungsregel, nämlich max-min, min-max, min-α usw., berechnen wir jetzt aus der Fuzzy-Relation den Wert des Ausgangsparameters $\hat{\tilde{Y}}_i$ und seine Abweichung von den Eingangswerten $\tilde{Y}_i$.

Schauen wir uns die Prozedur der Bestimmung der Komposition von Fuzzy-Mengen mit Fuzzy-Relationen etwas genauer an.

1. Bestimmung der Max-min-Komposition von den Fuzzy Mengen X_i (i = 1,2) mit den Fuzzy-Relationen $R_{max\text{-}min}$, $R_{max\text{-}\alpha}$, $R_{max\text{-}\beta}$, $R_{max\text{-}\varepsilon}$.

$$1.1)\ \hat{\tilde{Y}}_1 = \tilde{X}_1 \circ R_{max\text{-}min} = \begin{vmatrix} 0{,}4 & 1{,}0 & 0{,}6 \end{vmatrix} \circ \begin{vmatrix} 0{,}1 & 0{,}4 & 0{,}3 \\ 0{,}1 & 0{,}8 & 0{,}3 \\ 0{,}1 & 0{,}6 & 0{,}3 \\ 0{,}2 & 0{,}3 & 0{,}3 \\ 0{,}2 & 0{,}4 & 0{,}5 \\ 0{,}2 & 0{,}4 & 0{,}8 \end{vmatrix} =$$

$$= \begin{vmatrix} 0{,}1 & 0{,}8 & 0{,}3 \end{vmatrix}$$

$$\hat{\tilde{Y}}_2 = \tilde{X}_2 \circ R_{max\text{-}min} = \begin{vmatrix} 0{,}3 & 0{,}5 & 0{,}8 \end{vmatrix} \circ \begin{vmatrix} 0{,}1 & 0{,}4 & 0{,}3 \\ 0{,}1 & 0{,}8 & 0{,}3 \\ 0{,}1 & 0{,}6 & 0{,}3 \\ 0{,}2 & 0{,}3 & 0{,}3 \\ 0{,}2 & 0{,}4 & 0{,}5 \\ 0{,}2 & 0{,}4 & 0{,}8 \end{vmatrix} =$$

$$= \begin{vmatrix} 0{,}2 & 0{,}4 & 0{,}8 \end{vmatrix}$$

$$\varrho_1 = \sum_{i=1}^{2} (\mu_{\hat{\tilde{Y}}_i} - \mu_{\tilde{Y}_i})^2 = [(0{,}1-0{,}1)^2 + (0{,}8-0{,}8)^2 + (0{,}3-0{,}3)^2 +$$
$$+ (0{,}2-0{,}2)^2 + (0{,}4-0{,}4)^2 + (0{,}8-0{,}9)^2] = 0{,}01$$

$$1.2)\ \hat{\tilde{Y}}_1 = \tilde{X}_1 \circ R_{max\text{-}\beta} = \begin{vmatrix} 0{,}4 & 1{,}0 & 0{,}6 \end{vmatrix} \circ \begin{vmatrix} 0{,}1 & 0 & 0 \\ 0{,}1 & 0 & 0{,}3 \\ 0{,}1 & 0 & 0{,}3 \\ 0{,}2 & 0 & 0 \\ 0{,}2 & 0{,}4 & 0 \\ 0{,}2 & 0{,}4 & 0 \end{vmatrix} =$$

$$= \begin{vmatrix} 0{,}1 & 0 & 0{,}3 \end{vmatrix}$$

$$\hat{\tilde{Y}}_2 = \tilde{X}_2 \circ R_{max\text{-}\beta} = \begin{vmatrix} 0{,}3 & 0{,}5 & 0{,}8 \end{vmatrix} \circ \begin{vmatrix} 0{,}1 & 0 & 0 \\ 0{,}1 & 0 & 0{,}3 \\ 0{,}1 & 0 & 0{,}3 \\ 0{,}2 & 0 & 0 \\ 0{,}2 & 0{,}4 & 0 \\ 0{,}2 & 0{,}4 & 0 \end{vmatrix} =$$

$$= \begin{vmatrix} 0{,}1 & 0 & 0{,}3 \end{vmatrix}$$

$$\varrho_2 = \sum_{i=1}^{2} (\mu_{\hat{\tilde{Y}}_i} - \mu_{\tilde{Y}_i})^2 = [(0{,}1-0{,}1)^2 + (0-0{,}8)^2 + (0{,}3-0{,}3)^2] +$$
$$+ [(0{,}1-0{,}2)^2 + (0-0{,}4)^2 + (0{,}3-0{,}9)^2] = 1{,}45$$

1.3) $$\hat{\tilde{Y}}_1 = \tilde{X}_1 \circ R_{max\text{-}\alpha} = \begin{vmatrix} 0{,}4 & 1{,}0 & 0{,}6 \end{vmatrix} \circ \begin{vmatrix} 0{,}1 & 1{,}0 & 1{,}0 \\ 0{,}1 & 0{,}4 & 0{,}3 \\ 0{,}1 & 1{,}0 & 1{,}0 \\ 0{,}2 & 1{,}0 & 1{,}0 \\ 1{,}0 & 1{,}0 & 0{,}9 \\ 1{,}0 & 1{,}0 & 0{,}9 \end{vmatrix} =$$

$$= \begin{vmatrix} 0{,}1 & 0{,}4 & 0{,}3 \end{vmatrix}$$

$$\hat{\tilde{Y}}_2 = \tilde{X}_2 \circ R_{max\text{-}\alpha} = \begin{vmatrix} 0{,}3 & 0{,}5 & 0{,}8 \end{vmatrix} \circ \begin{vmatrix} 1{,}0 & 1{,}0 & 1{,}0 \\ 0{,}1 & 0{,}4 & 0{,}3 \\ 0{,}1 & 1{,}0 & 1{,}0 \\ 0{,}2 & 1{,}0 & 1{,}0 \\ 1{,}0 & 1{,}0 & 0{,}9 \\ 1{,}0 & 1{,}0 & 0{,}9 \end{vmatrix} =$$

$$\begin{vmatrix} 0{,}8 & 0{,}8 & 0{,}8 \end{vmatrix}$$

$$\varrho_3 = \sum_{i=1}^{2} (\mu_{\hat{\tilde{Y}}_i} - \mu_{\tilde{Y}_i})^2 = [(0{,}1-0{,}1)^2 + (0{,}4-0{,}8)^2 + (0{,}3-0{,}3)^2] +$$
$$+ [(0{,}8-0{,}2)^2 + (0{,}8-0{,}4)^2 + (0{,}8-0{,}9)^2] = 0{,}67$$

1.4) $$\hat{\tilde{Y}}_1 = \tilde{X}_1 \circ R_{max\text{-}\varepsilon} = \begin{vmatrix} 0{,}4 & 1{,}0 & 0{,}6 \end{vmatrix} \circ \begin{vmatrix} 0 & 0{,}8 & 0{,}3 \\ 0 & 0{,}8 & 0 \\ 0 & 0{,}8 & 0 \\ 0 & 0{,}4 & 0{,}9 \\ 0 & 0 & 0{,}9 \\ 0 & 0 & 0{,}9 \end{vmatrix} =$$

$$\begin{vmatrix} 0 & 0{,}4 & 0{,}1 \end{vmatrix}$$

$$\hat{\tilde{Y}}_2 = \tilde{X}_2 \circ R_{max\text{-}\varepsilon} = \begin{vmatrix} 0{,}3 & 0{,}5 & 0{,}8 \end{vmatrix} \circ \begin{vmatrix} 0 & 0{,}8 & 0{,}3 \\ 0 & 0{,}8 & 0 \\ 0 & 0{,}8 & 0 \\ 0 & 0{,}4 & 0{,}9 \\ 0 & 0 & 0{,}9 \\ 0 & 0 & 0{,}9 \end{vmatrix} =$$

$$\begin{vmatrix} 0{,}3 & 0{,}5 & 0{,}8 \end{vmatrix}$$

$$\varrho_4 = \sum_{i=1}^{2} (\mu_{\hat{\tilde{Y}}_i} - \mu_{\tilde{Y}_i})^2 = [(0-0{,}1)^2 + (0{,}4-0{,}8)^2 + (0{,}1-0{,}3)^2] +$$
$$+ [(0{,}3-0{,}2)^2 + (0{,}5-0{,}4)^2 + (0{,}8-0{,}9)^2] = 0{,}27$$

1.5) $\hat{\tilde{Y}}_1 = \tilde{X}_1 \circ R_{max\text{-}\varnothing} = \begin{vmatrix} 0{,}4 & 1{,}0 & 0{,}6 \end{vmatrix} \circ \begin{vmatrix} 0{,}1 & 1{,}0 & 1{,}0 \\ 0{,}25 & 1{,}0 & 0{,}7 \\ 0{,}3 & 1{,}0 & 1{,}0 \\ 0{,}6 & 1{,}0 & 1{,}0 \\ 0{,}4 & 0{,}8 & 1{,}0 \\ 0{,}25 & 0{,}5 & 1{,}0 \end{vmatrix} =$

$= \begin{vmatrix} 0{,}3 & 0{,}4 & 0{,}4 \end{vmatrix}$

$\hat{\tilde{Y}}_2 = \tilde{X}_2 \circ R_{max\text{-}\varnothing} = \begin{vmatrix} 0{,}3 & 0{,}5 & 0{,}8 \end{vmatrix} \circ \begin{vmatrix} 1{,}0 & 1{,}0 & 1{,}0 \\ 0{,}25 & 1{,}0 & 0{,}7 \\ 0{,}3 & 1{,}0 & 1{,}0 \\ 0{,}6 & 1{,}0 & 1{,}0 \\ 0{,}4 & 0{,}8 & 1{,}0 \\ 0{,}25 & 0{,}5 & 1{,}0 \end{vmatrix} =$

$= \begin{vmatrix} 0{,}2 & 0{,}5 & 0{,}9 \end{vmatrix}$

$$\varrho_5 = \sum_{i=1}^{2} (\mu_{\hat{\tilde{Y}}_i} - \mu_{\tilde{Y}_i})^2 = [(0{,}3\text{-}0{,}1)^2 + (0{,}4\text{-}0{,}8)^2 + (0{,}4\text{-}0{,}3)^2] +$$
$$+ [(0{,}2\text{-}0{,}2)^2 + (0{,}5\text{-}0{,}4)^2 + (0{,}9\text{-}0{,}9)^2] = 0{,}22$$

2. Bestimmung der Min-max-Komposition von den Fuzzy-Mengen X_i (i = 1,2) mit den Fuzzy-Relationen $R_{max\text{-}min}$, $R_{max\text{-}\alpha}$, $R_{max\text{-}\beta}$, $R_{max\text{-}\varnothing}$,

$\tilde{Y}_i = \tilde{X}_i \circ R$,

$\mu_{\hat{\tilde{Y}}} = \min_i \max \{\mu_{\tilde{X}_i}, \mu_R\}$.

2.1) $\hat{\tilde{Y}}_1 = \tilde{X}_1 \circ R_{max\text{-}min} = \begin{vmatrix} 0{,}4 & 1{,}0 & 0{,}6 \end{vmatrix} \circ \begin{vmatrix} 1{,}0 & 0{,}4 & 0{,}3 \\ 1{,}0 & 0{,}8 & 0{,}3 \\ 0{,}1 & 0{,}6 & 0{,}3 \\ 0{,}2 & 0{,}3 & 0{,}3 \\ 0{,}2 & 0{,}4 & 0{,}5 \\ 0{,}2 & 0{,}4 & 0{,}8 \end{vmatrix} =$

$= \begin{vmatrix} 0{,}4 & 0{,}4 & 0{,}4 \end{vmatrix}$

$\hat{\tilde{Y}}_2 = \tilde{X}_2 \circ R_{max\text{-}min} = \begin{vmatrix} 0{,}3 & 0{,}5 & 0{,}8 \end{vmatrix} \circ \begin{vmatrix} 1{,}0 & 0{,}4 & 0{,}3 \\ 0{,}1 & 0{,}8 & 0{,}3 \\ 0{,}1 & 0{,}6 & 0{,}3 \\ 0{,}2 & 0{,}3 & 0{,}3 \\ 0{,}2 & 0{,}4 & 0{,}5 \\ 0{,}2 & 0{,}4 & 0{,}8 \end{vmatrix} =$

$$= \begin{vmatrix} 0{,}3 & 0{,}3 & 0{,}3 \end{vmatrix}$$

$$\varrho_6 = \sum_{i=1}^{2} (\mu_{\hat{\tilde{Y}}_i} - \mu_{\tilde{Y}_i})^2 = [(0{,}4-0{,}1)^2+(0{,}4-0{,}8)^2+(0{,}4-0{,}3)^2]+$$
$$+[(0{,}3-0{,}2)^2 + (0{,}3-0{,}4)^2 + (0{,}3-0{,}9)^2] = 0{,}64$$

2.2) $$\hat{\tilde{Y}}_1 = \tilde{X}_1 \circ R_{max-\alpha} = \begin{vmatrix} 0{,}4 & 1{,}0 & 0{,}6 \end{vmatrix} \circ \begin{vmatrix} 1{,}0 & 1{,}0 & 1{,}0 \\ 0{,}1 & 0{,}4 & 0{,}3 \\ 0{,}1 & 1{,}0 & 1{,}0 \\ 0{,}2 & 1{,}0 & 1{,}0 \\ 1{,}0 & 1{,}0 & 0{,}9 \\ 1{,}0 & 1{,}0 & 0{,}9 \end{vmatrix} =$$

$$= \begin{vmatrix} 0{,}6 & 1{,}0 & 1{,}0 \end{vmatrix}$$

$$\hat{\tilde{Y}}_2 = \tilde{X}_2 \circ R_{max-\alpha} = \begin{vmatrix} 0{,}3 & 0{,}5 & 0{,}8 \end{vmatrix} \circ \begin{vmatrix} 1{,}0 & 1{,}0 & 1{,}0 \\ 0{,}1 & 0{,}4 & 0{,}3 \\ 0{,}1 & 1{,}0 & 1{,}0 \\ 0{,}2 & 1{,}0 & 1{,}0 \\ 1{,}0 & 1{,}0 & 0{,}9 \\ 1{,}0 & 1{,}0 & 0{,}9 \end{vmatrix} =$$

$$= \begin{vmatrix} 0{,}3 & 1{,}0 & 0{,}9 \end{vmatrix}$$

$$\varrho_7 = \sum_{i=1}^{2} (\mu_{\hat{\tilde{Y}}_i} - \mu_{\tilde{Y}_i})^2 = [(0{,}6-0{,}1)^2+(1{,}0-0{,}8)^2+(1{,}0-0{,}3)^2]+$$
$$+[(0{,}3-0{,}2)^2 + (1{,}0-0{,}4)^2 + (0{,}9-0{,}9)^2] = 2{,}08$$

2.3) $$\hat{\tilde{Y}}_1 = \tilde{X}_1 \circ R_{max-\beta} = \begin{vmatrix} 0{,}4 & 1{,}0 & 0{,}6 \end{vmatrix} \circ \begin{vmatrix} 0{,}1 & 0 & 0 \\ 0{,}1 & 0 & 0{,}3 \\ 0{,}1 & 0 & 0{,}3 \\ 0{,}2 & 0 & 0 \\ 0{,}2 & 0{,}4 & 0 \\ 0{,}2 & 0{,}4 & 0 \end{vmatrix} =$$

$$= \begin{vmatrix} 0{,}4 & 0{,}4 & 0{,}4 \end{vmatrix}$$

$$\hat{\tilde{Y}}_2 = \tilde{X}_2 \circ R_{max-\beta} = \begin{vmatrix} 0{,}3 & 0{,}5 & 0{,}8 \end{vmatrix} \circ \begin{vmatrix} 0{,}1 & 0 & 0 \\ 0{,}1 & 0 & 0{,}3 \\ 0{,}1 & 0 & 0{,}3 \\ 0{,}2 & 0 & 0 \\ 0{,}2 & 0{,}4 & 0 \\ 0{,}2 & 0{,}4 & 0 \end{vmatrix} =$$

$$= \begin{vmatrix} 0{,}3 & 0{,}3 & 0{,}3 \end{vmatrix}$$

$$\varrho_8 = \sum_{i=1}^{2} (\mu_{\hat{\hat{Y}}_i} - \mu_{\tilde{Y}_i})^2 = [(0{,}4-0{,}1)^2 + (0{,}4-0{,}8)^2 + (0{,}4-0{,}3)^2] + $$
$$+ [(0{,}3-0{,}2)^2 + (0{,}3-0{,}4)^2 + (0{,}3-0{,}9)^2] = 0{,}64$$

2.4) $$\hat{\hat{Y}}_1 = \tilde{X}_1 \circ R_{max\text{-}\varepsilon} = \begin{vmatrix} 0{,}4 & 1{,}0 & 0{,}6 \end{vmatrix} \circ \begin{vmatrix} 0 & 0{,}8 & 0{,}3 \\ 0 & 0{,}8 & 0 \\ 0 & 0{,}8 & 0 \\ 0 & 0{,}4 & 0{,}9 \\ 0 & 0 & 0{,}9 \\ 0 & 0 & 0{,}9 \end{vmatrix} =$$

$$= \begin{vmatrix} 0{,}4 & 0{,}8 & 1{,}0 \end{vmatrix}$$

$$\hat{\hat{Y}}_2 = \tilde{X}_2 \circ R_{max\text{-}\varepsilon} = \begin{vmatrix} 0{,}3 & 0{,}5 & 0{,}8 \end{vmatrix} \circ \begin{vmatrix} 0 & 0{,}8 & 0{,}3 \\ 0 & 0{,}8 & 0 \\ 0 & 0{,}8 & 0 \\ 0 & 0{,}4 & 0{,}9 \\ 0 & 0 & 0{,}9 \\ 0 & 0 & 0{,}9 \end{vmatrix} =$$

$$= \begin{vmatrix} 0{,}3 & 0{,}4 & 0{,}9 \end{vmatrix}$$

$$\varrho_9 = \sum_{i=1}^{2} (\mu_{\hat{\hat{Y}}_i} - \mu_{\tilde{Y}_i})^2 = [(0{,}4-0{,}1)^2 + (0{,}8-0{,}8)^2 + (1{,}0-0{,}3)^2] + $$
$$+ [(0{,}3-0{,}2)^2 + (0{,}4-0{,}4)^2 + (0{,}9-0{,}9)^2] = 0{,}59$$

2.5) $$\hat{\hat{Y}}_1 = \tilde{X}_1 \circ R_{max\text{-}\varnothing} = \begin{vmatrix} 0{,}4 & 1{,}0 & 0{,}6 \end{vmatrix} \circ \begin{vmatrix} 1{,}0 & 1{,}0 & 1{,}0 \\ 0{,}25 & 1{,}0 & 0{,}7 \\ 0{,}3 & 1{,}0 & 1{,}0 \\ 0{,}6 & 1{,}0 & 1{,}0 \\ 0{,}4 & 0{,}8 & 1{,}0 \\ 0{,}25 & 0{,}5 & 1{,}0 \end{vmatrix} =$$

$$= \begin{vmatrix} 0{,}6 & 1{,}0 & 1{,}0 \end{vmatrix}$$

$$\hat{\hat{Y}}_2 = \tilde{X}_2 \circ R_{max\text{-}\varnothing} = \begin{vmatrix} 0{,}3 & 0{,}5 & 0{,}8 \end{vmatrix} \circ \begin{vmatrix} 1{,}0 & 1{,}0 & 1{,}0 \\ 0{,}25 & 1{,}0 & 0{,}7 \\ 0{,}3 & 1{,}0 & 1{,}0 \\ 0{,}6 & 1{,}0 & 1{,}0 \\ 0{,}4 & 0{,}8 & 1{,}0 \\ 0{,}25 & 0{,}5 & 1{,}0 \end{vmatrix} =$$

$$= \begin{vmatrix} 0,5 & 0,8 & 1,0 \end{vmatrix}$$

$$\varrho_{10} = \sum_{i=1}^{2} (\mu_{\hat{\tilde{Y}}_i} - \mu_{\tilde{Y}_i})^2 = [(0,6-0,1)^2+(1,0-0,8)^2+(1,0-0,3)^2]+$$
$$+[(0,5-0,2)^2 +(0,8-0,4)^2 +(1,0-0,9)^2] = 1,24$$

3. Bestimmung der α-min-Komposition der Fuzzy-Mengen X (i_i = 1,2) mit den Fuzzy-Relationen $R_{max-min}$, $R_{min-max}$, $R_{max-\varepsilon}$, $R_{max-\varnothing}$.

$$3.1)\ \hat{\tilde{Y}}_1 = \tilde{X}_1 \circ R_{max\text{-}min} = \begin{vmatrix} 0,4 & 1,0 & 0,6 \end{vmatrix} \circ \begin{vmatrix} 1,0 & 0,4 & 0,3 \\ 0,1 & 0,8 & 0,3 \\ 0,1 & 0,6 & 0,3 \\ 0,2 & 0,3 & 0,3 \\ 0,2 & 0,4 & 0,5 \\ 0,2 & 0,4 & 0,8 \end{vmatrix} =$$

$$= \begin{vmatrix} 0,1 & 0,8 & 0,3 \end{vmatrix}$$

$$\hat{\tilde{Y}}_2 = \tilde{X}_2 \circ R_{max\text{-}min} = \begin{vmatrix} 0,3 & 0,5 & 0,8 \end{vmatrix} \circ \begin{vmatrix} 0,1 & 0,4 & 0,3 \\ 0,1 & 0,8 & 0,3 \\ 0,1 & 0,6 & 0,3 \\ 0,2 & 0,3 & 0,3 \\ 0,2 & 0,4 & 0,5 \\ 0,2 & 0,4 & 0,8 \end{vmatrix} =$$

$$= \begin{vmatrix} 0,2 & 0,3 & 1,0 \end{vmatrix}$$

$$\varrho_{11} = \sum_{i=1}^{2} (\mu_{\hat{\tilde{Y}}_i} - \mu_{\tilde{Y}_i})^2 = [(0,1-0,1)^2+(0,8-0,8)^2+(0,3-0,3)^2]+$$
$$+[(0,2-0,2)^2 +(0,3-0,4)^2 +(1,0-0,9)^2] = 0,02$$

$$3.2)\ \hat{\tilde{Y}}_1 = \tilde{X}_1 \circ R_{max\text{-}\beta} = \begin{vmatrix} 0,4 & 1,0 & 0,6 \end{vmatrix} \circ \begin{vmatrix} 0,1 & 0 & 0 \\ 0,1 & 0 & 0,3 \\ 0,1 & 0 & 0,3 \\ 0,2 & 0 & 0 \\ 0,2 & 0,4 & 0 \\ 0,2 & 0,4 & 0 \end{vmatrix} =$$

$$= \begin{vmatrix} 0,1 & 0 & 0 \end{vmatrix}$$

$$\hat{\hat{Y}}_2 = \tilde{X}_2 \circ R_{max\text{-}\beta} = \begin{vmatrix} 0{,}3 & 0{,}5 & 0{,}8 \end{vmatrix} \circ \begin{vmatrix} 0{,}1 & 0 & 0 \\ 0{,}1 & 0 & 0{,}3 \\ 0{,}1 & 0 & 0{,}3 \\ 0{,}2 & 0 & 0 \\ 0{,}2 & 0{,}4 & 0 \\ 0{,}2 & 0{,}4 & 0 \end{vmatrix} =$$

$$= \begin{vmatrix} 0{,}2 & 0 & 0 \end{vmatrix}$$

$$\varrho_{12} = [(0{,}1\text{-}0)^2 + (0\text{-}0{,}8)^2 + (0\text{-}0{,}3)^2] +$$
$$+ [(0{,}2\text{-}0)^2 + (0\text{-}0{,}4)^2 + (0\text{-}0{,}9)^2] = 1{,}47$$

3.3) $$\hat{\hat{Y}}_1 = \tilde{X}_1 \circ R_{max\text{-}\alpha} = \begin{vmatrix} 0{,}4 & 1{,}0 & 0{,}6 \end{vmatrix} \circ \begin{vmatrix} 1{,}0 & 1{,}0 & 1{,}0 \\ 0{,}1 & 0{,}4 & 0{,}3 \\ 0{,}1 & 1{,}0 & 1{,}0 \\ 0{,}2 & 1{,}0 & 1{,}0 \\ 1{,}0 & 1{,}0 & 0{,}9 \\ 1{,}0 & 1{,}0 & 0{,}9 \end{vmatrix} =$$

$$= \begin{vmatrix} 0{,}1 & 0{,}4 & 0{,}3 \end{vmatrix}$$

$$\hat{\hat{Y}}_2 = \tilde{X}_2 \circ R_{max\text{-}\alpha} = \begin{vmatrix} 0{,}3 & 0{,}5 & 0{,}8 \end{vmatrix} \circ \begin{vmatrix} 1{,}0 & 1{,}0 & 1{,}0 \\ 0{,}1 & 0{,}4 & 0{,}3 \\ 0{,}1 & 1{,}0 & 1{,}0 \\ 0{,}2 & 1{,}0 & 1{,}0 \\ 1{,}0 & 1{,}0 & 0{,}9 \\ 1{,}0 & 1{,}0 & 0{,}9 \end{vmatrix} =$$

$$= \begin{vmatrix} 1{,}0 & 1{,}0 & 1{,}0 \end{vmatrix}$$

$$\varrho_{13} = [(0{,}1\text{-}0{,}1)^2 + (0{,}4\text{-}0{,}8)^2 + (0{,}3\text{-}0{,}3)^2] +$$
$$+ [(1{,}0\text{-}0{,}2)^2 + (1{,}0\text{-}0{,}4)^2 + (1{,}0\text{-}0{,}9)^2] = 1{,}17$$

3.4) $$\hat{\hat{Y}}_1 = \tilde{X}_1 \circ R_{max\text{-}\epsilon} = \begin{vmatrix} 0{,}4 & 1{,}0 & 0{,}6 \end{vmatrix} \circ \begin{vmatrix} 0 & 0{,}8 & 0{,}3 \\ 0 & 0{,}8 & 0 \\ 0 & 0{,}8 & 0 \\ 0 & 0{,}4 & 0{,}9 \\ 0 & 0 & 0{,}9 \\ 0 & 0 & 0{,}9 \end{vmatrix} =$$

$$= \begin{vmatrix} 0 & 0{,}8 & 0 \end{vmatrix}$$

$$\hat{\hat{Y}}_2 = \tilde{X}_2 \circ R_{max-\epsilon} = \begin{vmatrix} 0,3 & 0,5 & 0,8 \end{vmatrix} \circ \begin{vmatrix} 0 & 0,8 & 0,3 \\ 0 & 0,8 & 0 \\ 0 & 0,8 & 0 \\ 0 & 0,4 & 0,9 \\ 0 & 0 & 0,9 \\ 0 & 0 & 0,9 \end{vmatrix} =$$

$$= \begin{vmatrix} 0 & 0 & 0,9 \end{vmatrix}$$

$$\varrho_{14} = [(0-0,1)^2+(0,8-0,8)^2+(0-0,3)^2]+$$
$$+[(0-0,2)^2 +(0-0,4)^2 +(0,9-0,9)^2] = 0,3$$

3.5) $\hat{\hat{Y}}_1 = \tilde{X}_1 \circ R_{max-\varnothing} = \begin{vmatrix} 0,4 & 1,0 & 0,6 \end{vmatrix} \circ \begin{vmatrix} 1,0 & 1,0 & 1,0 \\ 0,25 & 1,0 & 0,7 \\ 0,3 & 1,0 & 1,0 \\ 0,6 & 1,0 & 1,0 \\ 0,4 & 0,8 & 1,0 \\ 0,25 & 0,5 & 1,0 \end{vmatrix} =$

$$= \begin{vmatrix} 0,25 & 1,0 & 0,7 \end{vmatrix}$$

$$\hat{\hat{Y}}_2 = \tilde{X}_2 \circ R_{max-\varnothing} = \begin{vmatrix} 0,3 & 0,5 & 0,8 \end{vmatrix} \circ \begin{vmatrix} 1,0 & 1,0 & 1,0 \\ 0,25 & 1,0 & 0,7 \\ 0,3 & 1,0 & 1,0 \\ 0,6 & 1,0 & 1,0 \\ 0,4 & 0,8 & 1,0 \\ 0,25 & 0,5 & 1,0 \end{vmatrix} =$$

$$= \begin{vmatrix} 0,25 & 0,5 & 1,0 \end{vmatrix}$$

$$\varrho_{15} = [(0,25-0,1)^2+(1,0-0,8)^2+(0,7-0,3)^2]+$$
$$+[(0,25-0,2)^2 +(0,5-0,4)^2 +(1,0-0,9)^2] = 0,245$$

Es wird der minimale Wert des Kriteriums J bestimmt:

$J = \min_i \{\rho_i\} = \{0,01;\ 1,45;\ 0,67;\ 0,27;\ 0,22;\ 0,64;\ 0,64;$

$2,08;\ 0,59;\ 1,24;\ 0,02;\ 1,47;\ 0,245\} = 0,01.$

Dem minimalen Wert entspricht die Max-min-Kompositionsoperation. Somit wurde mittels Objektidentifizierung mit der charakterisierenden

Gleichung (3.16) festgestellt, daß die Fuzzy-Relation, die die Max-min-Kompositionsoperation benutzt, den Prozeß mit der höchsten Genauigkeit beschreibt.

Es ist zu erwähnen, daß im behandelten Beispiel fünf Kompositionsoperationen bei der Berechnung von Fuzzy-Relationen und drei Operationen bei der Berechnung von Fuzzy-Mengen mit Fuzzy Relationen verwendet wurden. Die Anzahl der verwendbaren Operationen beinhaltet bei der Berechnung der Fuzzy-Relationen und deren Kompositionen mit den ursprünglichen Fuzzy Mengen nicht alle existierenden Kompositionsoperationen und alle möglichen Kombinationen mit ihnen. Es ist offensichtlich, daß eine größere Anzahl von Kompositionsoperationen auch einen genaueren Wert der Distanz $\varrho\,(\hat{\tilde{Y}}_i, \tilde{Y}_i)$ liefert, also auch genauere Identifizierungsergebnisse.

Literatur zur Kapitel 3

1. Aliev R.A., Zerkovny A.E., Mamedova G.A., „Upravlenije proisvodstvom pri netschetkoy ishodnoy informaziji", Moskva, Energoatomisdat, 1991, pp. 240.(in russisch)

2. Aliev R.A., Aliev F.T. and Babaev M.D., „Fuzzy Process Control and Knowledge Engineering in Petrochemical and Robotic Manufacturing", Verlag TÜV Rheinland, Köln, 1991, pp. 148.

3. Tanaka H., Vejima S. and Asai K., „Linear regression analysis with fuzzy modeling", IEEE Transactions systems, Man and Cybernetics, vol SMS, No.6, 1982, pp. 903-907.

4. Tanaka H., Ishibuchi H., „Identification of possibilistic linear systems by quadratic membership functions of fuzzy parameters", Fuzzy sets and systems, vol. 41, 1991, pp.145-160.

5. Ishibuchi H. and Tanaka H., „Fuzzy regression analysis and its application using neural networks", Transactions of the Society of Instrument and Control Engineers, vol.28, No.1, 1992, pp. 116-124.

6. Ishibuchi H., „Fuzzy regression analysis", Japanese Journal of Fuzzy Theory and Systems, vol. 4, Number 1, 1992.

7. Aliev R.A., Mamedova G.A., „Analysis of Fuzzy Models of Industrial Processes“, Fuzzy sets and systems, vol.37, No. 1, 1990, pp. 13-21.

8. Pedrycz W., „Constructions of fuzzy relational models“, Cybernetics and system reseach, 2 (1984), pp. 545 549.

9. Pedrycz W., „Identification in fuzzy systems“, IEEE Transactions on systems, man and cybernetics, vol.2, March/ April 1984.

10. Csogala E., Pedrycz W., „On identification in fuzzy systems and its application in control problems“, Fuzzy sets and systems, 6 (1981), pp. 73-83.

11. Pappis C.P., Sugeno M., „Fuzzy relational equations and inverse problems“, Fuzzy sets and systems, 15 (1985), pp. 79-80.

12. Sanchez E., „Resolution of eigen fuzzy sets equations“, Fuzzy sets and systems, 1 (1978), pp. 69-75.

13. Pedrycz W., „An identification algorithm in fuzzy relational systems“, Fuzzy sets and systems, 13 (1984), pp. 153-167.

14. Valente de Oliveria J., Mirando Lemas J., „System modeling and fuzzy relational identification“, Proceedings of the IEEE International Conference on Fuzzy Systems, 1993.

4 Die Entscheidungsmethoden bei Fuzzy-Angaben

4.1 Entscheidungsfindung unter Bedingungen der unscharfen Unbestimmtheit

Den Methoden, Algorithmen und Entscheidungsprozeduren unter unscharfen Bedingungen sind die Studien [1-6] gewidmet. Im Kapitel 4 werden nur einige der oft in der Praxis auftretenden Aufgaben der Fuzzy-Entscheidungsannahme betrachtet. Im vorliegenden Abschnitt wird eine davon behandelt.

Es gibt eine Menge von Alternativen $A = \{a_1, a_2, \ldots, a_m\}$, die mit n Kriterien $C_1, C_2, .., C_n$ charakterisiert sind. Unter den Alternativen aus A ist die beste diejenige, die alle Kriterien $C_i, i = \overline{1,n}$ gleichzeitig befriedigt. Es ist bekannt, daß die Regel zur Auswahl der besten Alternative nach [1,4] definiert werden kann als

$$D = C_1 \cap C_2 \cap \ldots \cap C_n \tag{4.1}$$

Wenn die Bewertung der Alternative a_j nach dem Kriterium C_i durch $\mu_{C_i}(a_j) \in [0,1]$ bezeichnet wird, so können wir sagen:

$$C_i = \{\mu_{C_i}(a_j)/a_j\}, \; i = \overline{1,n}, \; j = \overline{1,m} \tag{4.2}$$

Mit der Berücksichtigung von (4.2) kann die Beziehung (4.1) wie folgt dargestellt werden:

$$\mu_D(a^*) = \max_{j=\overline{1,m}} \; \min_{i=\overline{1,n}} \mu_{C_i}(a_j) \tag{4.3}$$

wobei a* die beste Alternative ist.

Betrachten wir das Beispiel [4]. Der Direktor einer Produktionsvereinigung soll für den ihm untergeordneten Betrieb einen Leiter aus 5 Anwärtern auswählen:

a_1 — Chefingenieur des obenerwähnten Betriebes;
a_2 — Direktor eines kleineren untergeordneten Betriebes;
a_3 — Mitarbeiter eines wissenschaftlichen Forschungsinstituts;
a_4 — der dritte Stellvertreter des Direktors;
a_5 — der junge begabte Ingenieur.

Die Einschätzung der Anwärter wird nach folgenden Kriterien vorgenommen:

C_1 — berufliche Erfahrungen;
C_2 — organisatorische Fähigkeiten;
C_3 — Erfahrung in der Branche;
C_4 — Autorität;
C_5 — Kommunikationsfähigkeit;
C_6 — Alter.

Wenn wir den Entsprechungsgrad jedes Anwärters zu Kriterium C_i bestimmen, bekommen wir folgende Mengen:

$$C_1 = \{0{,}9/a_1;\ 0{,}9/a_2;\ 0{,}6/a_3;\ 0{,}8/a_4;\ 0{,}5/a_5\};$$
$$C_2 = \{0{,}8/a_1;\ 0{,}9/a_2;\ 0{,}5/a_3;\ 0{,}7/a_4;\ 0{,}6/a_5\};$$
$$C_3 = \{0{,}7/a_1;\ 0{,}9/a_2;\ 0{,}8/a_3;\ 0{,}5/a_4;\ 0{,}3/a_5\};$$
$$C_4 = \{0{,}9/a_1;\ 0{,}8/a_2;\ 0{,}5/a_3;\ 0{,}6/a_4;\ 0{,}5/a_5\};$$
$$C_5 = \{0{,}9/a_1;\ 0{,}9/a_2;\ 0{,}4/a_3;\ 0{,}7/a_4;\ 0{,}6/a_5\};$$
$$C_6 = \{0{,}9/a_1;\ 0{,}4/a_2;\ 0{,}8/a_3;\ 0{,}7/a_4;\ 0{,}5/a_5\};$$

Durch Anwendung von (4.3) erhalten wir

$$\begin{aligned}\mu_D(a^*) = \{\max\,[&\min(0{,}9;\ 0{,}8;\ 0{,}7;\ 0{,}9;\ 0{,}9;\ 0{,}9)/a_1;\\ &\min(0{,}9;\ 0{,}9;\ 0{,}9;\ 0{,}8;\ 0{,}9;\ 0{,}4)/a_2;\\ &\min(0{,}6;\ 0{,}5;\ 0{,}8;\ 0{,}5;\ 0{,}4;\ 0{,}8)/a_3;\\ &\min(0{,}8;\ 0{,}7;\ 0{,}5;\ 0{,}6;\ 0{,}7;\ 0{,}7)/a_4;\\ &\min(0{,}5;\ 0{,}6;\ 0{,}3;\ 0{,}5;\ 0{,}6;\ 0{,}5)/a_5]\,\} =\\ = \{\max[0{,}7/a_1;\ 0{,}4/a_2;\ &0{,}4/a_3;\ 0{,}5/a_4;\ 0{,}3/a_5\} = \{0{,}7/a_1\}\end{aligned}$$

Die beste Alternative ist a_1, d. h. der Chefingenieur des obenerwähnten Betriebes.

Oben wurde die Auswahl von Alternativen betrachtet unter der Annahme, daß sie von gleicher Wichtigkeit waren. Sind die Kriterien C_i von verschiedener Wichtigkeit $\alpha_i \geq 0$, so wird die Regel (4.1) in folgende Form umgestaltet:

$$D = C_1^{\alpha 1} \cap C_2^{\alpha 2} \cap \ldots \cap C_n^{\alpha_n} \tag{4.4}$$

$$\frac{1}{n} \sum_{i=1} \alpha_i = 1 \tag{4.5}$$

Verdeutlichen wir dies an folgendem Beispiel [4]: Es ist notwendig, einen Platz für den Bau eines chemischen Betriebes unter den Alternativen a_1, a_2, a_3 und a_4 von folgenden drei Kriterien ausgehend auszuwählen:

C_1 — die Nähe zum Verbraucher;
C_2 — die Nähe zu den Rohstoffquellen;
C_3 — das Vorhandensein verfügbarer Arbeitskräfte.

Jedes der Kriterien hat einen Koeffizienten der relativen Wichtigkeit, der aufgrund der Prozedur des paarweisen Vergleichens (vgl. Kapitel 2.1.1) bestimmt wird. Dazu wird die Matrix B aufgestellt, deren Elemente b_{ij} nach der Skala der Wichtigkeitsschätzung bestimmt werden: gleiche Wichtigkeit ($b_{ij} = 1$); etwas wichtiger ($b_{ij} = 3$); wichtiger ($b_{ij} = 5$) usw. ($b_{ij} = 1$, $b_{ji} = \frac{1}{b_{ij}}$). Es wird der Eigenvektor v der Matrix B gesucht, der dem maximalen Eigenwert λ_{max} entspricht:

$$BW = \lambda_{max} W$$

Der Wert α_i wird durch die Gleichung

$$\alpha_i = nw_i$$

erhalten, wobei w_i die Elemente des Eigenvektors W sind.

Die Matrix B dieser Aufgabe sieht folgendermaßen aus:

$$B = \begin{array}{c} \\ C_1 \\ C_2 \\ C_3 \end{array} \begin{array}{c} \begin{array}{ccc} C_1 & C_2 & C_3 \end{array} \\ \left\| \begin{array}{ccc} 1 & 5 & 1/3 \\ 1/5 & 1 & 1/9 \\ 3 & 9 & 1 \end{array} \right\| \end{array}$$

Die Elemente des Eigenvektors W werden zu $w_1 = 0{,}06$; $w_2 = 0{,}27$; $w_3 = 0{,}67$, und die Koeffizienten der relativen Wichtigkeit von den Kriterien α_i zu $\alpha_1 = 3 \cdot 0{,}06 = 0{,}18$; $\alpha_2 = 3 \cdot 0{,}27 = 0{,}81$; $\alpha_3 = 3 \cdot 0{,}67 = 2{,}01$.

Fuzzy-Mengen, die die alternativen Varianten nach den Kriterien C_i ohne Berücksichtigung der Koeffizienten der relativen Wichtigkeit charakterisieren, sehen so aus:

$C_1 = \{0,5/a_1;\ 0,7/a_2;\ 0,3/a_3;\ 0,6/a_4\}$;
$C_2 = \{0,5/a_1;\ 0,4/a_2;\ 0,8/a_3;\ 0,4/a_4\}$;
$C_3 = \{0,2/a_1;\ 0,1/a_2;\ 0,6/a_3;\ 0,9/a_4\}$;

Unter Berücksichtigung von α_i werden sie folgendermaßen umgestaltet:

$C_1^{0,18} = \{0,5^{0,18}/a_1;\ 0,7^{0,18}/a_2;\ 0,3^{0,18}/a_3;\ 0,6^{0,18}/a_4\} =$
$= \{0,88/a_1;\ 0,94/a_2;\ 0,81/a_3;\ 0,91/a_4\}$

$C_2^{0,81} = \{0,57/a_1;\ 0,48/a_2;\ 0,83/a_3;\ 0,48/a_4\}$;

$C_3^{2,01} = \{0,04/a_1;\ 0,01/a_2;\ 0,36/a_3;\ 0,81/a_4\}$;

Folglich wird

$\mu_D = \{\max(0,04/a_1;\ 0,01/a_2;\ 0,36/a_3;\ 0,48/a_4)\} =$
$= \{0,48/a_4\}$

a_4 ist also eben der Platz, auf dem der chemische Betrieb gebaut werden soll.

4.2 Die Bestimmung von Mehrkriterien-Entscheidungen auf Grund des bedingten Fuzzy-Schließens

Die Entscheidungsmenge wird durch die linguistischen Kriterien C_1, $i = \overline{1,n}$, die den Basismengen $U_1, U_2, .., U_n$ entsprechen, charakterisiert.

Die Gesamtheit der Kriterien bestimmt die Annehmbarkeit der Lösung, die durch die mit S bezeichnete linguistische Variable als „genügend“ charakterisiert wird. Dabei werden die Aussagen im allgemeinen Fall so dargestellt:

d_i: „Wenn $C_1 = C_{1i}^*$ und $C_2 = C_{2i}^*$ und...$C_n = C_{ni}^*$,
dann $S = S_i^*$“ $i = \overline{1,q}$ (4.6)

Der Durchschnittsmenge $C_i^* = \bigcap_{j=1}^{n} C_{ij}^*$ entspricht die Beziehung

$\mu_{C_i^*}(\vartheta) = \min_{\vartheta \in V} (\mu_{C_{i1}^*}(u_1), \mu_{C_{i2}^*}(u_2), \ldots, \mu_{C_{in}^*}(u_n))$

wobei $V = U_1 \times U_2 \times \ldots \times U_n$; $\vartheta = (u_1,u_2,\ldots,u_n)$

der Zugehörigkeitswert des Elementes u_j der Fuzzy-Menge C^*_{ij} ist. Dann kann man (4.6) so darstellen:

$$d_i: \text{„Wenn } C = C^*_i \text{, dann } S = S^*_i \text{ “} \tag{4.7}$$

Bezeichnen wir die Basismenge U oder V mit W und nehmen wir weiter an, daß S^*_i Fuzzy-Untermenge von W ist S die Fuzzy-Untermenge des Einheitsintervalls I, dann ist die Implikation der Fuzzy-Mengen (4.7):

$$\mu_H (w,i) = \min_{w \in W} (1,(1- \mu_{C^*} (w)+\mu_S (i)))$$

H ist hierbei die Fuzzy-Untermenge auf $W \times I$, $w \in W$, $i \in I$.

Für die Menge $D = \bigcap_{i=1}^{q} H_i$ und für jede $(w,i) \in W \times I$ können wir sagen

$$\mu_D (w,i) = \min_{w \in W} (\mu_{H_j} (w,i)),\ j = \overline{1,q}$$

Die Akzeptanz der Alternativen, die durch die FuzzyUntermenge A aus W beschrieben werden, wird auf Grund der Kompositionsfolgerungsregel

$$G = A \circ D \tag{4.8}$$

oder

$$\mu_G (i) = \max_{w \in W} (\min(\mu_A (w), \mu_D (w,i)) \tag{4.9}$$

gefunden.

Der Alternativenvergleich geschieht auf Grund der Punktschätzungen, deren Wert für die Menge A wie folgt bestimmt wird:

$$F(A) = \frac{1}{\alpha_{max}} \int_{O}^{\alpha_{max}} M(A_\alpha) d\alpha \tag{4.10}$$

wobei $M(A_\alpha)$ der Mittelwert der Elemente α-Schnittmenge A_α und α_{max} der Wert ist, bei dem die Menge A ein Maximum hat. Die Alternativenfolgerung bei der Beschlußfassung wird durch die Bestimmung der Befriedigung und der entsprechenden Punktschätzung für jede Alternative verwirklicht. Zur Lösung wird die Alternative mit maximalem Wert der Punktschätzung angenommen. Die oben angeführte Methode wird mit folgendem Beispiel illustriert. Es wird verlangt, den besten Kandidaten aus $A = \{a_1, a_2, a_3, a_4, a_5\}$ für die Besetzung einer Stelle an der Fakultät auszuwählen. Bei der Beschlußfassung werden fünf Kriterien benutzt:

C_1 — Forschungsfähigkeiten;
C_2 — Dauer der Berufstätigkeit;
C_3 — Lehrpraxis der technischen Fächer;
C_4 — Lehrpraxis der Theorie der Fuzzy-Mengen;
C_5 — Kommunikationsfähigkeit mit den Auftraggebern der wissenschaftlichen Forschungsarbeiten.

Wir werden diese Variablen auf der Basismenge der Alternativen bestimmen.

Es ist die Beschreibung der Ursache-Folge-Beziehungen zwischen den Kriterienwerten und der Akzeptanz der Lösungen bekannt.

d_1: „Wenn C_1 = gebildet und C_2 = einige Erfahrung und C_3 = gut,dann ist S = befriedigend";

d_2: „Wenn C_1 = gebildet und C_2 = einige Erfahrung und C_3 = gut und C_4 = begabt, dann S = mehr als befriedigend";

d_3: „Wenn C_1 = gebildet und C_2 = einige Erfahrung und C_3 = gut und C_4 = begabt und C_5 = begabt, dann S = tadellos";

d_4: „Wenn C_1 = gebildet und C_2 = einige Erfahrung und C_3 = gut und C_5 = begabt, dann S = sehr befriedigend";

d_5: „Wenn C_1 = sehr gebildet und C_2 = hat keine Erfahrung und C_3 = gut und C_5 = begabt, dann S = befriedigend";

d_6: „Wenn C_1 = nicht gebildet und C_3 = kann nicht unterrichten, dann ist S = unbefriedigend".

Die Variable S ist für die Menge J = {0; 0,1; 0,2;...;1} angegeben und hat folgende linguistische Terme:

S_1^* — befriedigend;

S_2^* — mehr als befriedigend;

S_3^* — tadellos;

S_4^* — sehr befriedigend;

S_5^* — nicht befriedigend.

Dabei seien definiert:

„befriedigend“ wie $\mu_S(c) = c, c \in J$,

„sehr befriedigend“ wie $\mu_S(c) = c^2$

„nicht befriedigend“ wie $\mu_S(c) = 1\text{-}c$,

„mehr als befriedigend“ wie $\mu_S(c) = \sqrt{c^3}$

„tadellos“ wie $\mu(c) = \begin{cases} 1, \text{ wenn } c = 1; \\ 0, \text{ wenn } c \neq 1 \end{cases}$

Es gibt folgende Schätzungen für jeden Kandidaten:

C_1^* = ausgewiesener Forscher = $\{0{,}8/a_1; 0{,}6/a_2; 0{,}5/a_3; 0{,}1/a_4; 0{,}3/a_5\}$;

C_2^* = Betriebserfahrung = $\{0{,}5/a_1; 1{,}0/a_2; 0{,}0/a_3; 0{,}5/a_4; 1{,}0/a_5\}$;

C_3^* = gute Lehrpraxis = $\{0{,}6/a_1; 0{,}9/a_2; 1{,}0/a_3; 0{,}7/a_4; 1{,}0/a_5\}$;

C_4 = Lehrpraxis der Theorie der Fuzzy-Mengen =
= $\{1{,}0/a_1; 0{,}3/a_2; 1{,}0/a_3; 0{,}0/a_4; 0{,}0/a_5\}$;

C_5^* = Arbeitsfähigkeit mit den Auftraggebern =
= $\{0{,}0/a_1; 0{,}5/a_2; 1{,}0/a_3; 0{,}8/a_4; 0{,}1/a_5\}$.

Bei Verwendung dieser Angaben kann man die oben angeführten Kenntnisse so darstellen:

d_1: „Wenn $C = C_1^*$ und C_2^* und C_3^*, dann $S = S_1^*$“;

d_2: „Wenn $C = C_1^*$ und C_2^* und C_3^* und C_4^*, dann $S = S_2^*$“;

d_3: „Wenn $C = C_1^*$ und C_2^* und C_3^* und C_4^* und C_5^*, dann $S = S_3^*$“;

d_4: „Wenn $C = C_1^*$ und C_2^* und C_3^* und C_5^*, dann $S = S_4^*$“;

d_5: „Wenn C = sehr C_1^* und ist nicht C_2^* und C_3^* und C_5^*, dann $S = S_1^*$“;

d_6: „Wenn C = nicht C_1^* oder nicht C_3^*, dann $S = S_5^*$“.

Die Regel (4.6) annehmend, erhalten wir

für d_1: $\mu_{M_2}(a) = \min(\mu_{C_1^*}(a), \mu_{C_2^*}(a), \mu_{C_3^*}(a))$;

$M_1 = \{0{,}5/a_1; 0{,}6/a_2; 0/a_3; 0{,}1/a_4; 0{,}3/a_5\}$;

für d_2: $\mu_{M_2}(a) = \min(\mu_{C_1^*}(a), \mu_{C_2^*}(a), \mu_{C_3^*}(a), \mu_{C_4^*}(a))$;

$M_2 = \{0{,}5/a_1;\ 0{,}3/a_2;\ 0/a_3;\ 0/a_4;\ 0/a_5\}$;

für d_3: $\mu_{M_3}(a) = \min(\mu_{C_1^*}(a), \mu_{C_2^*}(a), \mu_{C_3^*}(a), \mu_{C_4^*}(a), \mu_{C_5^*}(a))$;

$M_3 = \{0/a_1;\ 0{,}3/a_2;\ 0/a_3;\ 0/a_4;\ 0/a_5\}$;

für d_4: $\mu_{M_4}(a) = \min(\mu_{C_1^*}(a), \mu_{C_2^*}(a), \mu_{C_3^*}(a), \mu_{C_5^*}(a))$;

$M_4 = \{0/a_1;\ 0{,}5/a_2;\ 0/a_3;\ 0{,}1/a_4;\ 0{,}1/a_5\}$;

für d_5: $\mu_{M_5}(a) = \min(\mu_{C_1^{*2}}(a),\ 1-\mu_{C_2^*}(a), \mu_{C_3^*}(a), \mu_{C_5^*}(a))$;

$M_5 = \{0/a_1;\ 0/a_2;\ 0/a_3;\ 0{,}01/a_4;\ 0/a_5\}$;

für d_6: $\mu_{M_6}(a) = \min((1-\mu_{C_1^*}(a), 1-\mu_{C_3^*}(a))$;

$M_6 = \{0{,}4/a_1;\ 0{,}4/a_2;\ 0{,}5/a_3;\ 0{,}9/a_4;\ 0{,}7/a_5\}$.

Das oben angeführte berücksichtigend, können wir aufschreiben:

d_1: „Wenn $C = M_1$, dann $S = S_1^*$";

d_2: „Wenn $C = M_2$, dann $S = S_2^*$";

d_3: „Wenn $C = M_3$, dann $S = S_3^*$";

d_4: „Wenn $C = M_4$, dann $S = S_4^*$";

d_5: „Wenn $C = M_5$, dann $S = S_1^*$";

d_6: „Wenn $C = M_6$, dann $S = S_5^*$".

Die Verwandlungsregel (4.7) der Implikation „Wenn $C = M$, dann $S = S^*$" im Ausdruck $\mu_D(a,i) = \min(1, 1-\mu_M(a)+\mu_{S^*}(a))$ für jedes Paar $(a,i) \in A \times I$ erzeugt die Fuzzy-Untermengen D_1-D_6 aus $U \times I$.

Zum Beispiel:

$D =$

	0	0,1	0,2	0,3	0,4	0,5	0,6	0,7	0,8	0,9	1
a_1	0,5	0,6	0,7	0,8	0,9	1	1	1	1	1	1
a_2	0,4	0,5	0,6	0,7	0,8	0,9	1	1	1	1	1
a_3	1	1	1	1	1	1	1	1	1	1	1
a_4	0,9	1	1	1	1	1	1	1	1	1	1
a_5	0,7	0,8	0,9	1	1	1	1	1	1	1	1

Die allgemeine funktionale Lösung wird so aussehen:

$D = D_1 \cap D_2 \cap D_3 \cap D_4 \cap D_5 \cap D_6$ oder $\mu_D(a,i) = \min_{j=\overline{1,6}} (\mu_{D_j}(a,i))$,

D	0	0,1	0,2	0,3	0,4	0,5	0,6	0,7	0,8	0,9	1
a_1	0,5	0,53	0,59	0,66	0,75	0,85	0,96	0,9	0,8	0,7	0,6
a_2	0,4	0,5	0,54	0,59	0,66	0,7	0,7	0,7	0,7	0,7	0,6
a_3	1	1	1	1	1	1	0,9	0,8	0,7	0,6	0,5
a_4	0,9	0,91	0,9	0,8	0,7	0,6	0,5	0,4	0,3	0,2	0,1
a_5	0,7	0,8	0,9	0,99	0,9	0,8	0,7	0,6	0,5	0,4	0,3

Zur Bestimmung der Akzeptanz jeder Alternative wird die Regel der Kompositionsfolgerung (4.9) genutzt, sonst

$\mu_{G_k}(i) = \max_{a \in A} (\min (\mu_{A_k}(a), \mu_{D_k}(a,i)))$

hier $\mu_{G_k}(i) = \mu_D(a_k,i)$, d. h. G_k ist k-Zeile in der Matrix D. Für die erste Alternative

$G_1 = \{0,5/0;\ 0,53/0,1;\ 0,59/0,2;\ 0,66/0,3;\ 0,75/0,4;\ 0,85/0,5;\ 0,96/0,6;\ 0,9/0,7;\ 0,8/0,8;\ 0,7/0,9;\ 0,6/1\}$

Wir wollen die Schnittmengen $G_{j\alpha}$ und ihre Mächtigkeiten $M(G_{j\alpha})$ ausrechnen:

$$M(G_{j\alpha}) = \sum_{i=1}^{n} \frac{a_i}{n}.$$

Bei

$$0 \leq \alpha \leq 0,5;\ d\alpha = 0,5$$

$$G_{1\alpha} = \{0;\ 0,1;\ 0,2;\ 0,3;\ 0,4;\ 0,5;\ 0,6;\ 0,7;\ 0,8;\ 0,9;\ 1\};$$

$$M(G_{1\alpha}) = 0,5$$

.

.

.

$$0,9 < \alpha \leq 0,96;\ d\alpha = 0,06$$

$$G_{1\alpha} = \{0,6\};\ M(G_{1\alpha}) \cong 0,6.$$

Die Punktschätzung G_1 bestimmen wir nach der Formel (4.10)

$$F(G_1) = \frac{1}{0{,}96} \int_0^{0{,}96} M(G_{1\alpha})\, d\alpha = 1/0{,}96(0{,}5 \bullet 0{,}05 + 0{,}55 \bullet 0{,}03 + 0{,}6 \bullet 0{,}06 +$$

$$+0{,}65 \bullet 0{,}04 + 0{,}6 \bullet 0{,}05 + 0{,}6 \bullet 0{,}05 + 0{,}65 \bullet 0{,}05 + 0{,}65 \bullet 0{,}05 + 0{,}6 \bullet 0{,}06) =$$
$$= 0{,}554$$

Gleichermaßen erhalten wir $F(G_2) = 0{,}555$; $F(G_3) = 0{,}425$; $F(G_4) = 0{,}298$; $F(G_5) = 0{,}391$. Die Punktschätzung der Befriedigung für die Alternative a_1 ist gleich 0,554, $a_2 = 0{,}555$, $a_3 = 0{,}425$, $a_4 = 0{,}298$, $a_5 = 0{,}391$. Die beste Alternative ist a_2.

4.3 Die Entscheidungsfindung bei vorgegebener Fuzzy-System-Beschreibung unter Verwendung der Fuzzy-Präferenzrelation

Zunächst wollen wir die Entscheidungsfindung in den Fällen behandeln, wo eine unscharfe System- und Endzustandsbeschreibung bekannt ist [4]. Es sei eine Menge von Alternativen $A = \{a_1, a_2, \ldots, a_m\}$ gegeben. Die Auswahl hängt vom Zustand der Umwelt ab:

$$X = \{x_1, x_2, \ldots, x_m\}.$$

Zum Beispiel, soll eine Entscheidung zur Auswahl von Kleidung in Abhängigkeit vom Wetter (die Sonne scheint, es ist trübe, es ist regnerisch usw.) getroffen werden. Es gibt Alternativen: sich warm anzukleiden, einen Regenschirm mitzunehmen usw.

Die Auswahl irgendeiner Alternative aus der Menge bei verschiedenem Wetter wird durch den entsprechenden Nutzen charakterisiert, auf dessen Basis der rationale Beschluß gefaßt werden soll.

Ist das Medium im Zustand x_j und wird die Alternative a_i ausgewählt, so ist ihr Nutzen u_{ij}. Im allgemeinen erhalten wir die Nutzenmatrix U (cost/benefit matrix)

$$U = \left\| \begin{matrix} u_{11} \ldots, u_{1n} \\ \ldots\ldots\ldots\ldots \\ u_{m1} \ldots, u_{mn} \end{matrix} \right\|$$

Selbstverständlich ist es notwendig, bei bekanntemZustand x ausgehend von den Bedingungen

$$u_0 = \max_{i=\overline{1,m}} u_{ij}$$

eine Alternative auszuwählen.

Es soll erwähnt werden, daß es oft unmöglich ist, den Zustand des Mediums (der Umwelt) und den Nutzzustand von Alternativen genau (exakt) zu bestimmen. Deshalb werden wir die Methode der Entscheidungsfindung in den Situationen betrachten, in denen der Mediumzustand nicht exakt bekannt ist und der Alternativennutzen in diversen Zuständen nicht exakt bestimmt ist.

Der Systemzustand wird durch die Fuzzy-Menge bestimmt.

$$\widetilde{X} = \cup \ \mu_{\widetilde{X}}(x_k)/x_k, \ x_k \in X$$

Der Fuzzy-Nutzen der Alternative a_i wird folgenderweise gegeben:

$$\widetilde{U}_i^* = \bigcup_k \ \mu_{\widetilde{U}_i^*}(\widetilde{U}_k)/\widetilde{U}_k \ , \tag{4.11}$$

wobei $\widetilde{U}_k = \widetilde{U}_{ik}$; $\mu_{\widetilde{U}_i^*}(\widetilde{U}_k) = \mu_{\widetilde{X}}(x_k)$;

$$\mu_{\widetilde{U}_i^*}(\widetilde{U}_k)/\widetilde{U}_k = \mu_{\widetilde{U}_i^*}(\mu_{\widetilde{U}_{ik}^*}(u_1)/u_1)/(\mu_{\widetilde{U}_{ik}^*}(u_1)/u_1)$$

Der Zugehörigkeitsgrad des exakten Wertes u_1 zu der Fuzzy-Menge $\widetilde{U}_i^*$ wird aus seiner Zugehörigkeit zu $\widetilde{U}_{ik}$ und der Zugehörigkeit zu $\widetilde{U}_i^*$ bestimmt.

$$\mu_{\widetilde{U}_i^*}(u_i) = \min(\mu_{\widetilde{X}}(x_k), \mu_{\widetilde{U}_{ik}^*}(u_i)) \tag{4.12}$$

Nach der Wiederholung dieser Prozedur für alle k wird die Menge $\widetilde{U}_i^*$ wie folgt dargestellt:

$$\widetilde{U}_i^* = \mu_{\widetilde{U}_i^*}(u_1)/u_1 \tag{4.13}$$

Bestimmen wir die Menge Y:

$$Y = \bigcup_{i=1}^{m} \widetilde{U}_i^* \tag{4.14}$$

Zur Auswahl der optimalen Alternative werden wir den Begriff der maximierenden Menge benutzen. Die maximierende Menge M(Y) der Menge

Y ist die Fuzzy-Untermenge, zu der der Zugehörigkeitsgrad für $y \in Y$ in gewissem Sinne die Näherung y zu sup Y [4] ausdrückt.

Folglich wird die maximierende Menge für die Alternative $a_1 \in A$ so aussehen:

$$\widetilde{U}_{im} = \left\{ \mu_{\widetilde{U}_{im}} (u_k)/u_k \right\} \tag{4.15}$$

$$\text{wo } \mu_{\widetilde{U}_{im}} (u_k) = (u_k/u_{max})^2 \text{ ; } u_{max} = \sup Y. \tag{4.16}$$

Nach der Bestimmung der maximierenden Mengen ist es notwendig, die optimierenden Mengen auf Grund des Durchschnittes der Fuzzy-Mengen $\widetilde{U}_{im}$ und $\widetilde{U}_i^*$ zu finden:

$$\mu_{\widetilde{U}_{i0}^*} (u_k) = \min(\mu_{\widetilde{U}_{im}} (u_k), \mu_{\widetilde{U}_i^*} (u_k))$$

Die Menge, die die optimale Alternative bestimmt, wird wie folgt gefunden:

$$\mu_{\widetilde{A}_0} (a_i) = \max_k \mu_{\widetilde{U}_{i0}} (u_k)$$

Es ist notwendig, die zu suchende Alternative von den folgenden Bedingungen ausgehend auszuwählen:

$$\mu_{\widetilde{A}_0} (a_0) = \max (\mu_{\widetilde{A}_0} (a_i))$$

Betrachten wir folgendes Beispiel [4]. Es gibt die Alternativmenge $A = \{a_1, a_2, a_3\}$ und das System kann sich in einem der Zustände $X = \{x_1, x_2, ..x_{10}\}$ befinden. Die Nutzenmatrix ist so gegeben:

U	1	x_2	x_3	x_4	x_5	x_6	x_7	x_8	x_9	x_{10}
a_1	ZH	H	N	N	M	ZN	H	ZH	ZH	M
a_2	N	ZN	H	ZH	ZN	H	H	M	M	ZH
a_3	H	M	N	M	M	H	ZH	M	N	N

Die Nutzenwerte sind in der Tabelle durch linguistische Fuzzy-Mengen dargestellt:

Niedrig: N = {0,4/1; 1,0/2; 0,5/3};
Zu niedrig: ZN = {1,0/1; 0,4/2};
Mittelmäßig: M = {0,4/3; 0,7/4; 1,0/5; 0,7/6; 0,4/7};
Hoch: H = {0,5/7; 1,0/8; 0,5/9};
Zu hoch: ZH = {0,5/9; 1,0/1,0}

Der Systemzustand ist gegeben:

$\tilde{X} = \{0{,}4/x_3,\ 0{,}8/x_4,\ 1{,}0/x_5,\ 0{,}7/x_6,\ 0{,}3/x_7\}$

Nach der Formel (4.11) bestimmen wir den Fuzzy-Nutzen von den Alternativen unter Berücksichtigung des gegebenen Systemzustandes.

$$U_1^* = \{0{,}4/N;\ 0{,}8/N\ 1{,}0/M;\ 0{,}7/ZN;\ 0{,}3/H\} = \{(0{,}4+0{,}8-0{,}4\bullet 0{,}8)/N;\ 1{,}0/M;\ 0{,}7/ZN;\ 0{,}3H\} = \{0{,}88/N;\ 1{,}0/\ ;\ 0{,}7/ZN;\ 0{,}3/H\};$$

$$\tilde{U}_2^* = \{0{,}864/H;\ 0{,}8/ZH;\ 1{,}0/ZN\};$$

$$\tilde{U}_3^* = \{0{,}4/N;\ 1{,}0/M;\ 0{,}7/H;\ 0{,}3/ZH\}.$$

Unter Berücksichtigung der linguistischen Nutzwerte wird die Fuzzy-Menge $\tilde{U}_1^*$ wie folgt umgestaltet:

$$\tilde{U}_1^* = \{0{,}88/\{0{,}4/1;\ 1{,}0/2;\ 0{,}5/3\};\ 1{,}0/\{0{,}4/3;\ 0{,}7/4;\ 1/0{,}5;\ 0{,}7/6;\ 0{,}4/7\};\ 0{,}7/\{1{,}0/1;\ 0{,}4/2\};\ 0{,}3/\{0{,}5/7;\ 1{,}0/8;\ 0{,}5/0\}\}$$

Die Formel (4.13) benutzend, erhalten wir:

$$\tilde{U}_1^* = \{\min(0{,}88;0{,}4)/1;\ \min(0{,}88;1{,}0)/2;\ \min(0{,}88;0{,}5)/3;\ \min(1{,}0;0{,}4)/3;\ \min(1{,}0;0{,}7)/4;\ \min(1{,}0;1{,}0)/5;\ \min(1{,}0;0{,}7)/6;\ \min(1{,}0;0{,}4)/7;\ \min(0{,}7;1{,}0)/1;\ \min(0{,}7;0{,}4)/2;\ \min(0{,}3;0{,}5)/7;\ \min(0{,}3;1{,}0)/8;\ \min(0{,}3;0{,}5)/9\} = \{0{,}4/1;\ 0{,}88/2;\ 0{,}5/3;\ 0{,}4/3;\ 0{,}7/4;\ 1{,}0/5;\ 0{,}7/6;\ 0{,}4/7;\ 0{,}7/1;\ 0{,}4/2;\ 0{,}3/7;\ 0{,}3/8;\ 0{,}3/9\} = \{0{,}82/1;\ 0{,}928/2;\ 0{,}7/3;\ 0{,}7/4;\ 1{,}0/5;\ 0{,}7/6;\ 0{,}58/7;\ 0{,}3/8;\ 0{,}3/9\};$$

$$\tilde{U}_2^* = \{1{,}0/1;\ 0{,}4/2;\ 0{,}5/7;\ 0{,}864/8;\ 0{,}75/9;\ 0{,}8/10\};$$

$$\tilde{U}_3^* = \{0{,}4/1;\ 0{,}4/2;\ 0{,}64/3;\ 0{,}7/4;\ 1{,}0/5;\ 0{,}7/6;\ 0{,}7/7;\ 0{,}7/8;\ 0{,}65/9;\ 0{,}3/10\}.$$

Berechnen wir die Menge Y. Mit (4.14) erhalten wir:

$$Y = \{1,2,3,4,5,6,7,8,9\} \cup \{1,2,7,8,9,10\} \cup \{1,2,3,4,5,6,7,8,9,10\} = \{1,2,3,4,5,6,7,8,9,10\}$$

Man sieht, daß $U_{max} = 10$ ist. Nach (4.15) und (4.16) bestimmen wir die maximierenden Mengen:

$$\tilde{U}_{1m} = \{0{,}1/1;\ 0{,}2/2;\ 0{,}3/3;\ 0{,}4/4;\ 0{,}5/5;\ 0{,}6/6;\ 0{,}7/7;\ 0{,}8/8;\ 0{,}9/9\};$$

$$\tilde{U}_{2m} = \{0{,}1/1;\ 0{,}2/2;\ 0{,}7/7;\ 0{,}8/8;\ 0{,}9/9;\ 1{,}0/10\};$$

$$\tilde{U}_{3m} = \{0{,}1/1;\ 0{,}2/2;\ 0{,}3/3;\ 0{,}4/4;\ 0{,}5/5;\ 0{,}6/6;\ 0{,}7/7;\ 0{,}8/8;\ 0{,}9/9;\ 1{,}0/10\}$$

Die optimierenden Mengen bestimmen wir wie folgt:

$$\tilde{U}_{10} = \{\min(0{,}1;0{,}82)/1;\ \min(0{,}2;0{,}928)/2;\ \min(0{,}3;0{,}7)/3;\ \min(0{,}4;0{,}7)/7;\ \min(0{,}8;0{,}3)/8;\ \min(0{,}9;0{,}3)/9\} = \{0{,}1/1;\ 0{,}2/2;\ 0{,}3/3;\ 0{,}4/4;\ 0{,}5/5;\ 0{,}6/6;\ 0{,}58/7;\ 0{,}3/8;\ 0{,}3/9\};$$

$$\tilde{U}_{20} = \{0{,}1/1;\ 0{,}2/2;\ 0{,}5/7;\ 0{,}8/8;\ 0{,}75/9;\ 0{,}8/10\};$$

$$\tilde{U}_{30} = \{0{,}1/1;\ 0{,}2/2;\ 0{,}3/3;\ 0{,}4/4;\ 0{,}5/5;\ 0{,}6/6;\ 0{,}7/7;\ 0{,}7/8;\ 0{,}65/9;\ 0{,}3/10\}.$$

Bestimmen wir die Menge $\tilde{A}_0$, in der man die optimale Alternative suchen muß:

$$\mu_{\tilde{A}_0}(a_1) = \max(0{,}1;\ 0{,}2;\ 0{,}3;\ 0{,}4;\ 0{,}5;\ 0{,}6;\ 0{,}58;\ 0{,}3;\ 0{,}3) = 0{,}6$$

$$\mu_{\tilde{A}_0}(a_2) = 0{,}8;\ \mu_{\tilde{A}_0}(a_3) = 0{,}7,\ \text{d. h. } \tilde{A}_0 = \{0{,}6/a_1;\ 0{,}8/a_2;\ 0{,}7/a_3\}.$$

Es ist offensichtlich, daß die Alternative a_2 ausgewählt werden soll.

Ferner wollen wir die Mehrkriterienmethode der Entscheidungsfindung der Fuzzy-Präferenzrelation anschauen. Das Wesen der Methode ist der Mengenaufbau von nicht dominierenden Alternativen aufgrund der Fuzzy-Vorzugsrelation [4]. Es gibt die Alternativenmenge A, und die Auswahl wird nach den Kriterien C_j, $i = \overline{1,m}$ verwirklicht. Jedes Kriterium läßt die Vorzugsrelation R_j auf der Alternativenmenge entstehen. Es ist eine Alternative aus der Menge $\{A, R_1, R_2, \ldots, R_m\}$ auszuwählen.

Es seien die Relationen R_j durch die gegebenene Nutzenfunktionen f_j beschrieben, die den Zahlenwert der Alternative A nach dem j-ten Kriterium charakterisieren. Die Aufgabe der Entscheidungsfindung besteht in der Auswahl einer Alternative, die die höchsten Werte nach allen Kriterien hat. Solche Alternativen nennen wir effektiv. Die Lösung der Aufgabe ist die Menge aller effektiven Alternativen. Es ist bekannt, daß man zum Auffinden dieser Menge statt des Relationsvorrats R_j, $i = \overline{1,m}$ ihre Schnittmenge $Q_1 = \bigcap_{j=1}^{m} R_j$ ausnutzen und eine Menge von nicht dominierenden Alternativen in der Menge (A,Q_1) [4] finden kann. Q_1 kann nach der folgenden Formel bestimmt werden:

$$\mu_{Q_1}(a_i, a_j) = \min(\mu_1(a_i, a_j), \ldots, \mu_m(a_i, a_j)) \tag{4.17}$$

Die Fuzzy-Untermenge der nicht dominierenden Alternativen kann in der Menge (a,μ_{Q_1}) wie folgt bestimmt werden:

$$\mu_{Q_1}^{nd}(a) = 1-\sup_{a_j \in A} (\mu_{Q_1}(a_j, a_i)-\mu_{Q_1}(a_i, a_j)) \tag{4.18}$$

Wenn die gegebenen Relationen sich nach der Wichtigkeit unterscheiden, so kann (4.17) wie folgt dargestellt werden:

$$\mu_{Q_1}(a_i, a_j) = \min(w_1\mu_1(a_i, a_j), \ldots, w_m\mu_m(a_i,a_j)) \tag{4.19}$$

Betrachten wir die Relationsfaltung R_j anderer Art:

$$\mu_{Q_2}(a_i, a_j) = \sum_{k=1}^{m} w_k\mu_k(a_i, a_j) \tag{4.20}$$

Wir wollen die Fuzzy-Untermenge der nicht dominierenden Alternativen der Menge (A,μ_{Q_2}) [4] aufbauen:

$$\mu_{Q_2}^{nd}(a) = 1-\frac{1}{m} \sup_{a_j \in A} \sum_{k=1}^{m} (\mu_k(a_j, a_i)-\mu_k(a_i, a_j)) \tag{4.21}$$

$\mu_{Q_2}^{nd}$ ordnet die Alternativen nach dem Grad ihrer Nichtdominanz. Als Ergebnis des Durchschnittes der Menge $\mu_{Q_1}^{nd}$ und $\mu_{Q_2}^{nd}$ erhalten wir

$$\mu^{nd}(a) = \min(\mu_{Q_1}^{nd}(a),\mu_{Q_2}^{nd}(a)) \tag{4.22}$$

oder

$$A^{nd} = \{a/a \in A, \mu^{nd}(a) = \sup_{a' \in A} \mu^{nd}(a')\},$$

wovon man die gesuchte Alternative auswählen muß. Als rationale Lösung wählen wir die Alternative mit dem maximalen Nichtdominanzgrad.

Die Ausnutzung der Methode werden wir an folgendem Beispiel illustrieren [4]: Im Laufe einer Entwicklung eines Roboters in einem Institut hat sich die Plicht ergeben, Nebenaufgaben zu erfüllen, die mit der Grundaufgabe direkt nichts zu tun haben (z. B. bürokratische oder protokollarische Aufgaben). Die Frist der Aufgabenerfüllung ist sehr knapp.

Der Leiter hat drei Alternativen:

a: seinen Mitarbeiter vorzubereiten; a: einen neuen Mitarbeiter einzustellen; a: eine andere Organisation zu beauftragen, die Aufgabe zu lösen.

Die Entscheidungsfindung erfolgt nach folgenden drei Kriterien:

C_1: die Schnelligkeit der Aufgabenlösung;
C_2: Kosten für die Aufgabenlösung;
C_3: Qualität der Aufgabenlösung.

Wie bereits erwähnt, erzeugt jedes Kriterium eine Vorzugsrelation R_j, $j = \overline{1,3}$: R^1 - a_1 ist mit a_2 nach dem Vorzug gleich, a_3 ist vorzüglicher als a_2 nach dem Kriterium C_1; R_2 - a_1 ist vorzüglicher als a_2 und a_3, a_2 ist vorzüglicher als a_3 nach dem Kriterium C_2 ; R_3 - a_1, a_2 sind nach dem Vorzug gleich, a_3 ist vorzüglicher als a_1 nach dem Kriterium C_3. Davon ausgehend, stellen wir die Beziehungsmatrix R_j zusammen. Dazu werden wir folgendes benutzen:

$$r_{ij}^k = \begin{cases} 1, & \text{wenn i-te Alternative besser als j-te nach dem Kriterium k ist;} \\ 0, & \text{wenn die Alternativen nach dem Vorzug gleich sind oder i-te Alternative nach dem Kriterium k schlechter als j-te Alternative ist.} \end{cases}$$

$$\mu_1 = \begin{matrix} & a_1 & a_2 & a_3 \\ a_1 & 1 & 1 & 0 \\ a_2 & 1 & 1 & 0 \\ a_3 & 0 & 1 & 1 \end{matrix} \; ; \quad \mu_2 = \begin{matrix} & a_1 & a_2 & a_3 \\ a_1 & 1 & 1 & 1 \\ a_2 & 0 & 1 & 1 \\ a_3 & 0 & 0 & 1 \end{matrix} \; ; \quad \mu_3 = \begin{matrix} & a_1 & a_2 & a_3 \\ a_1 & 1 & 1 & 0 \\ a_3 & 1 & 1 & 0 \\ a_3 & 1 & 0 & 1 \end{matrix}$$

Bestimmen wir den Durchschnitt der Relationen R_j, d. h.
$Q = R_1 \cap R_2 \cap R_3$:

$$\mu_{Q_1}(a_i,a_j) = \min(\mu_1(a_i,\ a_j),(\mu_2(a_i,\ a_j),(\mu_3(a_i,\ a_j)) =$$

$$= \begin{matrix} & a_1 & a_2 & a_3 \\ a_1 & 1 & 1 & 0 \\ a_2 & 0 & 1 & 0 \\ a_3 & 0 & 0 & 1 \end{matrix}$$

Nach der Formel (4.18) bestimmen wir die Untermenge der nicht dominierenden Alternativen:

$\mu^{nd}_{Q1}(a_1) = 1\text{-sup}(\mu_{Q_1}(a_2, a_1)\text{-}\mu_{Q_1}(a_1, a_2)),$

$\mu_{Q_1}(a_3, a_1)\text{-}\mu_{Q_1}(a_1, a_3) = 1\text{-sup}(0\text{-}1{,}0\text{-}0) = 1;$

$\mu^{nd}_{Q1}(a_2) = 1\text{-sup}(\mu_{Q_1}(a_1, a_2)\text{-}\mu_{Q_1}(a_2, a_1)),$

$\mu_{Q_1}(a_3, a_2)\text{-}\mu_{Q_1}(a_2, a_3) = 1\text{-sup}(1\text{-}0{,}0\text{-}0) = 0;$

$\mu^{nd}_{Q1}(a_3) = 1\text{-sup}(\mu_{Q_1}(a_1, a_3)\text{-}\mu_{Q_1}(a_3, a_1)),$

$\mu_{Q_1}(a_2, a_3)\text{-}\mu_{Q_1}(a_3, a_2) = 1\text{-sup}(0\text{-}0{,}0\text{-}0) = 1.$

$$\text{Folglich, } \mu^{nd}_{Q_1} = \begin{array}{c} \begin{array}{ccc} a_1 & a_2 & a_3 \end{array} \\ \left\| \begin{array}{ccc} 1 & 0 & 1 \end{array} \right\| \end{array}.$$

Die Beziehung Q_2 wird wie folgt konstruiert:

$$\mu_{Q_2}(a_i, a_j) = \sum_{j=1}^{m} w_j\mu_j(a_i, a_j) = \frac{1}{3}(\mu_1(a_i, a_j)+(\mu_2(a_i, a_j)+(\mu_3(a_i, a_j))$$

$$\mu_{Q_2}(a_1, a_1) = \frac{1}{3}(1+1+1) = 1; \ \mu_{Q_2}(a_1, a_2) = \frac{1}{3}(1+1+1) = 1;$$

$$\mu_{Q_2}(a_1, a_3) = \frac{1}{3}(0+1+0) = \frac{1}{3}; \ \mu_{Q_2}(a_2, a_1) = \frac{1}{3}(1+0+1) = \frac{2}{3};$$

$$\mu_{Q_2}(a_2, a_2) = \frac{1}{3}(1+1+1) = 1; \ \mu_{Q_2}(a_2, a_3) = \frac{1}{3}(0+1+0) = \frac{1}{3};$$

$$\mu_{Q_2}(a_3, a_1) = \frac{1}{3}(0+0+1) = \frac{1}{3}; \ \mu_{Q_2}(a_3, a_2) = \frac{1}{3}(1+0+0) = \frac{1}{3};$$

$$\mu_{Q_2}(a_3, a_3) = \frac{1}{3}(1+1+1) = 1;$$

$$\mu_{Q_2}(a_i, a_j) = \begin{array}{c|ccc|} & a_1 & a_2 & a_3 \\ a_1 & 1 & 1 & 1/3 \\ a_2 & 2/3 & 1 & 1/3 \\ a_3 & 1/3 & 1/3 & 1 \end{array}$$

Nach der Formel (4.21) finden wir die Untermenge nicht dominierender Alternativen der Menge (A, μ_{Q_2})

$\mu^{nd}_{Q_2}(a_1) = 1\text{-sup}(\mu_{Q_2}(a_2, a_1)\text{-}\mu_{Q_2}(a_1, a_2)),$

$$\mu_{Q_2}(a_3, a_1)\text{-}\mu_{Q_2}(a_1, a_3) = 1\text{-sup}(\frac{2}{3} -1, \frac{1}{3} - \frac{1}{3}) = 1;$$

$$\mu^{nd}_{Q_2}(a_2) = 1\text{-sup}(\mu_{Q_2}(a_1, a_2)\text{-}\mu_{Q_2}(a_2, a_1)),$$

$$\mu_{Q_2}(a_3, a_2)\text{-}\mu_{Q_2}(a_2, a_3) = 1\text{-sup}(1\text{-} \frac{2}{3}, \frac{1}{3} - \frac{1}{3}) = \frac{2}{3};$$

$$\mu^{nd}_{Q_2}(a_3) = 1\text{-sup}(\mu_{Q_2}(a_1, a_3)\text{-}\mu_{Q_2}(a_3, a_1)),$$

$$\mu_{Q_2}(a_2, a_3)\text{-}\mu_{Q_2}(a_3, a_2) = 1\text{-sup}(\frac{1}{3} - \frac{1}{3}, \frac{1}{3} - \frac{1}{3}) = 1.$$

$$\mu^{nd}_{Q_2}(a_i) = \begin{Vmatrix} a_1 & a_2 & a_3 \\ 1 & 0 & 1 \end{Vmatrix}.$$

Die Lösungsauswahl wird aus der Menge der nicht dominierenden Alternativen, die als Durchschnittsmenge $\mu^{nd}_{Q_1}$ und $\mu^{nd}_{Q_2}$ erhalten wird, vorgenommen.

$$\mu^{nd}_{Q_1} \cap \mu^{nd}_{Q_2} = \{(101)\} \cap \{(101)\} = \{(101)\}$$

Es ist entweder die Alternative a_1 oder a_2, die den maximalen Grad der Nichtdominanz haben, als Lösung zu wählen.

Literatur zu Kapitel 4

1. Bellman R.F. and Zadeh L.A., „Decision-Making in a fuzzy Environment“, Management Science, 17:4, 1970, pp. 141-164.

2. Zimmermann N.J., „Fuzzy Sets, Decision-Making and Expert Systems“ Kluwer Academic Publishers, Dordrecht, 1987, pp.352.

3. Zimmermann N.J., „Fuzzy Set Theory and its Application“, 2nd rev. ed., Kluwer, 1991.

4. Borisov A.N., Krumberg O.A., Federov I.P. „Prinjatije rescheniy na osnove netschetkich modeley“ -Riga: Ridsch. politechn.inst., 1990, pp. 7-30. (in russisch)

5. Zimmermann H.J., Zadeh L.A., Gaines B.R.(EDS), „Fuzzy Sets and Decision Analysis“, TIMS Studies in the Management Sciences, vol. 20, North Holland, Amsterdam, 1984, pp. 530

6. Rommelfanger H.,„Entscheiden bei Unschärfe, Fuzzy Decision Support Systeme“, Springer Verlag, Heidelberg & New York, pp. 304.

5 Künstliche neuronale Netze*

5.1 Das Modell eines Fuzzy-Neurons

Gewöhnliche oder „genaue" Neuronen *(Abb.5.1)* können verallgemeinert wie folgt beschrieben werden [1,3,9-12]. Künstliche Neuronen sind Prozeßelemente, die mehrere Eingänge (n, n>1) und einen Ausgang haben. Jeder Eingangsverbindung wird eine bestimmte Funktion f_i (x_i) zugeordnet, die in einer bestimmten Weise den Eingangswert bearbeitet. Im einfachsten und meistverbreiteten Fall verstärkt die Funktion diesen

Abb. 5.1: Das verallgemeinerte Modell eines Neurons

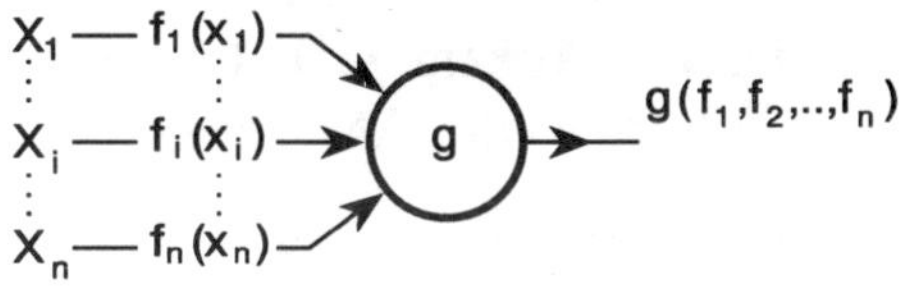

Wert durch Multiplizieren mit dem Gewicht w_i, d. h. also $f_i(x_i) = x_i * w_i$. Als Ausgangswert des Neurons wird eine n-stellige Aktivierungsfunktion $g(f, f_1, .., f_k)$ genommen, die als Eingangsparameter die Werte der Funktionen f_i erhält. Für g benutzt man am häufigsten die Funktion g(NET) = $1/(1+e^{-NET})$, den sogenannten „Sigmoiden" *(5.2,a)*, wobei NET für die Summe von f für alle Verbindungen und eine bestimmte Konstante, den Schwellenwert, steht:

$$NET = \sum_i f_i(x_i) + \theta \tag{5.1}$$

Um die Geschwindigkeit auf gewöhnlichen seriellen Rechnern zu steigern, verwendet man in manchen Anwendungsfällen statt der oben beschriebenen Form von g die folgende *(Abb.5.2,b)*:

$$g(NET) = \frac{NET}{1 + |NET|} \tag{5.2}$$

---

* Dieses Kapitel ist in Zusammenarbeit mit Dr. R. R. Alijev entstanden.

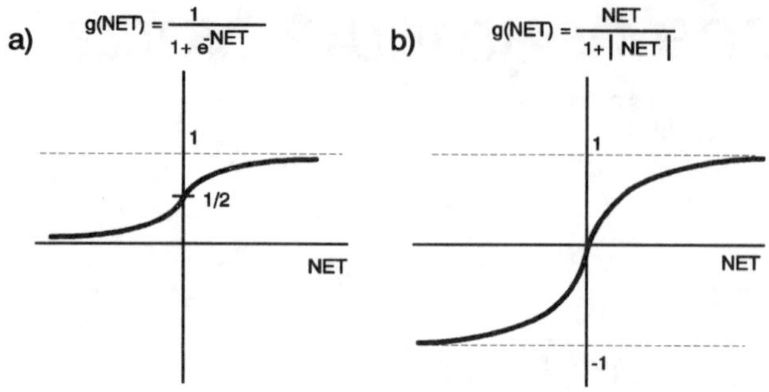

Abb. 5.2: Unterschiedliche Arten der Aktivierungsfunktion

Außerdem benutzt man häufig auch die Treppenfunktion

$$g_\theta(x) = \begin{cases} 1, \text{ falls } x \geq \theta \\ 0, \text{ sonst} \end{cases} \tag{5.3}$$

In einem Fuzzy-Neuron verwendet man solche Begriffe, wie Fuzzy-Zahl, Fuzzy-Zugehörigkeitsfunktion, Fuzzy-Operationen.

In diesem Fall kann jede der Funktionen f und g auch mit Fuzzy-Zahlen arbeiten, sowohl als Argumente als auch als Ausgangswert [2,4,5,8].

Am häufigsten werden zwei Typen von Fuzzy-Neuronen verwendet. Beim ersten Typ spielt die Zugehörigkeitsfunktion $f_i(x_i) = \mu_i(x_i)$ die Rolle von f und die Rolle von g die Operationen MIN *(Abb.5.3,a)* und MAX *(Abb.5.3,b)*, die ausgehend von der Zusammenfassung der Zugehörigkeitsfunktionen ausgewählt werden [2]. Als Beispiel sind in der *Abb.5.4* ein Fuzzy-Neuron mit zwei Ausgängen, die Zugehörigkeitsfunktionen seiner zwei Eingänge und das Outputsignal (die Inputwerte sind gleich) abgebildet.

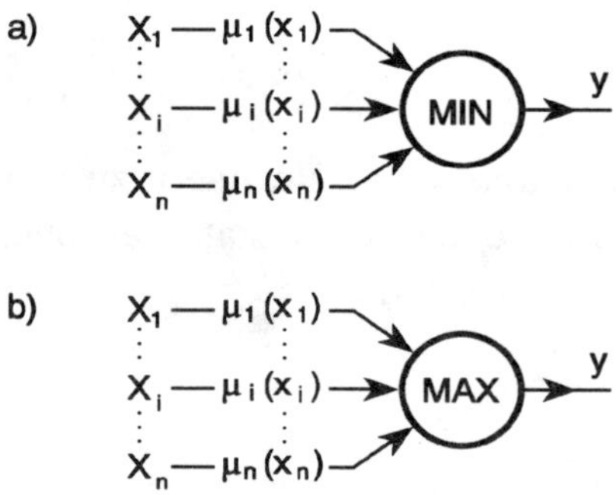

Abb. 5.3: Beispiele von Fuzzy-Neuronen

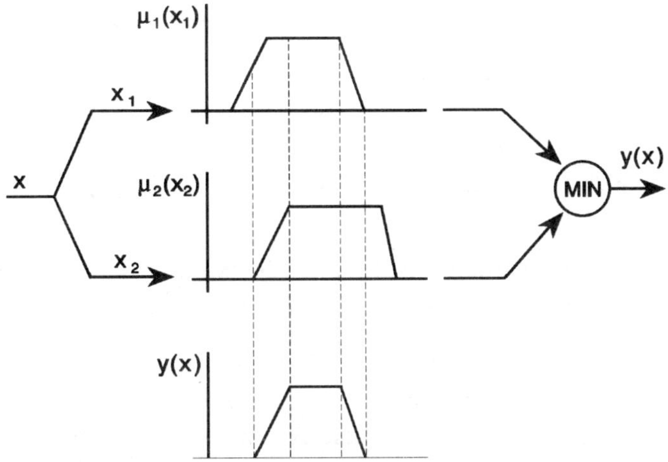

Abb. 5.4:
Fuzzy-Neuronen
mit zwei Eingängen

In der zweiten Version werden Modelle gebraucht, die den gewöhnlichen (genauen) Neuronen analog sind, deren Parameterdarstellungsweisen allerdings fuzzy sind.

$f_i(\tilde{x}_i) = \tilde{x}_i * w$

$g(\widetilde{NET}) = \widetilde{NET}/(1 + |\widetilde{NET}|)$,

wobei $\widetilde{NET} = \Sigma f_i(\tilde{x}_i) + \tilde{\theta}$

Eine schematische Darstellung solch eines Neurons zeigt die *Abb.5.5.*

Noch eine andere Form der Bestimmung von f_i und g ist weit verbreitet. In diesem Fall kann man für die Gewichte, den Input und den Output von Neuronen auch die LR-Form der Zugehörigkeitsfunktion gebrauchen. Ein Modell eines solchen Neurons ist in der *Abb.5.6* dargestellt.

Wir nehmen an, auf den Eingang des Neurons sei ein Fuzzy-Wert „ungefähr gleich 2" gegeben *(Abb. 5.7 a)*, und das Gewicht dieser Verbindung ist „ungefähr die Hälfte" *(Abb. 5.7 b)*, woraus folgt, daß der Output der Funktion f „nahe zu eins" sein wird *(Abb. 5.7 c)*. Um diesen Prozeß zu ver-

Abb. 5,5: Modell eines
Fuzzy-Neurons

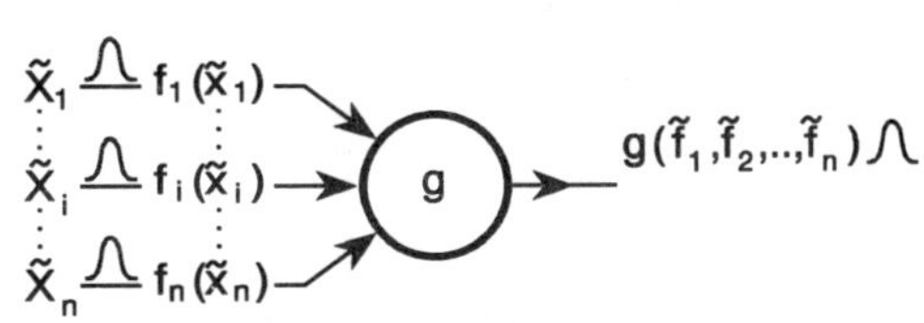

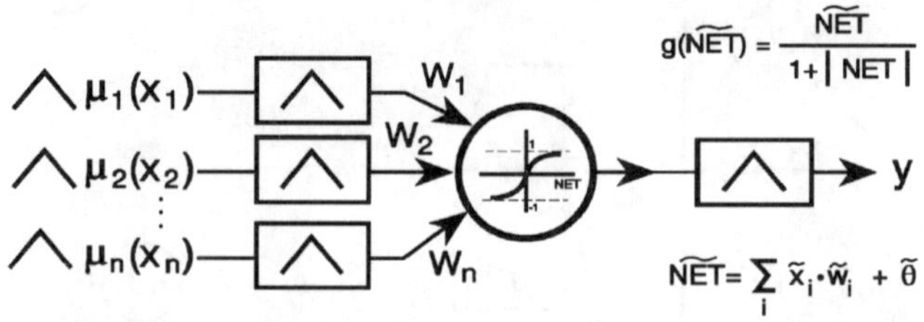

Abb. 5.6: Modell eines Fuzzy-Neurons

deutlichen, stellen wir die oben benannten Werte mittels der Zugehörigkeitsfunktion in Dreiecks-Form dar *(Abb. 5.7)*.

Gewöhnlich ist die Zugehörigkeitsfunktion maximal in einem bestimmten Punkt (dem Mittelwert einer Fuzzy-Zahl). Bei der Abweichung davon wird sie in die Richtung des Argumentenanstiegs und -abfalls stufenlos kleiner. Daraus folgt die Wahl der Dreiecks-Form. Das ist aber kein Zwang; öfters wird auch eine glockenförmige Funktion benutzt:

$$\mu = e^{-A\,|x-\bar{x}|} \qquad (5.4)$$

die manchmal durch eine trapezförmige Funktion approximiert wird.

Die verschiedenen Varianten der Zugehörigkeitsfunktionen sind in *Abb. 5.8* dargestellt, wobei (a) die dreiecks-, (b) die glocken- und (c) die trapezförmige Funktion ist.

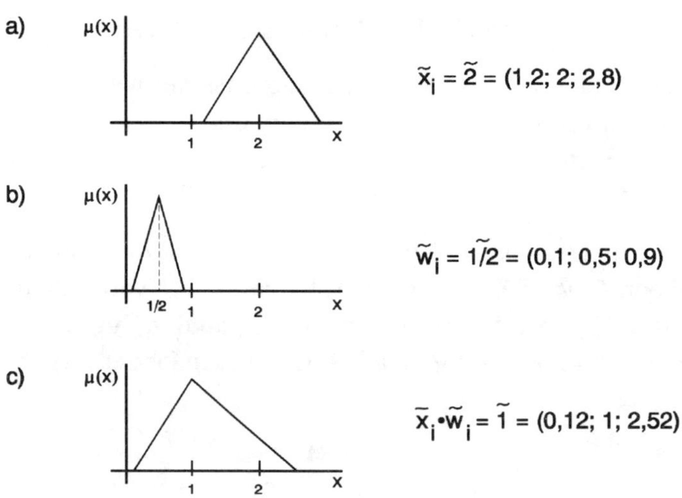

Abb. 5.7: Fuzzy-Werte a) des Inputs, b) der Gewichte, c) ihres Produkts

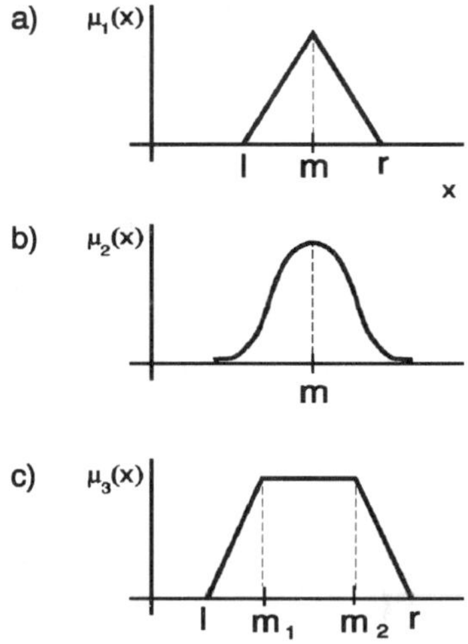

$$\mu_1(x) = \begin{cases} 0, & x < l \\ \frac{x-l}{m-l} & l < x < m \\ \frac{r-x}{r-m} & m < x < r \\ 0, & x > r \end{cases}$$

$$\mu_2(x) = e^{-A|x-m|}$$

$$\mu_3(x) = \begin{cases} 0, & x < l \\ \frac{x-l}{m_1-l} & l < x < m \\ 1, & m_1 < x < m \\ \frac{r-x}{r-m_2} & m_2 < x < r \\ 0, & x > r \end{cases}$$

Abb. 5.8: Verschiedene Varianten der ZF-Formen

Fuzzy-Neuronen, die zu einem Netz verbunden sind, bilden ein Fuzzy-neuronales Netz. Wie im Falle von genauen Neuronen können die Fuzzy-Netze sowohl einschichtig als auch mehrschichtig, mit Rückkopplungen oder auch ohne, hierarchisch oder auch nicht sein. Es gibt auch kombinierte neuronale Netze.

Da genaue Neuronen eine Untermenge von ungenauen bilden, besitzen die letzteren alle Eigenschaften der ersteren, sind aber effizienter in Fällen, in denen eine Ungenauigkeit im Input vorhanden ist. Die Bestimmung gewöhnlicher neuronaler Netze kann unter diesen Umständen eine Unmenge von Neuronen erfordern. Das macht die Realisierung solcher Netze mit Hilfe moderner Technik erheblich schwieriger. Außerdem kann eine riesige Zahl von Sollwertoutput-Paaren, die alle möglichen Fuzzy-Inputs und -Outputs berücksichtigen sollen, (bei komplexen Problemen) Monate benötigen, um die Lernphase durchzuführen. Die letzte Eigenschaft ist für ein flexibles adaptives System unakzeptabel.

Beispiel:

Es sei ein Fuzzy-Neuron mit zwei Eingängen und der MAX-Funktion, die untereinander verkoppelt seien, gegeben (siehe Abb. 5.3). Das Gewicht für den ersten Eingang sei durch die Fuzzy-Zahl (0,3,5,6) und beim zweiten durch die Fuzzy-Zahl (1,2,7,8) gegeben. Dann sieht der Graph der Abhängigkeit des Outputs vom Input folgendermaßen aus *(Abb. 5.9)*.

Beispiel:

Es sei ein Fuzzy-Neuron mit zwei Eingängen und der MIN-Funktion gegeben. Das Gewicht der ersten Verbindung sei (1,10,16,18) und bei der zweiten (3,5,7,9). Der Output ist dann bei ($x_1 = 4$ und $x_2 = 6$) gleich 1/3 und bei ($x_1 = 2$ und $x_2 = 8$) gleich 1/9.

Beispiel:

Es sei ein Neuron mit zwei Eingängen, der Verstärkungsfunktion $f_i\ (x_i) = \tilde{x}_i * \tilde{w}_i$ (wobei $i = \overline{1,2}$; $\tilde{w}_1 = (-2.0,1.0,2.5)$, $\tilde{w}_2 = (1.0,\ 1.5,\ 2.2)$) und der Aktivierungsfunktion $g(\tilde{NET}) = \tilde{NET}/(1+ \mid \tilde{NET} \mid)$ gegeben (wobei $\tilde{NET} = f_1\ (\tilde{x}_1) + f_2\ (\tilde{x}_2) + \tilde{\theta}$ und $\tilde{\theta} = (-1.0,0.0,1.0)$).

Angenommen, auf dem Eingang x_1 liege das Fuzzy-Signal (0.3,0.6,0.8) an und auf dem x_2 (-0.5,-0.3,-0.1). Dann ist der Output gleich (0.96,0.13,0.68).

Antwort :

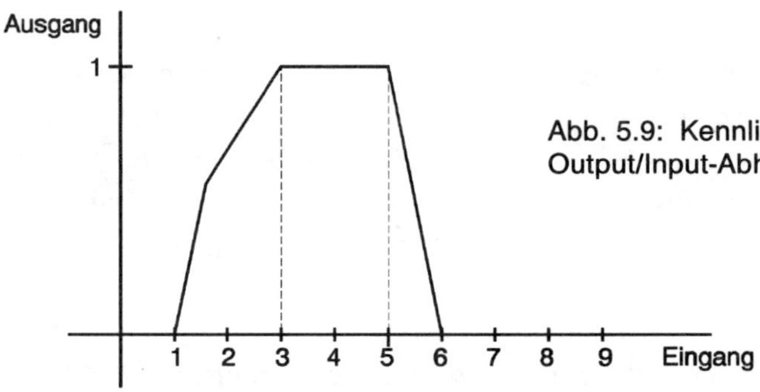

Abb. 5.9: Kennlinie der Output/Input-Abhängigkeit

5.2 Architektur neuronaler Netze

Der Architektur nach werden hauptsächlich hierarchische und total verbundene Netze unterschieden [1,10,11]. Bei den total verbundenen Netzen hat jedes Neuron Verbindungen mit jedem anderen Neuron *(Abb. 5.10)*.

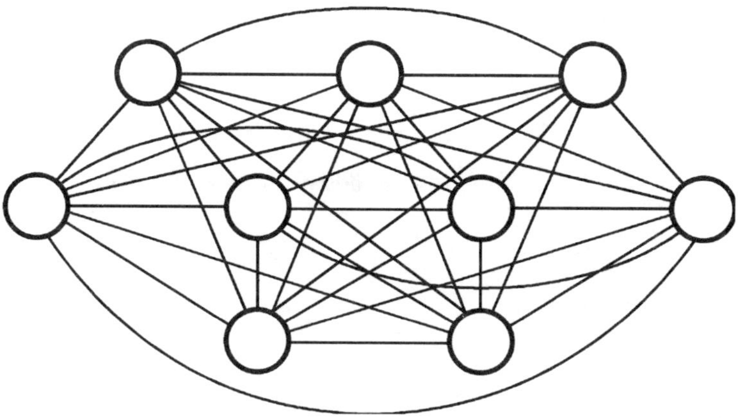

Abb. 5.10: Neuronales Netz mit totalen Verbindungen

Die hierarchischen neuronalen Netze sind wie folgt aufgebaut *(Abb. 5.11)*: den Input für die n-te Schicht liefern ausschließlich die Neuronen der n-1-ten Schicht. Es gibt ein und mehrschichtige Netze dieser Art.

Man unterscheidet je nach Richtung der Signalausbreitung Netze mit Rückkopplung — rekursive Netze (feedback) und ohne Rückkopplung (feedforward). Die *Abb. 5.12* zeigt die Struktur eines Feedforward-Netzes. Hier werden Neuronen in Gruppen unterteilt, in unserem Fall in 3. Die Neuronen eines bestimmten Niveaus bekommen ihr Input nur von dem tieferen Niveau und schicken ihre Outputs nur den Neuronen eines höheren Niveaus. Die Neuronen des tiefsten Niveaus stellen meist die reinen Input-Neuronen dar.

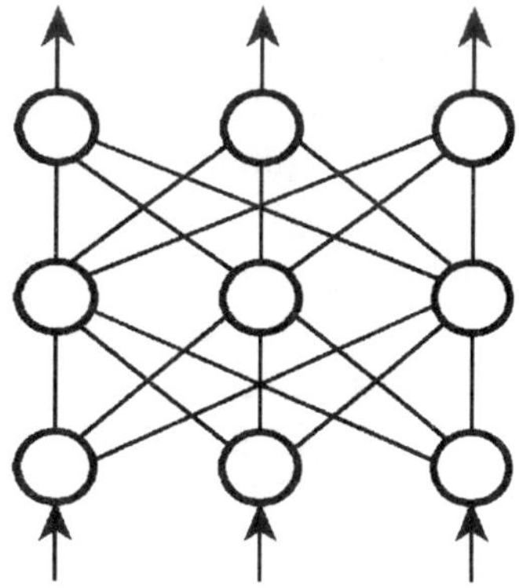

Abb. 5.11: Hierarisches neuronales Netz

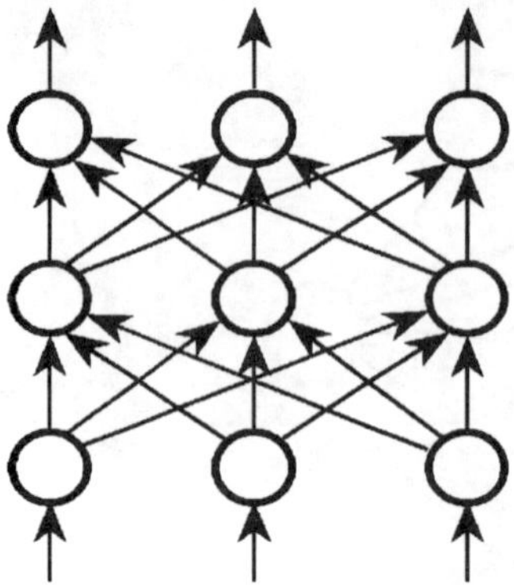

Abb. 5.12: Feedforward-Neurales-Netz

Wenn Signale von höheren Niveaus als Input für Neuronen eines tieferen Niveaus dienen *(Abb. 5.13)*, spricht man von Feedback-Netzen.

Die *Abb. 5.14* zeigt Netze mit lateralen Verbindungen innerhalb einer Schicht. Im Netz „lateraler Hemmung“ schickt das aktive Neuron die bremsenden Signale seinem Nachbarn. Solche sind relativ selten.

Nicht-rekursive Netze besitzen kein Gedächtnis; ihr Output wird lediglich von momentanen Input-Signalen und Gewichten bestimmt. In manchen rekursiven Netzen werden die Output-Signale zum Eingang als Feedback zurückgeführt. Daher hängt ihr Output sowohl von momentanen als auch von den vorherigen Inputwerten ab. Aufgrund dieser Eigenschaft bieten rekursive Netze Möglichkeiten zur kurzfristigen Informationsspeicherung (wie beim Menschen).

Das einfachste einschichtige Netzwerk besteht aus einer Gruppe von Neuronen, die in einer Schicht angeordnet sind (Abb. 5.15). Die Anzahl der Neuronen in einer Schicht bestimmt seine Rechenkraft. Die runden Knoten auf der linken Seite des Netzes auf Abb. 5.15 dienen nur der Verteilung

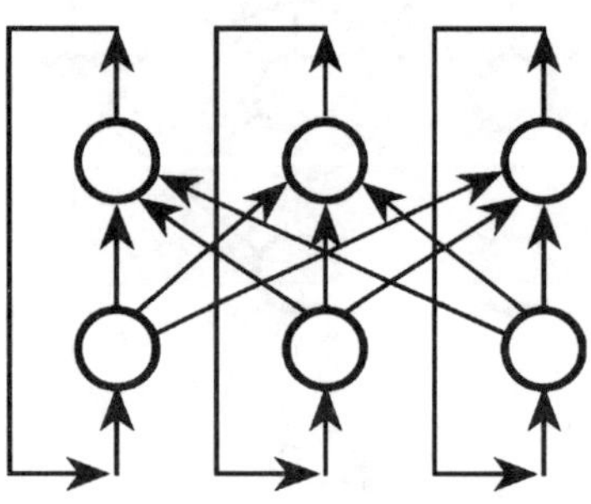

Abb. 5.13: Feedback-Neurales Netz

Abb. 5.14: Neuronale Netze mit kategoriellen Verbindungen

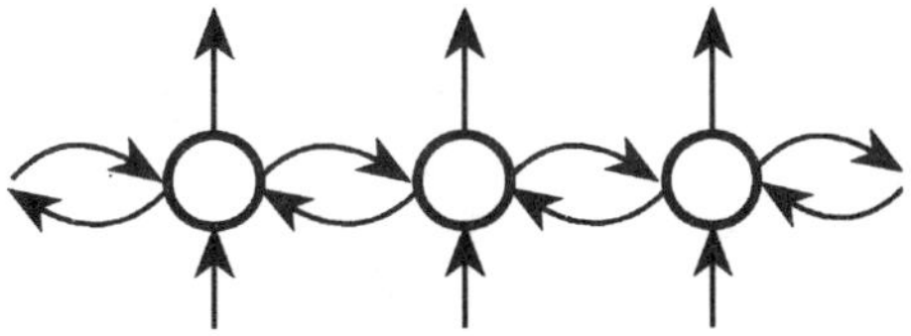

von Input-Signalen, sie führen keine Berechnungen durch und werden deshalb auch nicht als eine Schicht angesehen.

In der Menge X sind die Input-Signale mittels ihrer Gewichte mit den künstlichen Neuronen verbunden. Das Output jedes Neurons ist eine gewichtete Summe seiner Eingänge. Faktisch können biologische und künstliche Netze weit entfernte Verbindungen haben; auf *Abb. 5.15* sind die Neuronenverbindungen in allgemeiner Form dargestellt. Außerdem können die Verbindungen zwischen Eingängen und Ausgängen des Netzwerkes beidseitig sein.

Die Gewichte w_{ij} aus *Abb. 5.15* können einfach in Form einer $n \times m$-Matrix W dargestellt werden, wobei n die Anzahl der Output-Neuronen, m die der Input-Neuronen sei.

Größere und komplexere Netze haben auch größere Rechenkapazität. Mehrschichtige Netze haben mehr Möglichkeiten als einschichtige. Mehrschichtige neuronale Netze können Schichtstrukturen eines Teils des Gehirns simulieren.

Die mehrschichtigen Netze können einfach durch Vereinigung einschichtiger Netze gebildet werden; der Ausgang einer Schicht ist dann der Eingang der nachfolgenden Schicht. In *Abb. 5.16* ist ein solches Netz dargestellt.

Abb. 5.15: Einschichtiges neuronales Netz

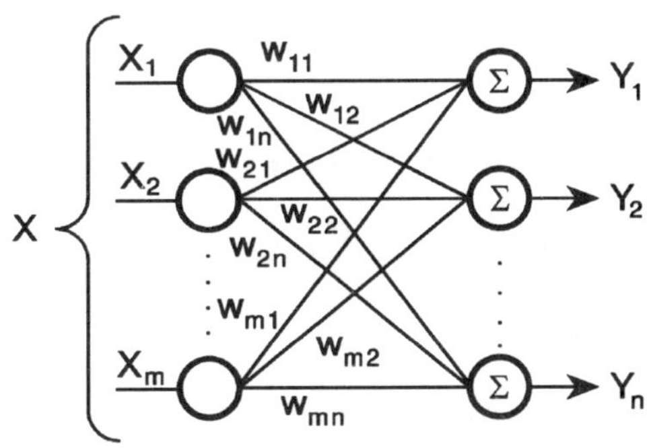

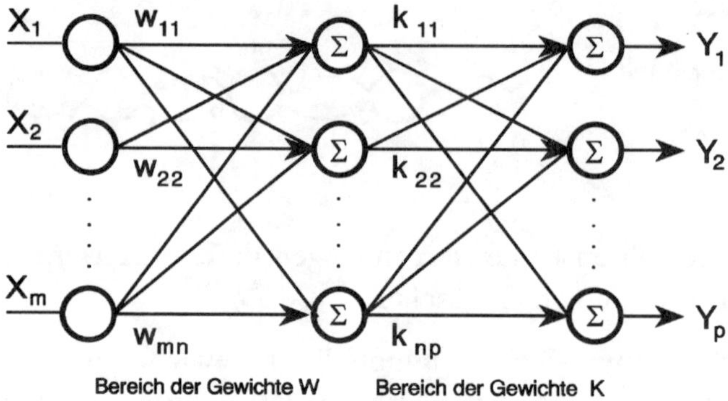

Abb. 5.15: Mehrschichtiges neuronales Netz

Die mehrschichtigen Netze können keine Steigerung der Rechenkapazität gegenüber den einschichtigen Netzen aufweisen, wenn es keine nichtlineare Aktivierungsfunktion zwischen den Schichten gibt. Die Berechnung des Outputs beinhaltet die Multiplikation von Input-Vektoren nach der ersten Gewichtsmatrix und ferner, (falls es keine nichtlineare Aktivierungsfunktion gibt) die Multiplikation des resultierenden Vektors nach der zweiten Gewichtsmatrix usw.

Es ist einfach zu beweisen, daß ein zweischichtiges lineares Netz genau dem einschichtigen mit Gewichtsmatrix als Produkt zweier Gewichtsmatrizen äquivalent ist. Somit kann jedes mehrschichtige neuronale Netz durch ein äquivalentes einschichtiges Netz ersetzt werden. Einschichtige Netze reduzieren etwas die Rechenkapazität von mehrschichtigen Netzen. Somit ist die Verwendung einer linearen Aktivierungsfunktion eine notwendige Bedingung zur Steigerung der Rechenkapazität eines neuronalen Netzes.

5.3 Das Lernen von fuzzy-neuronalen Netzen

Neuronale Netze haben eine wertvolle Eigenschaft — sie können lernen, d. h. sie können ihre Verhaltensweise auf eine gewünschte Weise einstellen. Es existiert eine große Zahl von diversen Lernalgorithmen für deterministische neuronale Netze [1,9-12]. Es gibt mehrere Klassifikationsmethoden für Lernverfahren.

Die wohl wichtigste Methode ist die Klassifikation nach der Wechselwirkung (Kontakt) des Netzes mit der Umgebung. Die stärkste Kommunikation und Wechselwirkung besteht in den sogenannten Supervisor-Lernalgorithmen. Dem Netz in diesen Algorithmen werden die Input- und Sollwertvektoren eingegeben. Das Netz soll dann eine passende Abbildung von ihnen finden. Ein einzelnes Paar von diesem Input/Sollwert-Output wird das Lernpaar genannt. Eine Menge solcher Paare heißt Lernmenge. Im Laufe des Lernprozesses erhalten die InputNeuronen die Input-Vektoren, während die Output-Neuronen darauf die momentanen Output-Vektoren spontan generieren. Solch ein Vektor wird durch die momentanen Werte der Gewichte und Schwellwerte des Netzes bestimmt. Der menschliche Supervisor oder Trainer vergleicht den Sollwert aus der Lernmenge mit dem momentanen Output und berechnet dann den Fehler, d. h. die Distanz zwischen der gewünschten und der vorhandenen Verhaltensweise des Netzes. Dann führt man die notwendigen Änderungen der Parameter (Gewichte, Schwellwerte usw.) durch und verkleinert dadurch den Fehler. Der bekannteste Algorithmus dieser Klasse ist der Backpropagation-Algorithmus.

Eine andere Klasse von Lernmethoden bilden die Nicht-Supervisor-Lernalgorithmen. Diese Prozeduren haben — wie der Name schon sagt — keinen menschlichen Trainer, man spricht von self-organizing systems. Die Lernmenge beinhaltet nur die Inputvektoren. Die Aufgabe solcher Prozeduren besteht in der Suche nach Regelmäßigkeiten in der Menge der Inputvektoren um diese Menge in geeignete Klassen zu zerlegen (“ Klassifizieren „). Die meistverbreitete Methode dieser Klasse ist das Competitive Learning. Diese Methode hängt stark mit der Cluster- Analyse zusammen, ein bekanntes statistisches Verfahren zur automatischen Klassifikation von ungeordneten Mengen. Dem Netz werden Inputvektoren eingespeist, und die Aufgabe des Netzes besteht darin, einander ähnliche Vektoren in eine Klasse, und voneinander verschiedene in verschiedene Klassen einzuordnen.

Wenn der Inputvektor am Eingang anliegt, versuchen die Outputknoten, Merkmale festzustellen, die für eine bestimmte Klasse typisch sind. Sie „veranstalten“ einen Wettbewerb untereinander und erarbeiten dabei verschiedene Aktivierungsniveaus. Nach diesem „Wettbewerb“ bekommen die Neuronen mit dem höchsten Aktivierungsgrad, also die „Sieger“, den Wert „1“, und die restlichen („Verlierer“) eine „0“. Diese Strategie heißt

„Gewinner kriegt alles“ und sie entspricht der sogenannten „Lateralen Hemmung“ in der Netzhaut des menschlichen Auges, um die Wahrnehmung von Kontrasten zu verstärken. Das heißt, ein Vektor gehört zu der Klasse, die dem Gewinner-Neuron entspricht.

Die Zwischenpositionen zwischen Supervisor- und Nicht-Supervisor-Lernmethoden besetzen die sogennanten Algorithmen mit Bestätigung (reinforcement,d. h. Belohnung / Bestrafung je nach Zufriedenstellung der Neuronenleistung).

Hier werden wir uns mit dem Lernen von fuzzy-neuronalen Netzen befassen [4,8], da die Algorithmen von determinierten und stochastischen Netzen in [1,9-11] ausführlich beschrieben worden sind. Es wird ein fuzzy NN mit Struktur wie in der *Abb. 5.17* betrachtet. Es sei $\tilde{X}_l = \{\tilde{X}_{l1},\ldots,\tilde{X}_{lm}\}$ ein Vektor von Fuzzy-Mengen, $\tilde{Y}_l^*$ — der gewünschte Output, $\tilde{y}_l$ — der momentane Output des Netzes. Wir nehmen an, daß alle Signale $\tilde{X}_l$, $\tilde{Y}_l$, $\tilde{Y}_l^*$ Fuzzy-Mengen aus [0,1] sind, dabei seien die Gewichte W_{ij} und K_j einfach beliebige Fuzzy-Mengen reeller Zahlen. Entsprechend der Abb. 5.17 gilt

$$\tilde{Y}^l = f\left[\sum_{i=1}^{m} \tilde{K}_j \tilde{Z}_{lj}\right] \tag{5.5}$$

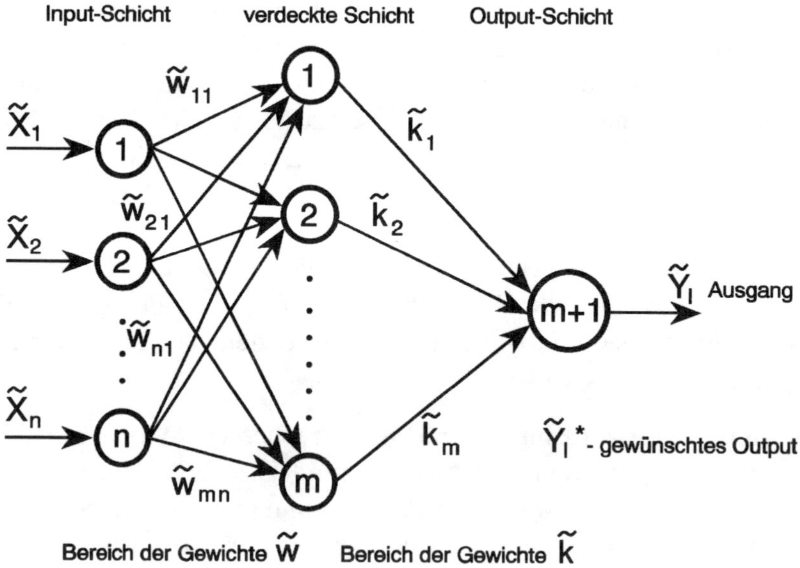

Abb. 5.17: Struktur eines fuzzy-feedforward-neuronalen Netzes

wobei $\widetilde{Z}_{lj}$ der Output des j-ten Neurons der verdeckten Schicht sei, die als Eingabe $\widetilde{X}_l$ bekommt. Es gilt auch

$$\widetilde{Z}_{lj} = f \sum_{i=1}^{L} \left[(\widetilde{X}_{li} \widetilde{W}_{ij} \right] \tag{5.6}$$

Angenommen, als Aktivierungsfunktion sei das Sigmoid (5.2) ausgewählt.

Die Fuzzy-Entfernung zwischen dem Sollwert und dem reellen Output des Netzes wird durch

$$\widetilde{E} = \frac{1}{2} \sum_{l=1}^{L} (\widetilde{Y}_l - \widetilde{Y}_l^*)^2 \tag{5.7}$$

bestimmt. Um sie zu berechnen, wird Fuzzy-Arithmetik verwendet (siehe 2.3). Der Sinn des Lernens besteht darin, solche Werte für $\widetilde{W}_{ij}$ und $\widetilde{K}_j$ zu finden, die E gegen 0 konvergieren lassen.

In [4,8] wurden verschiedene Lernalgorithmen für fuzzy-neuronale Netze besprochen, und als Grundlage für beide Methoden dient die Fuzzyfizierung der analogen determinierten Fälle. Der Lernalgorithmus für den betrachteten Fall kann nach [8] aufgeschrieben werden (für die Gewichte $\widetilde{K}_j$).

$$\widetilde{K}_j\,(q+1) = \widetilde{K}_j\,(q) + \eta \Delta \widetilde{K}_j\,(q),\ 1 \le j \le m;\ q = 1,2,.. \tag{5.8}$$

wobei $$\Delta \widetilde{K}_j = \frac{\delta \widetilde{E}}{\delta \widetilde{K}_j} \tag{5.9}$$

und $$\frac{\delta \widetilde{E}}{\delta \widetilde{K}_j} = \sum_{i=1}^{L} (\widetilde{Y}_l - \widetilde{Y}_l^*)(\widetilde{Y}_l)(1-\widetilde{Y}_l)\widetilde{Z}_{ij} \tag{5.10}$$

Es sei hier η die Lernrate.

Für die Bestimmung der Gewichte W_{ij} erhalten wir ähnlich

$$\widetilde{W}_{ij}\,(q+1) = \widetilde{W}_{ij}\,(q) + \eta \Delta \widetilde{W}_{ij}\,(q) \tag{5.11}$$

$$\frac{\delta \widetilde{E}}{\delta \widetilde{W}_{ij}} = \sum_{i=1}^{L} (\widetilde{Y}_l - \widetilde{Y}_l^*)\ (\widetilde{Y}_l)\ (1-\widetilde{Y}_l)\ \widetilde{K}_j\ \frac{\delta \widetilde{Z}_{lj}}{\delta \widetilde{W}_{ij}} \tag{5.12}$$

$$\frac{\delta \tilde{Z}_{lj}}{\delta \tilde{W}_{ij}} = (\tilde{Z}_{lj})(1-\tilde{Z}_{lj})\tilde{X}_{li} \tag{5.13}$$

Wie in [8] erwähnt, sind dies rein formale Überlegungen, aber sie sind besser als die anderen. Es ist auch zu betonen, daß in diesem Bereich bisher nur wenige Studien existieren.

5.4 Neuronale Expertensysteme

Es werden zur Zeit intensive Forschungen im Bereich der neuronalen Fuzzy-Expertensysteme durchgeführt [4,6,7,13-16].

Für die Darstellung der Kenntnisse in einem neuronalen Netzwerk sind deren deutliche Vorgaben, z. B. als Produktionsregeln, nicht nötig. Dank der Lernfähigkeit und der Verallgemeinerungsfähigkeit können neuronale Netzwerke innere Vorstellungen nach den angegebenen Expertisenbeispielen bilden. Diese Tatsache ist von großer Bedeutung, weil sie die Arbeit des Wissensingenieurs minimieren läßt. Für die Schaffung eines medizinischen Systems wird es z. B. möglich, die Notizen über den Zustand der Kranken in deren Karten (Fieber, Blutdruck, Schmerzen in verschiedenen Bereichen etc.) sowie über die festgestellte Diagnose einzusetzen. So handelten Saito und Nakano [15] bei der Entwicklung ihres konnektionistischen diagnostischen medizinischen Systems.

Die Notizen über 394 Patienten dienten als Lehrmenge zur Bildung eines neuronalen Expertensystems. Die Eingangsschicht des zu entwickelnden 3-Schicht-feedforward-Netzwerks enthielt dabei 216 duale Elemente. Diese Neuronen waren in Gruppen unterteilt, von denen jede einer konkreten Frage zum Zustand des Patienten entsprach. Innerhalb der Gruppe entsprach jedes Neuron einer der möglichen Antworten auf die Frage. Bei der Auswahl einer Antwort wurde ein entsprechendes Neuron in der Gruppe aktiviert. Der Eingangsschicht wurden somit duale Vektoren zugeführt, die die Menge der Antworten auf die gestellten Fragen darstellen.

Das System wurde zur Diagnostik von 23 Krankheiten verwendet. Demnach enthielt die Eingangsschicht 23 Neuronen, deren Aktivitätsniveaus auf das Vorhandensein dieser oder jener Krankheit in diesem oder jenem Maße verwiesen. Zur Sicherung einer ausreichenden Rechenleistung des Netzwerkes (und letzten Endes der Güte des Expertensystems selbst) wurde eine verdeckte Schicht, die 72 Neuronen enthält, eingeführt. Bei den vorgegebenen Paaren,Eingang/Ausgang, wurde zum Neuronennetzwerk der Algorithmus der Rückausbreitung (Back Propagation) der Fehler eingesetzt. Saito und Nakano haben die Bewertung „Ausgezeichnet" für solche Diagnosefälle eingeführt, in denen eines der Ausgangssignale größer oder gleich 0,75 war als die anderen (dieses Signal teilte mit, daß die Sigmoidenfunktion der Aktivierung die Werte im Bereich von 0 bis 1 annimmt). Solch eine Definition der „ausgezeichneten" Reaktion des Netzwerkes bedeutet selbstverständlich nicht, daß das Netzwerk die Krankheit exakt erkannt hat. Sie zeichnet lediglich den Fall aus, daß ein Neuron wesentlich stärker reagiert als die anderen.

Nach der Lernphase führten Saito und Nakano die Erprobungen des Netzwerkes durch. Dabei haben sie neue Situationen ausgewählt, d. h. die Daten und Diagnosen über die Patienten, die in die Lehrmenge nicht eingeschlossen waren. 300 Fälle wurden mit der Bewertung „ausgezeichnet" diagnostiert, was jedoch die Diagnosegenauigkeit nicht zeigte. Der Deutlichkeitsgrad wurde als das Verhältnis der Krankheitsanzahl, die durch das Netzwerk korrekt erkannt wurde, zur Gesamtzahl der durch das System entdeckten Krankheiten definiert. Es wurde noch ein Maß — das Verhältnis der korrekt diagnostizierten Krankheiten zur Anzahl der Krankheiten, die beim Patienten festgestellt wurden eingeführt.

Das letzte Maß betrug nach den Erprobungen 0,54, wobei sich die Deutlichkeit auf das Niveau 0,21 belief; dies ist auf das niedrige Schwellenniveau von 0,25 zurückzuführen. Es sei bemerkt, daß hier unter einer Schwelle derjenige Niveauwert der Neuronen-Aktivität gemeint wird, dessen Übersteigung auf das Vorhandensein der Krankheit verweist. So ist es bei solch einem niedrigen Schwellenniveau klar, daß das Netzwerk beim Patienten mehrere Krankheiten gleichzeitig, wenn auch diffus erkennen wird. Damit geht jedoch die Deutlichkeit verloren.

Die Diagnosegenauigkeit wurde definiert als der Anteil der Krankheiten, die wirklich an dem Patienten entdeckt wurden (durch Ärzte), zu der Gesamtzahl der durch das Netzwerk erkannten Krankheiten.

Das System von Saito und Nakano erreichte das Genauigkeitsniveau von 67 %, während die traditionellen Systeme (Symbolexpertensysteme) eine Genauigkeit von ca. 70 % haben. Es ist natürlich nicht möglich, nach diesen Daten die Nachteile des konnektionistischen Ansatzes zu beurteilen, zumal es auch von der Leistungsfähigkeit einer solchen „Connection Machine“ mit einigen hunderttausend Neuronen abhängt. Bei der Entwicklung traditioneller Expertensysteme (ES) wird viel Arbeit in die Organisation der Wissensbasis gesteckt: Untersuchung des Schrifttums, Beratungen mit vielen qualifizierten Experten etc. Die Genauigkeit des konnektionistischen Ansatzes wird in vielem (wenn auch nicht völlig) durch die Anfangsdaten bestimmt, die aber auch nicht hinreichend repräsentativ sein können. Die Genauigkeit des Systems wurde somit durch die konkreten Bedingungen seiner Realisierung bestimmt.

Der Aufbau traditioneller Expertensysteme wird in erster Linie mit dem sehr ernsten Problem der Erfassung von Kenntnissen über den Gegenstandsbereich assoziiert (Knowledge Engineering). Selbst qualifizierte Experten haben oft Mühe, den Vorgang des Wissenserwerbs (Elicitation) zu beschreiben — geschweige denn, das Verbindungsniveau zwischen den einzuführenden und evtl. auszuführenden Fakten einzuschätzen. Dieses Verbindunsgniveau wird später als Verbindungsquotient zwischen den Antezendenten mit den konsequenten Regelanteilen realisiert. Anstelle der Gegenüberstellung der konnektionistischen und symbolischen Ansätze wäre es vernünftiger, die Vorteile jedes Herangehens zur Bestimmung solcher „Engpässe“, wie die Quotientenverbindung, anzuwenden.

Die Feststellung der Verbindungsquotienten von Saito und Nakano beurteilt in erster Näherung den Einfluß jedes einzelnen Eingangselements (Symptoms) auf den Ausgang der Diagnose über das Vorhandensein dieser oder jener Krankheit. Sie haben die Aktivitäten der Ausgangsglieder bei der Abwesenheit beliebiger Symptome, d. h. wenn die Zustände aller Eingangsneuronen zu Null werden, festgestellt. Man nehme an, D sei eine Krankheit und das davon betroffene Glied, das dieser Krankheit bei der Abwesenheit aller Symptome entspricht, besitze das Aktivitätsniveau B(D). Wenn dem Eingang des Netzwerkes ein einzelnes Symptom S zugeführt wird, so wird die Aktivität des erkrankten Gliedes A(S, D) betragen. Dann wird die Verbindung zwischen einem einzelnen Symptom und der Krankheit D durch das Verhältnis

$RF_1(S, D) = K_1(A(S, D)\text{-}B(D))$

bestimmt (RF_1 — Verbindungsquotient, K — Konstante).

Danach berücksichtigten Saito und Nakano die aktuelle Menge der Patienten, mit deren Angaben der Lernprozeß durchgeführt wurde. Sie haben das Maß C(S, D, P) eingeführt, um die Größe der Änderung der Aktivität des Neurons zu erfassen, das der Krankheit D bei der Änderung der Aktivität des Symptoms des Patienten P von 1 bis 0 entspricht. Ferner haben sie folgende Summenfunktion bestimmt:

$$\text{sum}(S, D) = \sum_{P} C(S, D, P).$$

Danach wird der Mittelwert des Wissens über das Auftreten des Symptoms S bezogen auf das Vorhandensein der Krankheit D berechnet (dieser Mittelwert wurde bezogen auf die Patientenmenge) und zwar nach der Formel

$$RF_2 = (S, D) = K_2(\text{sum}(S, D)/N),$$

wobei N die Patientenanzahl ist.

Es sei bemerkt, daß die beschriebenen Methoden den Einfluß der einheitlichen Symptome auf den Diagnosenausgang einschätzen lassen, d. h. der Symptome mit denen die Regeln in der Form

IF Symptom = S THEN Diagnose = D (mit dem bekannten RF)

gebildet werden können.

Normaleweise ist es nötig, im Laufe der Diagnose Kombinationen einiger Symptome zur Feststellung der Krankheitsart, d. h. zur Anwendung der Regeln in der Form

IF Symptome S_1, S_2 AND...AND S_n vorhanden THEN

Diagnose = D

zu berücksichtigen.

Zur Erhaltung solcher Regeln haben Saito und Nakano dem Eingang des Neuronennetzes die Gruppen von Symptomen zugeführt und unter ihnen solche festgestellt, die zur Aktivierung des der Krankheit D entsprechenden Neurons führen, sowie solche, die zur Deaktivierung dieses Gliedes führen. Sie bilden die Regeln in der Form

IF Diagnose = 0, THEN (die Menge der bestätigenden Symptome) $\wedge$ (die Menge der widerlegenden Symptome).

Selbstverständlich führt die Anwendung der Symptomekombinationen zur sogenannten „kombinatorischen Explosion", die dem Wissensingenieur gut bekannt ist. Für n Symptome können 2^n Kombinationen bestimmt werden, die zu 2^n Regeln führen (obwohl es möglich ist, daß einige Symptomkombinationen praktisch nicht vorkommen). Für 216 Symptome wird somit die Anzahl der Regeln der WB ca. 2^{216} betragen. Ausgerechnet hier zeigt sich der Wert des konnektionistischen Herangehens: mit n statt 2^n Regeln, die für die Symbol-Expertensysteme erforderlich sind, werden in den Neuronennetzwerk-Expertensystemen viel weniger Neuronen eingesetzt (n — für die Eingangsschicht, m — Anzahl der Diagnosen für die Ausgangsschicht und p — verborgene Neuronen, dann gilt die Ungleichung $n+m+p << 2^n$ vor allem bei großen n). Saito und Nakano haben die Anzahl der bestätigenden Symptome auf 3 beschränkt, die Anzahl der widerlegenden Symptome auf 1, um die Maßstäbe der kombinatorischen Explosion irgendwie einzuschränken. Selbst bei solch strikten Einschränkungen entwickelt man für eine einzige Krankheit 443 Regeln.

Medizinische Diagnostik ist im großen und ganzen ein nahezu idealer Bereich zum Einsatz von Neuronenexpertensystemen (NES). Gewöhnlich gibt es in den medizinischen Einrichtungen eine große Anzahl statistischer Kenntnisse über viele Patienten — eine ausgezeichnete Möglichkeit für die Systeme, die Verallgemeinerungen durchführen, zu denen konnektionistische Expertensysteme gehören. Nicht zufällig wurde daher dieser Bereich zur Bildung eines der Systeme als Netzwerk ohne Rückführungen eingesetzt. In diesem Netzwerk wurden 3 Niveaus von Bedeutung (d. h. Niveaus, die die sinngemäße Belastung tragen) ausgegliedert: Niveau der Symptome, Niveau der zu diagnostizierenden Krankheiten und das Niveau der voraussichtlichen Heilungsmaßnahmen. Zwischen den benachbarten Niveaus von Bedeutung werden zusätzliche ergänzende Schichten eingeführt, die das geforderte Niveau der Rechenleistung des Netzwerkes (Diagnostikgüte) sichern. In dem Netzwerk werden Elemente eingesetzt, deren Zustände folgende Werte annehmen können: 1 — Vorhandensein des Symptoms, der Krankheit, Angebot des Heilungskurses; -1 — Nichtvorhandensein; 0 — Unbestimmtheit. Die Funktion der Aktivierung der Glieder wird wie folgt angegeben:

$$g = \begin{cases} 1, \text{ wenn } \Sigma\, x_i W_i > 0 \\ 0, \text{ wenn } \Sigma\, x_i W_i = 0 \\ 1, \text{ wenn } \Sigma\, x_i W_i < 0 \end{cases}$$

Hierbei sind (wie gewöhnlich):

g — das Niveau der Neuronenaktivität; x_i — Eingangssignale; W_i — Verbindungsgewichte.

Zum Lernen solch eines Netzwerks hat Gallant den sogenannten „Taschenalgorithmus“ [14] entwickelt, der eine Modifizierung der Lernprozedur in Perzeptronen darstellt (d. h., der Einsatz der Backpropagation-Prozedur ist nicht möglich, da die Aktivierungsfunktion unstetig ist). Das Wesen des Algorithmus besteht darin, daß für jeden laufenden Satz der Gewichte ein alternativer Satz in der „Tasche“ bewahrt ist. Die Ergebnisse der Arbeit mit diesen Sätzen werden beim Lernen ausgeglichen. Wenn die laufenden Gewichte zu besseren Ergebnissen führen, so werden diese in die „Tasche“ eingetragen. Die Gewichtsquotienten werden beim Lernen am Eingang jedes Neurons unabhängig von den anderen Gewichten nach der Formel

$$P' = P + E^k C^k$$

modifiziert (P' und P sind jeweils der erneuerte und der alte Gewichtsvektor, C^k — Aktivitätsniveau des Neurons bei k-ter Iteration).

Zur Darstellung der Gewichtsquotienten verwendete Gallant eine Matrix, die von der Namensgleichung seines Systems abgeleitet wurde — MACIE (der durch die Matrix steuerbare Ausgabemechanismus). Oben wurde betont, daß die Null-Zustände der Neuronen die Unbestimmtheit ausdrücken. So werden die Zustände einiger Glieder beim Eingang unvollständiger Informationen (z. B., Informationen über die Schwierigkeit bei der Feststellung des Vorhandenseins irgendeines Symptoms am Patienten) unbestimmt sein. Zur Sicherung der Angabe in solch einer Situation hat Gallant ein Maß eingeführt, das den maximal möglichen Effekt mit unbestimmten Zuständen zeigt: MaxUnknown. Da der Effekt der Neuronen, die die Ausgangssignale den höher angebrachten Gliedern übergeben, nach der Formel Σ $W_{ij}x_i$ festgestellt wird, wird das MaxUnknown-Maß für die Neuronen mit unbestimmten Zuständen folgendermaßen bestimmt:

$$\text{MaxUnknown} = \Sigma\ W_{ij},$$

denn das maximal mögliche Aktivitätsniveau ist gleich 1. Sollte der Effekt der Neuronen mit bestimmten Zuständen, d. h.

$$\Sigma\ W_{kj}x_k$$

größer als das genannte Maß sein, so könnten die wirklichen Zustände der unbestimmten Elemente den Zustand der höher angebrachten Neuronen nicht beeinflussen (unabhängig davon, wie diese wirklichen Zustände sind), weil sie den „gewogenen" Eingang, der diesen Neuronen zugeführt wird, nicht verändern. Wie Saito und Nakano hat auch Gallant die Möglichkeiten seines Systems für die Extraktion der Regeln untersucht. Er hat betont, daß der konnektionistische Ansatz hilft, viele Probleme des Wissensengineering zu lösen.

Das Gallantsche System erreichte ein Korrektheitsniveau der Diagnostizierung von ca. 70 %, was dem mittleren Kompetenzniveau der Medizinspezialisten entspricht. Gallant hat sein System auch bei Problemen der industriellen Diagnostik eingesetzt [13].Er untersuchte die Produktion von Limonade im Unternehmen der Fa. „Tech Lemonade Corporation". Für Produktionsvorgänge ist die Forderung zur Lösung von Diagnostizierungs- und Steuerungsaufgaben im Real-time-Betrieb typisch.

Die Schnelligkeit von neuronalen Netzwerken läßt die Vorgänge der Produktionsdiagnostik beschleunigen. Der Betrieb des Objekts wird durch eine Reihe von Vorgangskennwerten dargestellt (in diesem Fall betrug ihre Anzahl 8). Die Kennwerte werden mit einer Reihe von Meßgeräten gemessen. Die Meßgeräte können unter realen Produktionsbedingungen ausfallen; ihre Anzeigen können gestört sein. Gallant setzt den Akzent darauf, daß die Redundanz die einzige Gegenwirkung gegen das Rauschen ist. Dazu bildet er zwei Redundanzarten: physikalische und analytische Redundanz. Beim Einsatz der physikalischen Redundanz werden die Meßmittel dupliziert, was zu der Erschwerung der Steuerung des Objekts und zu zusätzlichem Materialaufwand führt. Beim Einsatz der analytischen Redundanz werden gemeinsame Anzeigen der Sensoren zur Einschätzung der Situation betrachtet, d. h. es werden die Relationen zwischen den

Sensoranzeigen berücksichtigt. Man kann sagen, daß die physikalischen Redundanzen, die lokale Variante und die analytischen die verteilte Darstellung verwenden.

Es wurden neun mögliche Diagnosen ausgegliedert (Probleme mit Wasserstoff, Defekt der Kühlanlage etc.) und die Sätze der Sensoranzeigen für diese festgestellt (unter der Voraussetzung, daß das Rauschen fehlt).

Gallant hat folgende Begrenzungen und Spezifika eingeführt, um die automatische Generierung des konnektionistischen Expertensystems für Diagnosezwecke zu vereinfachen:

- zu einem bestimmten Zeitpunkt kann lediglich ein Defekt auftauchen;
- alle Sensoren sind dual (+1 — das Vorhandensein des Problems, -1 — das Nichtvorhandensein des Problems). Diese Beschränkung könnte für einige Modelle schwächer sein;
- jedem Defekt entspricht ein einziger Satz der Sensoranzeigen (unter der Voraussetzung, daß die Störung fehlt);
- die gestörten Sensoranzeigen sind beim angegebenen Defekt bedingungsweise unabhängig.

Zur Extraktion der diagnostischen Kenntnisse hat Gallant das in *Abb. 5.18* gezeigte Schema angeboten. Zur Erhaltung der nichtgestörten Beispiele kann man das Tiefenmodell des Vorgangs benutzen (genauso wie die realen Daten vom Objekt). Das Modell der Störung wird zur Erhaltung der gestörten Beispiele eingeführt. Beide Beispielsarten — gestörte und nichtgestörte — werden zusammen mit entsprechender Diagnose ins Lehrprogramm eingeführt, das die Parameter des diagnostizierenden Neuronennetzwerkes verarbeitet.

Zum Aufbau des ES setzte Gallant das oben beschriebene System MACIE ein. Das Neuronennetzwerk zur Diagnose des Zustands des Limonadeproduktionsvorgangs enthält acht Eingangselemente, die direkt an das

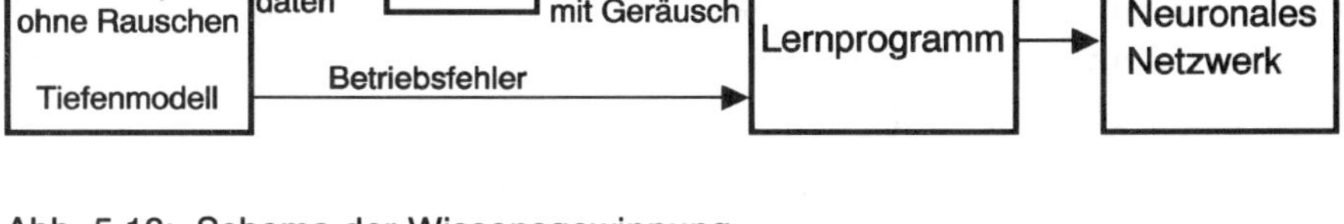

Abb. 5.18: Schema der Wissensgewinnung

Ausgangsglied (neun nach der Anzahl der Diagnosen, von denen eine dem normalen Zustand des Objekts entspricht) angeschlossen sind.

Gallant verglich das konnektionistische Herangehen mit theoretisch optimalem Herangehen. Die Diagnose betrug bezogen auf letzteres 97 %.

Beispiel:
Gegeben ist ein Neuronennetzwerk zum besonderen Fall der Diagnose von PKWs. Die Eingangsglieder werden durch folgende Symptome assoziiert:

x_1 = „der Reifendruck ist normal";
x_2 = „beim Bremsen auf trockener Strecke gerät das Auto ins Rutschen";
x_3 = „Es riecht nach Bremsflüssigkeit".

Ausgangsglieder werden mit folgenden Diagnosen assoziiert:

y_1 = „Leck bei der Bremsflüssigkeit";
y_2 =„Ölleck in der Halbachsenstopfbuchse".

Die Neuronen können die Werte 0 und 1 annehmen. Die Aktivierungsfunktion ist eine Schwellenfunktion. Die Werte der Gewichtsquotienten und der Schwellen sind:

$W_{11} = 1$ $\quad$ $W_{21} = 1$
$W_{12} = 1$ $\quad$ $W_{22} = 1$
$W_{13} = 1$ $\quad$ $W_{31} = -1$
$T_1 = 2{,}5$ $\quad$ $T_2 = 1{,}5$

Zu bestimmen sind rechte Anteile folgender Regeln:

a) IF der Reifendruck ist normal
AND beim Bremsen auf dem trockenen Abschnitt
gerät das Auto ins Rutschen
AND es riecht nach Bremsflüssigkeit
THEN ?

b) IF der Reifendruck ist normal
AND beim Bremsen auf der trockenen Strecke
gerät das Auto ins Rutschen
AND es riecht nicht nach Bremsflüssigkeit
THEN ?

Antwort:
a) Leck bei der Bremsflüssigkeit
b) Ölleck in der Halbachsenstopfbuchse

Literatur zu Kapitel 5

1. Wassermann Ph.D., „Neural computing: theory and practice", Van Nostrand Reinhold, New York, 1989, pp. 230.

2. Yamaka T,, „A Fuzzy Neuron and its Application to Pattern Recognition", Proc. of 3-rd International Congress of IFSA. — Washington, USA, 1989, pp. 30-38.

3. Ritter H., Martinez Th., Schulten K., „Neuronale Netze. Eine Einführung in die Neuroinformatik selbstorganisierter Netzwerke", Addison-Wesley, 1992, pp. 330.

4. Aliev R.R, „Kontrolleru s neyronnoy expertnoy sistemoy dlja avtomatitscheskogo regulirovanija prozessa pervitschnoy pererabotki nefti", „Utschenue sapiski" Aserb. Neftjanoy Akademiji, No. 5, 1992, pp.75-81. (in russisch)

5. Gupta M.M. and Oi J., „On fuzzy neuron models", Proc. of the International Joint Conference on Neural Networks (IJCNN'91 Seattle), Seattle, July 8-12, 1991, Vol. II, pp. 431-436.

6. Aliev. R.R., „Neyronnaja dinamitscheskaja „on-line" expertnaja sistema", Neft i gas, No. 11-12, 1992, pp. 77-83. (in russisch)

7. Buckley J.J., Hayashi Y.and Czogala E., „On the equivalence of neural nets out fuzzy expert systems", Fuzzy sets and systems, 53, 1993, pp. 129-134.

8. Hayashi Y., Buckley J.J. and E.Czogala, „Fuzzy Neural Network with Fuzzy Signals and Weights", International Journal of Intelligent Systems, Vol. 8, 1993, pp. 527-537.

9. Warwick K., Irwin G.W. and Hunt K.J. (eds), „Neural networks for control and systems", Peter Peregrinus Ltd. on behalf of the Institute of Electrical Engineers, 1991, pp. 260.

10. Rao Y.H., „Adaptive Pattern Recognition and Neural Networks", Addison-Wesley Pub.Co., Inc. Reading, Mass., 1990, pp.309.

11. Blum, A., „Neural Networks in C++", John Wiley Sons, Inc., New York, 1990, pp. 459.

12. Miller W.T., Sutton R.S. and Werbos P.J., „Neural Networks for Control", A Bradford Book, MIT Press, Cambridge, Mass., 1990, pp. 524.

13. Gallant S.R., „A Connectionist Expert Systems Approach to Fault Diagnosis in the Presence of Noise and Redundancy", International Workshop on Artifical Intelligence for Industrial Applications, 1988.

14. Gallant S.R., „Connectionist Expert Systems", Communications of the ACM, Vol.31, No. 2, 1988.

15. Saito K., Nakano R., „Medical Expert System, based on PDP Model", Proc.of IEEE International Conference on Neural Networks, San-Diego, 1988.

16. Hayashi Y., Buckley J.J. and Czogala E., „Fuzzy expert system versus neural networks", Proc. of International Joint Conference on Neural Networks (IJCNN'92-Baltimore), Baltimore, June 7-12, 1992, Vol. II, pp. 720-726.

6 Fuzzy-Hardware und -Software

6.1 Fuzzy-Logik-Schaltkreise

Die Eigenheiten der Fuzzy-Logik verlangen den Entwurf von speziellen elektronischen Bauelementen zur Durchführung von Fuzzy-Operationen, Vektorenspeicherung und der Bestimmung der Zugehörigkeitsfunktionen.

Man kann die Entwicklung von Fuzzy-Bausteinen in drei Generationen aufteilen [12].

Als erste Generation betrachtet man die analogen Chips, die einen großen Nachteil haben. Man kann diese Bausteine nicht programmieren.

Zweite Generation von Fuzzy-Prozessoren sind digitale Fuzzy-Chips (wie FC 110 von Togai Infra Logik oder FP 3000 von Omron). Bei diesen Prozessoren sind Fuzzy-Algorithmen in Hardware implementiert.

Als dritte Generation kann man eine Vereinigung zwischen vorhandenen Prozessoren und eine spezielle Fuzzy-Maschine bezeichnen (Fuzzy 166 von Siemens und Inform).

Betrachten wir die Grundschaltungen der Bausteine der ersten Generation.

Ein Grundbegriff der Theorie der Fuzzy-Mengen ist, wie bekannt, die Zugehörigkeitsfunktion. Die Schaltung für die Zugehörigkeitsfunktion, welche das Eingangssignal der Kennlinie der Steuerung *(Abb. 6.1 a)* [1] zuordnet, erzeugt eine trapezförmige Zugehörigkeitsfunktion, die durch 5 Parameter V_L, V_R, S_L, S_R, W charakterisiert wird *(Abb. 6.1 b)*.

Da das Maximum der Zugehörigkeitsfunktion vom Benutzer gesteuert wird, bezeichnet man diese Variante als Schaltung der Zugehörigkeitsfunktion mit regelbarem Niveau. Mittels dieser Schaltung kann man die Zugehörigkeitsfunktion in folgenden Formen darstellen *(Abb. 6.2)*:

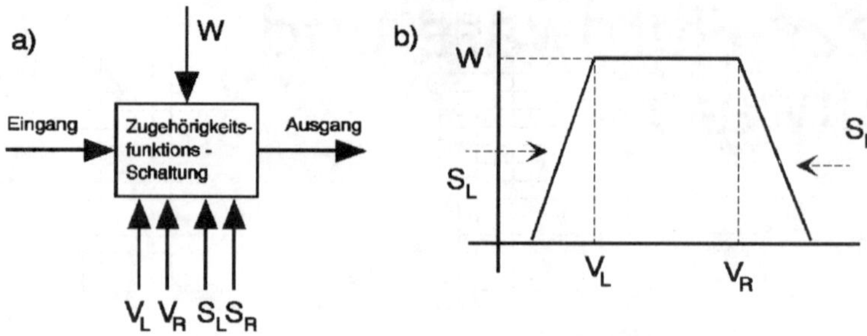

Abb. 6.1: Zugehörigkeitsfunktion

Zur Speicherung der Fuzzy-Werte, bzw. deren Zugehörigkeitsfunktionen, wurde ein spezieller Fuzzy-Speicher entwickelt [2] *(Abb. 6.3)*.

In einem solchen Speicher erhalten die Daten einen Wert, der nur aus einem der folgenden sieben Niveaus besteht:

PG — positiv groß
PM — positiv mittleres
PK — positiv klein
NN — nahezu null
NK — negativ klein
NM — negativ mittleres
NG — negativ groß

Der Speicher besteht aus einem PROM (programable read-only-Memory), in dem der Benutzer die Zugehörigkeitsfunktion Daten schreibt, und einem externen RAM (read and write Memory) das der Speicherung der Äquivalente der oben gezeigten FuzzyDaten (von 111 bis 001)dient. Der Decodiererblock verwandelt diese in ein 7-bit-Wort und das mehrstufige Transistor-Gatter liefert auf 25 Ausgangskontakten das

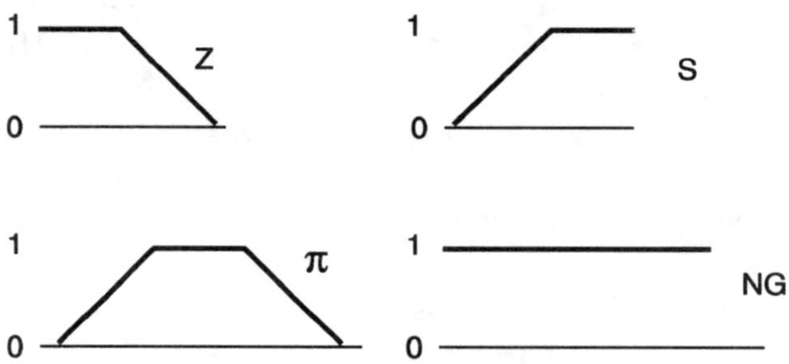

Abb. 6.2: Arten der Zugehörigkeitsfunktion

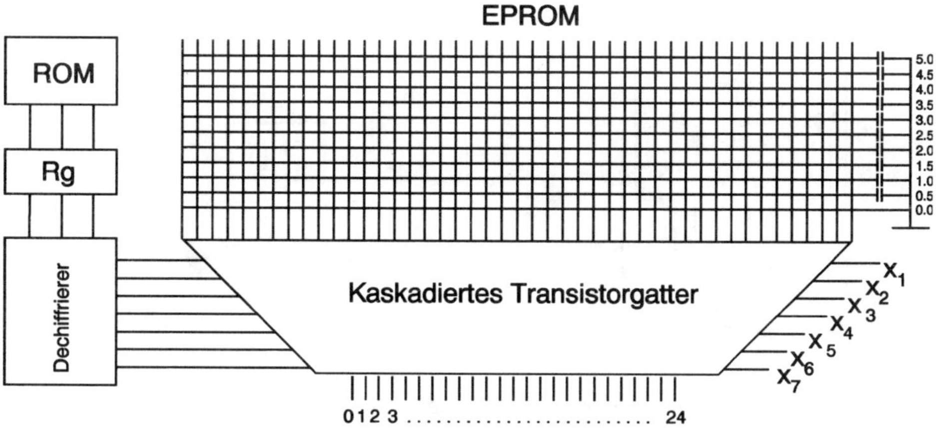

Abb. 6.3: Schematische Darstellung des Fuzzy-Speichers

Fuzzy-Wort in Form von Spannungsniveaus, z. B. der Fuzzy-Speicherchip YLF 8206, der auf Basis der p-MOS-Technologie entwickelt wurde, hat eine Lesezeit von 5 Nanosekunden.

Die Grundoperationen der Fuzzy-Logik sind: begrenzte Differenz, Fuzzy-Complement, begrenzte Multiplikation, fuzzylogische Vereinigung, begrenzte Summe, fuzzylogischer Durchschnitt, Implikation, absolute Differenz und Äquivalenz, die man durch begrenzte Differenz und algebraische Summe ausdrücken kann [3]. Auf diese Weise, kann der Schaltkreis für jede logische Funktion lediglich mit zwei Schaltkreis-Bausteinen für die begrenzte Differenz und algebraische Summe zusammengesetzt werden. Dies wird in den Bildern 6.4 bis 6.8 stufenweise gezeigt.

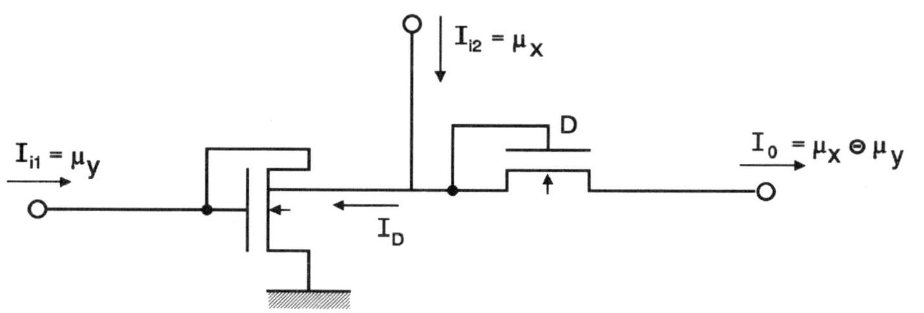

Abb. 6.4: Basis-Logik-Zelle

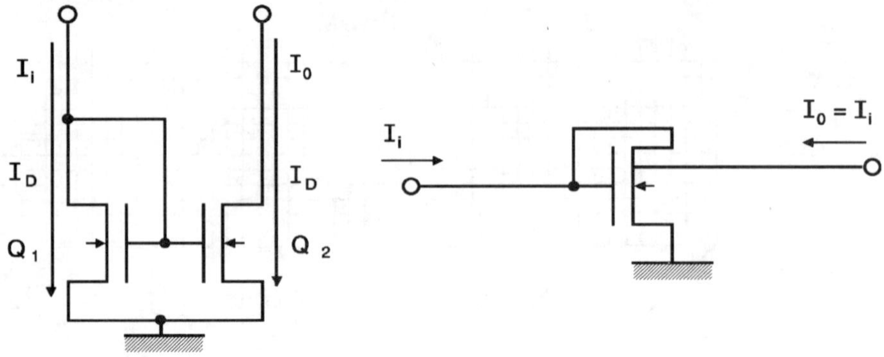

Abb. 6.5: Schaltbild der Stromspiegelschaltung

In einem Schaltkreis, der in Strommodus arbeitet, wird die algebraische Summierung durch Verbindung von zwei zu summierenden Leitungen erreicht. Den Schaltkreis der begrenzten Differenz (SBD) kann man für verschiedene Varianten von fuzzy Anwendungen einsetzen, deren Bearbeitung, auf die Verkopplung der SBDs (d. h. von logischen Grundbausteinen) zurückgeführt werden kann.

Für die Entwicklung eines logischen Grundbausteins (Abb. 6.4) ist eine Stromspiegelschaltung notwendig (Abb. 6.5).

In Abbildung *6.5 a* und *b* ist eine Stromspiegelschaltung auf MOS FET-s dargestellt.

In den Abb. *6.6-6.8* sind Schaltungen dargestellt, die nach dem Prinzip eines SBDs gebaut sind und einige fuzzy-logische Operationen (Vereinigung, absolute Differenz und Gleichheit) realisieren.

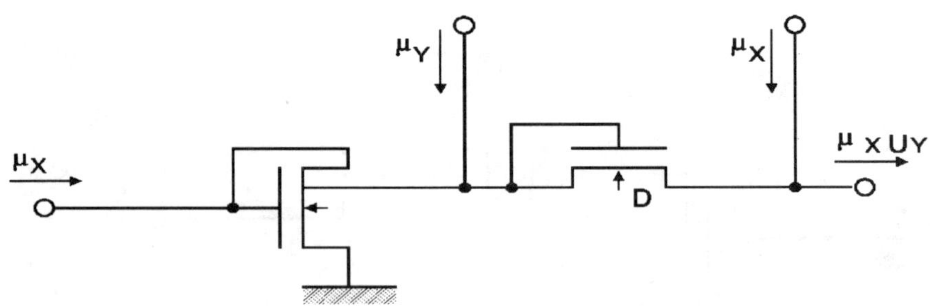

Abb. 6.6: Vereinigungsschema

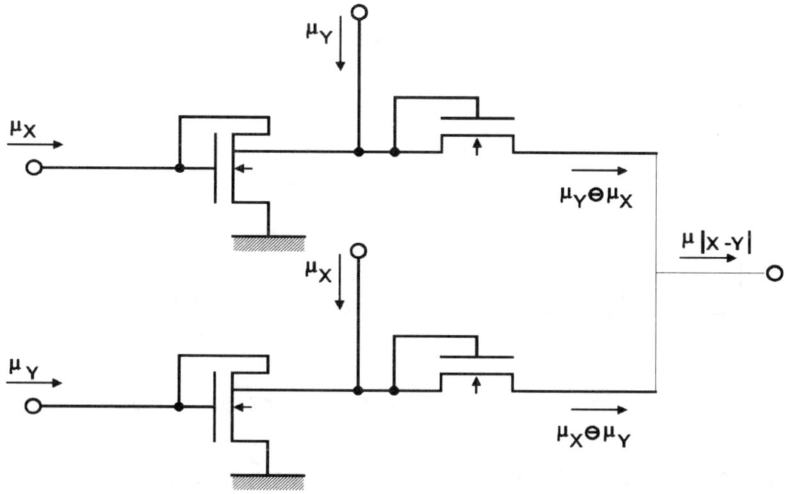

Abb. 6.7: Hardware-Realisierung der absoluten Differenz

In *Abb.6.9* sind die Schaltkreise dargestellt, die Minimum- und Maximum-Operationen realisieren. Wie aus den Literaturquellen des Buches zu entnehmen ist, besteht der Kern der verschiedensten Systeme aus dem Mechanismus des unscharfen bedingten logischen Schlusses, d. h. Modus Ponens (Abschnitt 1.6). Aufbauend auf den oben vorgestellten Max- und Min-Schaltkreisen wurde ein Schaltkreis der Max-Min-Komposition [4], der in der *Abb. 6.10* dargestellt ist, entwickelt.

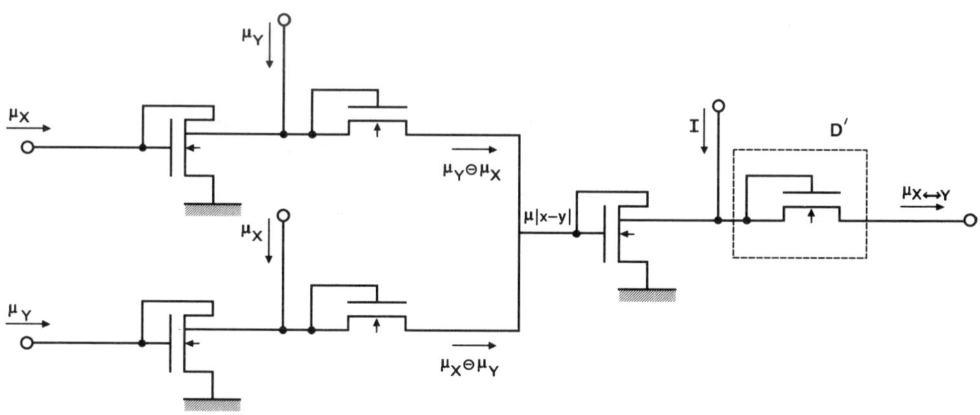

Abb. 6.8: Hardware-Realisierung der Gleichheit

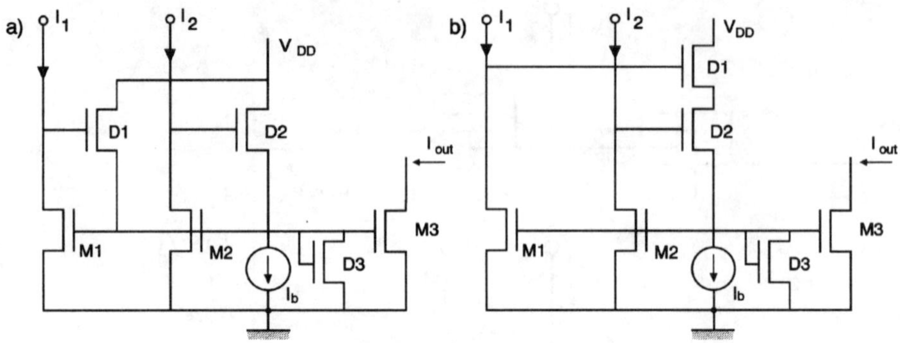

Abb. 6.9: Hardware-Realisierung der Max-Operation (a) und der Min-Operation (b)

Diese Schaltung hat eine hohe Schaltgeschwindigkeit, da die Operationen der Maximum- und Minimumauswahl gleichzeitig ausgeführt werden können. Den Ausgangsstrom bestimmt man wie folgt:

$$I_{AUS} = \bigvee_{i=1}^{n} (I_i \wedge I_i')$$

Die Schaltung kann mehr als 5 Millionen fuzzy-logische Schlüsse in der Sekunde vollbringen.

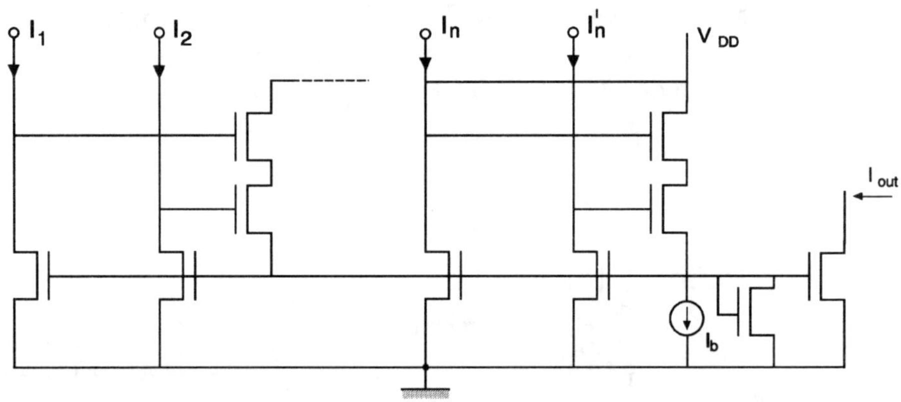

Abb. 6.10: Schaltbild zur Max-Min-Komposition

6.2 Fuzzy-Controller, -Prozessoren und -Computer

Fuzzy-Controller kann man zur Steuerung von industriellen Prozessen, für Diagnostikaufgaben, bei der Steuerung von Zügen, Flugzeugen und Schiffen usw. verwenden. Folgende Fakten sprechen für deren Effizienz [5]:

- Fuzzy-Anlagen zur Steuerung in U-Bahnen erhöhten die Stoppgenauigkeit der Wagen auf 10-30 cm mit gleichzeitiger Erhöhung der Grenzgeschwindigkeit von 45 auf 75 km/Stunde;
- Die Fuzzy-Steuerung einer Röhrenwalzstraße gewährleistet eine Walzgenauigkeit von 10 % für große Röhren mit einer Masse von 150 Tonnen;
- Fuzzy Controller in Autos gewährleisten eine gleichmäßige Beschleunigung und sparen Brennstoff.

In diesem Abschitt werden wir Fuzzy-Controller und -Prozessoren betrachten, die von Firmen in den USA, Japan und Deutschland hergestellt werden. Die von Wissenschaftlern von der North-CarolinaUniversity vorgeschlagene Anlage [6] hat vier Funktionsblöcke: Fuzzyfizierer, Speicher zur Speicherung der Regeln, Block der logischen Folgerung und Defuzzyfizierer. Die Systemkonfiguration ist in *Abb.6.11* dargestellt.

Die Zugehörigkeitsfunktion hat $2^4 = 16$ Niveaus, d. h. es sind 4 bit für die Funktionsdarstellung nötig. Die Fuzzyfizierung wird anhand von gespeicherten Tabellen und die Defuzzyfizierung mittels des „Schwerpunktverfahrens" durch den Schaltkreis aus *Abb. 6.12* realisiert.

Abb. 6.11: Strukturbild eines Fuzzy-Steuerungssystems

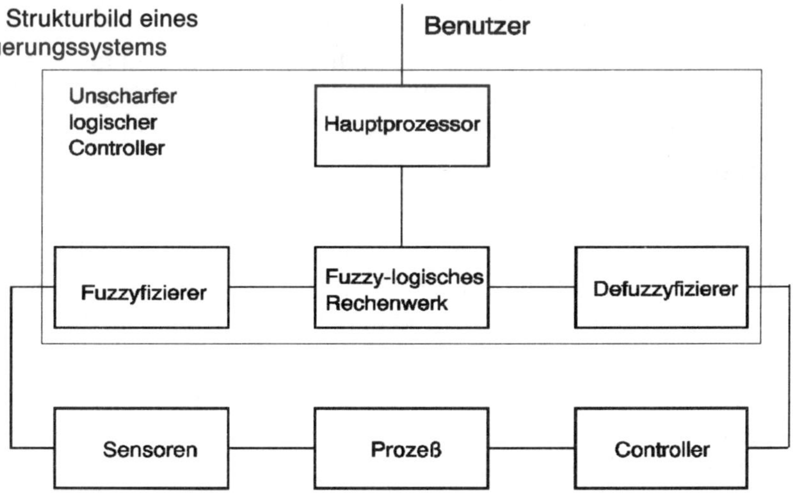

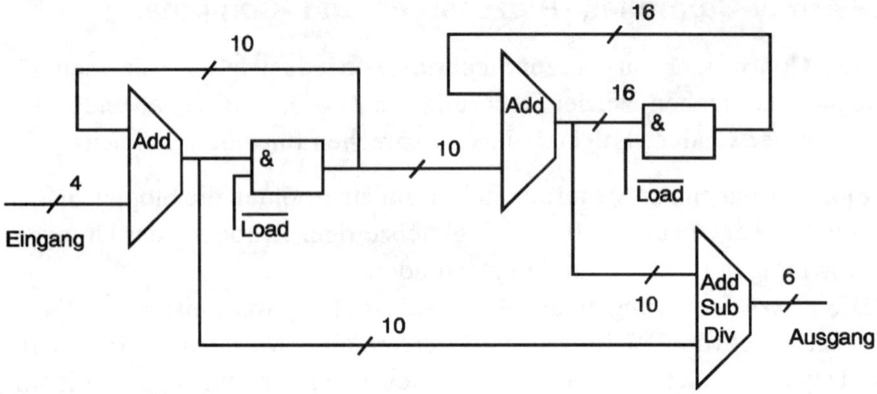

Abb. 6.12: Schaltbild eines Defuzzifizierers nach der Schwerpunkt-Methode

Der Hauptprozessor lädt die Menge der Regeln und die Fuzzyfikationstabelle im Startzeitpunkt. Der Controller kann je nach dem Verwendungszweck 4 Eingänge und 2 Ausgänge oder 2 Eingänge und 1 Ausgang haben: die Zahl der logischen Wissensregeln ist entweder 51 oder 102.

Der Chip arbeitet mit einer Taktfrequenz von 36 MHz und enthält 614 000 Transistorfunktionen, von denen 470 000 zur Bildung des statischen RAM-Speichers benutzt werden. Die Speisespannung liegt bei 3,0-3,3 V.

Der von der Firma Togai vorgeschlagene schnellwirkende Prozessor FC 110 [7] ist ein VLSI-Koprozessor für die eingebauten (integrierten) Fuzzy-Realzeit-Systeme. Digitale Technologie und Architektur sorgen für eine große Stabilität und Flexibilität. Die VLSI-Realisierung ermöglicht die Verwendung von Expertensystemen im Realzeitmodus (on-line-Betrieb). Taktfrequenz der FC 110 ist 10 MHz.

Einen Fuzzy-Controller mit je einem analogen und digitalen Bus [8] bietet die japanische Firma „Omron" an. Auf Abb. 6.13 ist das Controllerblockschaltbild dargestellt; die Modularisierung ermöglicht es dem Benutzer, die Anlagenstruktur selbst zu bestimmen. Der Controller besitzt digitale und Fuzzy-Blöcke (auf der *Abb. 6.13* mit D und F bezeichnet). Der von der japanischen Firma Nissan Denki entwickelte Mikrocontroller FZY-MC [9], besteht aus zwei Teilen: Ein/Ausgabe-Block und Prozessor. Das logische Schließen ist mit Hilfe von drei Verfahren möglich:

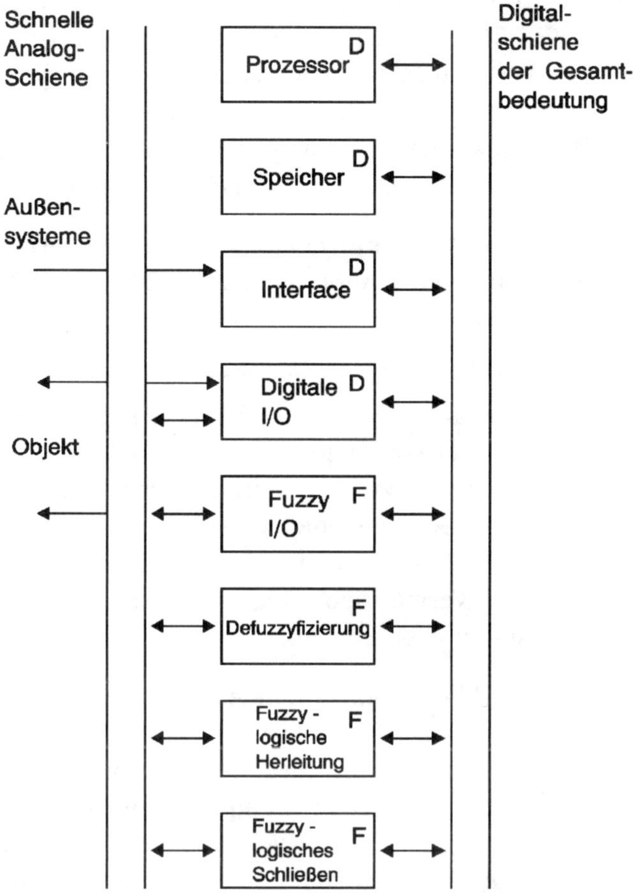

Abb. 6.13: Strukturdiagramm eines Fuzzy Kontrollers

- Min-Max-Verfahren und Schwerpunktverfahren
- Min-Max-Verfahren und das schnelle Verfahren
- Tabellenverfahren

Als Prozessor werden Single-Chip-Prozessoren H8/532 von „Hamati" verwendet. Der Mikrocontroller hat Sockel zur Verbindung mit ROM-Speichern sowie mit einem RAM-Speicher mit wahlfreiem Zugriff. Er besitzt auch 8 analoge Eingangskanäle (0-5 V), 8 Eingangskanäle für die TTL-Signale, 4 analoge Ausgangskanäle (0-5 V) sowie 2 Kanäle (mit Adapter) zur Signalausgabe für die normierte Schnittstelle nach dem Protokoll RS-232 S (Übertragungsgeschwindigkeit 9600 bit).

Speziell zur Steuerung des elektrischen Teils bietet die Firma Omron das Modul FB-30MC an [10]. Das Modul funktioniert auf der Basis der Kompositions-Folgerungsregel von Zadeh. Die Defuzzyfizierung wird anhand der beiden Verfahren „Schwerpunkt" und „Maximale-Höhe" durchgeführt. Die Anlage hat 8 Eingänge und 4 Ausgänge und arbeitet mit 3 Gruppen von Wissensregeln (je 128 in einer Gruppe).

Die Zeit für die Ausführung einer logischen Folgerung nach 5 Fakten und 20 Regeln beträgt bei einer Frequenz von 20 MHz 780 ms; die Speicherkapazität 8 KByte.

Das Hauptziel der Entwicklung der neuen Architekturen für die Computer der 5. Generation war das Streben, die sogenannte Krise der Software zu überwinden. Diese Krise berührte sowohl die Entwickler als auch die Benutzer. Sie begrenzte die weitere Verbreitung der Rechentechnik in Gebieten, in denen die Probleme mathematisch schwer formalisiert werden können. Zur Überwindung dieser Krise wurden Fuzzy-Computer entwickelt, die „vernünftige" logische Schlüsse aufgrund eingebauten Fuzzy-Wissens ziehen können.

Betrachten wir die Architektur eines der ersten entwickelten Fuzzy-Computer YFM-1, der von T.Jamakawa von der Universität Kumamoto entworfen wurde [2]. Zum Unterschied von traditionellen binären Wörtern werden die Daten in solchen Computern in Form von Fuzzy-Wörtern dargestellt, d. h. in Form von Vektoren mit Elementenwerten von 0 bis 1, deren Spannungsniveaus von 0 bis 5 V entsprechend diskret varriieren.

Auf der Basis der Min- und Max-Schaltkreise wird eine Folgerungsmaschine für Fuzzy-Logik gebaut *(Abb. 6.14)*.

Hier besteht C-min aus m parallelen Min-Schaltkreisen mit je zwei Eingängen; E-max besteht aus m parallelen Max-Schaltkreisen, die jeweils nur einen Eingang haben. Der Begrenzungsschaltkreis besteht aus n parallelen Min-Schaltkreisen mit je zwei Eingängen. Wenn aus der Wissensbasis die Produktionsregel „Wenn x ist A, so Y ist B" und Fuzzy-Wissen „x ist A" ausgewählt wurde, so erscheinen auf n Signalausgängen dieses Computers Spannungsniveaus, die der Fuzzy-Folge B entsprechen. Die Operationsgeschwindigkeit dieser Anlage beträgt 100 Nanosekunden/Folgerung, d. h. die Anlage kann bis zu 10 Millionen Fuzzy-logische Folgerungen in der Sekunde ausführen. Die maximale Effizienz des Fuzzy

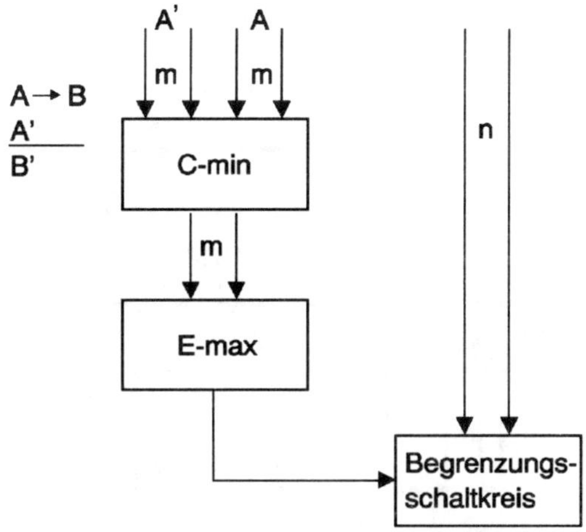

Abb. 6.14: Strukturschema zur fuzzy-logischen Herleitung

Computers wird durch paralleles Rechnen von einigen Fuzzy Folgerungsmaschinen erreicht *(Abb. 6.15)*.

Jedes Fuzzy-Wort wird in Form von Spannungsniveaus durch Signalleitungen auf alle Anlagen übertragen. Dies erlaubt gleichzeitig k Wissensregeln zu verwenden. Der Max-Block realisiert die logische Summe von k Fuzzy-Folgerungen. Die erzeugte Folgerung muß man in zuverlässige Daten verwandeln, was mittels eines speziellen Verwandlungsblocks erreicht wird.

Texas Instruments hat einen Fuzzy-Inferenz-Prozessor entwickelt, der digitale Speicher mit analogem Rechnen verbindet und bis 16 Millionen Inferenzen pro Sekunde ausführen kann.

Die Firma Unitronic bietet die von der Firma Neura Logix Inc. produzierten Fuzzy-Chips deren Vorteil darin besteht, daß die Programmausführung eines Fuzzy-Microcontrollers in etwa 30-40 mal schneller ist als eine Prozessor(MCU)-Hardware oder eine Software-Lösung. Die Programmpalette umfaßt z. B. einen Ein-Chip-Muster-Vergleicher, der speziell für den parallelen Mustervergleich konstruiert ist. Zudem umfaßt die Palette auch noch einen 128-Bit-Datenkorrelator sowie einen 4/32-Bit-Datenkorrelator. Genauso sind in dem Produktionsprogramm auch ein Ein-Chip (30 Millionen Regeln pro Sekunde) Fuzzy-Logik-Controller und ein Ein-Chip-Controller (320 Millionen Verbindungen pro Sekunde) mit einem neuronalen Netzwerk enthalten.

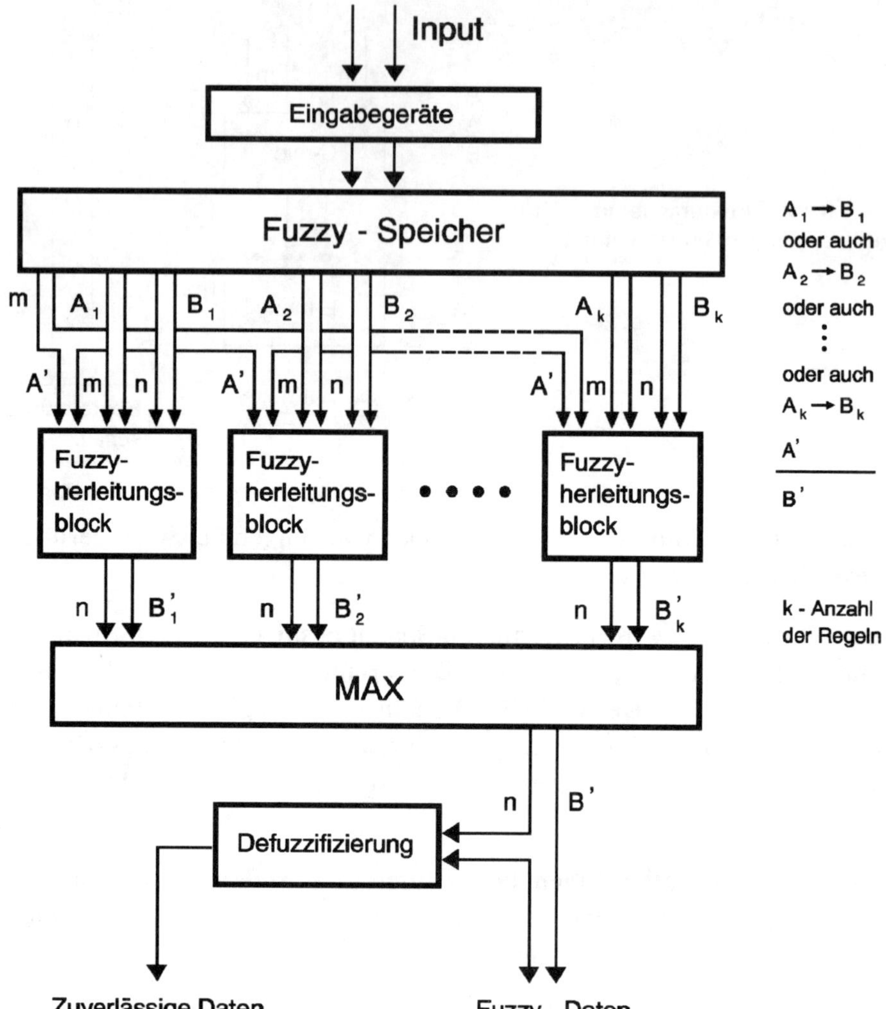

Abb. 6.15: Schaltbild eines Fuzzy-Rechners mit mehreren parallel geschalteten Blöcken der Fuzzy-Herleitung

Die Firma „Siemens" hat zusammen mit der Firma Inform einen ersten deutschen Fuzzy-Prozessor FUZZY-166 entwickelt. Dieser Chip basiert auf dem 16-Bit-Mikroprozessor 80C166 von Siemens. Dieser Baustein beinhaltet Fuzzy-Operatoren (Min/Max, Gamma, Min/AVG), Fuzzy-Inferenz-Methoden (Max-Min, Max-Prod, FAM) und Defuzzifikations-Methoden. Der Chip bietet 10 Analoge Eingänge mit 10 bit Auflösung.

Inform und Siemens haben auf Basis des 80C166 den Fuzzy-Controller Fuzzy-166 realisiert. Die Firma Siemens hat auch einen Fuzzy-Coprozessor SAE 81C90 der als ein arithmetischer Coprozessor an eine Host-CPU angeschlossen wird, entwickelt. Hier sind Regeln und Zugehörigkeitsfunktionen in einem Knowledge Base Memory abgespeichert. Der Coprozessor hat eine Auflösung von 8 Bit [11].

6.3 Fuzzy-Software

Die Fuzzy-Logik gewinnt in ständig steigendem Maße an Bedeutung und deswegen ist es notwendig, Fuzzy-Regeln schnell und einfach zu programmieren. Hierfür finden die Fuzzy-Ent-wicklungssysteme verwendung [13].

Diese Werkzeuge werden bei den folgenden Arbeiten eingesetzt:

- Erstellen der Struktur des verwendeten Systems
- Aufstellen der Zugehörigkeitsfunktion
- Schaffung der Regelbasen
- Analyse des Systemverhaltens
- Fehlersuche und Fehlereliminierung

Die zur Zeit auf dem Markt befindlichen Fuzzy Entwicklungswerkzeuge bieten folgende Hilfen (Tools):

- Bibliotheken verschiedener Control-Mechanismen
- Programmiersprachen mit speziellen Fuzzy-Sprachkonstrukten
- Entwicklungsshells für Fuzzy-Systeme

Diese Hilfen können in höheren Programmiersprachen (z. B. C, PASCAL u. a.) eingesetzt werden und damit können auch die besonderen Vorteile dieser Programmiersprachen wie z. B. Realzeitfähigkeit oder Windowsprogrammierbarkeit zur Geltung gebracht werden. Diese Systeme besitzen als Hauptbestandteil einen Editor, mit dessen Hilfe man die Systemkomponenten definieren kann, einen Debugger und einen Simulator zum Austesten der Regeln. Viele dieser Tools bieten eine graphische Entwicklungsoberfläche an. Alle diese Tools können in bestimmte Gruppen unterteilt werden wobei für viele Tools noch Zusatzmodule angeboten werden.

Bei den Shells unterscheidet man die folgenden Grundtypen:

- Precompilerbasierte Shells
- Online-fähige Shells
- Hardwarespezifische Shells
- Geschlossene Shells

dazu kommen noch Reglerentwurfswerkzeuge welche ein Fuzzy-Modul enthalten.

Literatur zu Kapitel 6

1. Yamakawa T. „An Application of a Grade-Controllable Membership Function Circuit to a Singleton-Conseqent Fuzzy Logic Controller." 3-rd International Congress of IESA. -Washington, USA, 1989, pp. 296-304.

2. Tschernuschov J., „Netschetkie kompjuteru." Kompjuter, No. 3, 1990, pp. 13-15.(in russisch)

3. Yamakawa T.,„The Fuzzy Hardware System of Tomorrow." Approximate Reasoning in intelligent Systems, Decision and Control, pp. 1-20.

4. Ueno Fumio, Inoue Tarahiro, Mamoru Saski, Morimoto Takachi, „A Fuzzy Inference Engine Using Current-Mode Max-Min Composition Circuits." 3-rd International Congress of IESA.-Washington, USA, 1989, pp. 639-642.

5. Terano T., Asai K., Sugeno U., „Introduction to Applied Fuzzy Systems", Ohm. Publ., Tokyo, p.300.

6. Watanabe Hiroyuki, Deltoff Wayne D., Yount Kathy E., „VLSI Chip for Fuzzy Logic Inference."/ 3-rd International Congress of IESA.-Washington, USA, 1989, pp. 292-295.

7. Corder R.J., „A High-Speed Fuzzy Processor." 3-rd International Congress of IESA. -Washington, USA, 1989, pp. 379-384.

8. Tasaka Yoshiro „Hybrid Bus Type Fuzzy Controller with Analog Fuzzy Chips.“ 3-rd International Congress of IESA. Washington, USA, 1989, pp. 280-286.

9. Akichiro Sakaguti, „Mikrokontroller s algoritmom na osnove netschetkoy logiki. „Automatika, 1991, 39, No. 9, pp. 44-49. (in russisch)

10. Keyitiro Nitta, „Modul dlja vupolnenija netschetkogo vuvoda.“ Automatika, 1991, 39, No. 9, pp. 38-43. (in russisch)

11. Klimke M. „Schnelle Echtzeitregelung per Fuzzy-Coprozessor“ , Elektronik, 8,1993, s.136-140

12. Moosburger, G., „Brillante Unschärfe“, Elektronik, 3, 1992, S. 62-70

13. Angstenberger, J., „atp-Marktanalyse: Software-Werkzeuge zur Entwicklung von Fuzzy-Reglern“, atp, 2, 1993.

7 Fuzzy-Sensoren und -Meßsysteme

7.1 Intelligente Fuzzy-Sensoren

Ein Sensor ist eine „black box", die das Wissen über die Parameter und Kenngrößen eines Prozesses in eine für die Verarbeitung bequeme Form umwandelt [1,2]. Er sammelt solche Informationen, die benötigt werden um die Kenngrößen des Prozesses (zu regelnde Parameter, Zustandsvariablen usw.) sowie der Produktion (physikalische und chemische Eigenschaften der Materialien, qualitative Parameter der Strömungen usw.) zu erfassen. Die gemessenen physikalischen Variablen wandelt der Sensor in elektrische Signale um. Ein Sensor, der auch einen nicht-trivialen Teil der Informationsverarbeitung übernimmt, wird „Intelligenter Sensor" (IS) genannt. Solche Sensoren erlauben insbesondere die Entwicklung von Systemen der Informaionsverarbeitung mit verteilter Intelligenz.

Ein vereinfachtes Schema eines IS ist in *Abb. 7.1* dargestellt. Wie oben erwähnt, wird das zu messende Eingangssignal im Sensor 1 in ein elektrisches Signal umgewandelt. Nach der „intelligenten" Verarbeitung der Sensordaten im Mikroprozessor 2 wird ein Ausgangssignal erzeugt, das durch die Schnittstelle 3 an den Benutzer übergeben wird.

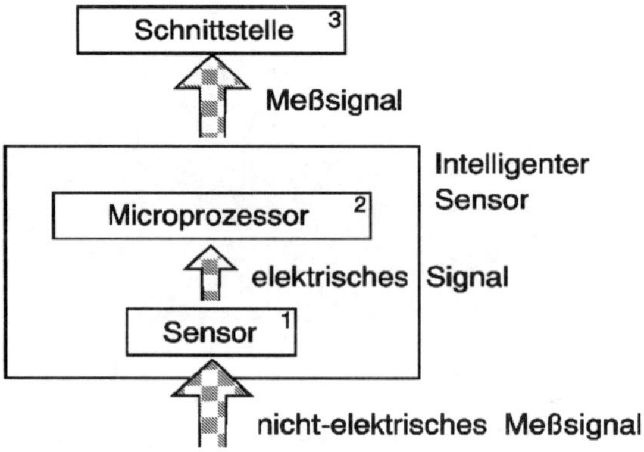

Abb. 7.1: Die Struktur eines intelligenten Sensors

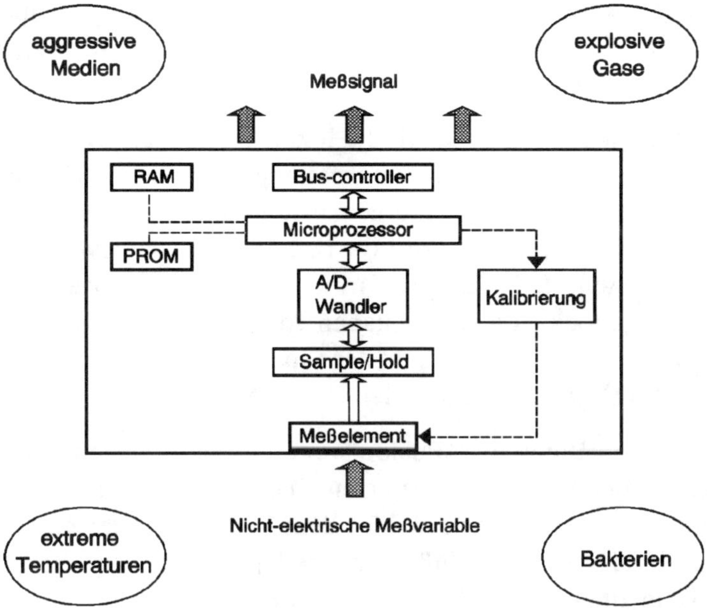

Abb. 7.2: Sensoren in risikoreicher Umgebung

Intelligente Neuro-Fuzzy-Sensoren werden für die Bestimmung der Variablen und Parameter, die den Zustand einer Anlage beschreiben, sowie die Messung der qualitativen Kenngrößen von Materialien eingesetzt. Besonders oft werden sie für die Messung und Bewertung in jenen Anlagen eingesetzt, die unter extremen Bedingungen arbeiten *(Abb. 7.2)* [2].

In *Abb. 7.3* ist ein Blockschaltbild der Benutzung eines IS zur Bestimmung des Zustandes eines elektrischen Motors angegeben. Seine Arbeit wird

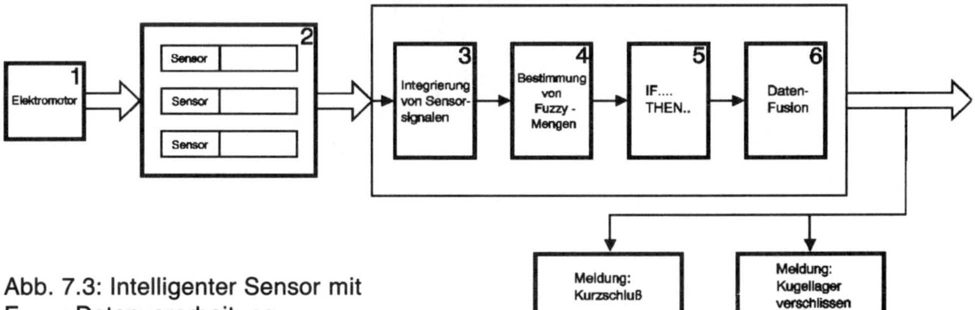

Abb. 7.3: Intelligenter Sensor mit Fuzzy-Datenverarbeitung

durch mehrere physikalische Parameter charakterisiert — zum Beispiel Geschwindigkeit der Wellenrotation, Stärke des Stroms in den Wicklungen, Lärm während der Arbeit usw..

Die zu messenden Signale werden durch die lokalen Sensoren (Block 2) erfaßt und landen dann in dem Fuzzy-Verarbeitungs-Block. Die Fuzzy-Verarbeitung ist deshalb nützlich, weil eine ganze Reihe von Parametern und Kenngrößen ungenau bestimmt wird (z. B. Lärmniveau, Bewertung „schwacher Start“ usw.). Die Sensorinformation wird integeriert im Block 3. Nachdem im Block 4 die momentanen Werte der Fuzzy-Mengen dieser Parameter fetsgelegt sind, bestimmt der Block 5, der nach dem kausalen Schema IF ... THEN ... arbeitet, den Zustand des Motors.

Dieser Zustand wird an Block 6 — Fusion weitergegeben, der physikalisch, zeitlich und örtlich heterogene Daten zu einem Gesamtbild zusammensetzt (fusioniert). Dieser Block meldet dem Benutzer (oder einem anderen Gerät) z. B. einen Kurzschluß oder eine Lagerabnutzung. Solch ein Sensor wird ein intelligenter Sensor mit Fuzzy Datenverarbeitung (fuzzy data analysis) gennant.

In *Abb. 7.4* ist ein Schema eines IS zur Messung der Farbe von Flüssigkeiten mit Hilfe von Fuzzy-Neuro-DV dargestellt.

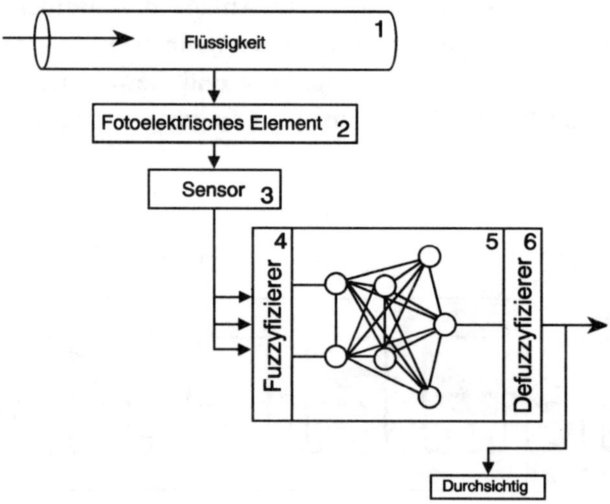

Abb. 7.4: Intelligenter Sensor mit Fuzzy-Neuro-Datenverarbeitung

Tab. 7.1: Potentiale und Beispiele für den Einsatz von Neuro-Fuzzy-Methoden in intelligenten Sensoren NN = Neuornales Netz; FL = Fuzzy-Logik

Potentiale	Beispiel	Eignung
Linearisierung: aus einfachem Sensor einen präzisen Sensor machen	Drucksensor	NN
Meßwerte interpretieren	Beurteilung von Farblackierungen Durchflußmessung Glasproduktion	NN / FL NN NN / FL
Neue Art von Meßwerten	zustandsgesteuerte Wartung Ladezustand von Batterien Warnung bei außerordentlichen Betriebszuständen Blockierender Antrieb Notabschaltung	NN / FL NN / FL NN / FL FL NN / FL
aus vorhandenen Sensoren neue bilden	Propansensor aus Methan - und Alkoholsensor zusammengebaut	NN / FL
Ausfallsicherheit erhöhen	Füllstandsmeßtechnik in bewegten Tanksystemen lückenhafte Information bei der Sortierung von Kunststoffen ergänzen	NN / FL NN
Meßdatenauswer - tung von Experten nachbilden	Verschleißsensor	FL
Meßwerte umgangssprachlich darstellen	Der Bohrer ist mehr oder weniger stark verslissen	FL
Interpretationsregeln automatisch finden	Strom bei MAG - Schweißen	FL
Mustervergleich	visuelle Fertigungskontrolle	NN / FL
dynamische Eigen - schaften verbessern	Temperatursensor	FL
strukturelles Wissen erhalten, offene Struktur	verschiedene Ölverunreinigungen erkennen und klassifizieren	FL
Selbstkalibrierung	Lasermeßtechnik	FL

Das Meßsignal aus dem fotoelektrischen Element 2 wird in Form einer Frequenz an den Sensor 3 weitergegeben und in eine elektrische Spannung transformiert. Letztere wird nach der Fuzzifizierung im Block 4 an das fuzzy-neuronale Netz (Block 5) weitergereicht. Dieses Netz ist ein Netz mit Fuzzy-Signalen und Fuzzy-Gewichten,das bereits vortrainiert wurde. Es enthält das nötige Expertenwissen für die Berechnung der Farbe der Flüssigkeit in der Strömung 1. Der Ausgang des fuzzy-neuronalen Netzes ist eine Fuzzy-Menge, die den Musterfarben entspricht. Z. B., für farblos:

$$\text{„durchsichtig"} = \boxed{1/B_1} + 0.3/B_2 + 0.1/B_3 + \ldots$$

Einige Anwendungsgebiete von IS auf der Basis der FuzzyNeuro-Technik sind in der *Tab. 7.1* aufgeführt [3].

7.2 Fuzzy-Messung von Zeitintervallen

In modernen Informations- und Meßsystemen benutzt man oft Verfahren zur Bestimmung (Messung) von Zeitintervallen z. B. mit Hilfe der Verzögerung des Ausgangsimpulses gegenüber dem am Eingang. Der Wert des Zeitintervalls wird dabei als der gemessene Wert des Zeitintervalles zwischen zwei Impulsen definiert. Falls die Genauigkeit der Messungen vergleichbar ist mit der Dauer von Ein- und Ausgangsimpulsen, enstehen diverse Schwierigkeiten aufgrund der Unbestimmtheit des zu messenden Parameters. Es ist z. B. bekannt, daß beim ungenauen Bestimmen des Zeitintervalls zwischen zwei Fixierungsimpulsen die Anzahl von Impulsen einer Referenzfrequenz f_0, mit der dieses Intervall digital gemessen wird, auch ungenau wird.

Zur Fixierung der Zeitlage der Impulse benutzt man verschiedene Verfahren [4]: Ein-Pegel-Verfahren mit hinterer oder vorderer Flanke (Front), Impuls-Schwerpunkt-Verfahren, Null-Durchgangs-Verfahren u. a. Diese Methoden unterscheiden sich durch verschiedene Werte des zufälligen und systematischen Fehlers. Darum können für zwei Intervalle, die durch gleiche Paare von zeitgleichen Impulsen erzeugt werden, verschiedene Werte herauskommen, je nachdem, welche Meßwerte verwendet wurden. Im Falle verschiedener Impulspaare können noch größere Unterschiede in den Meßergebnissen auftreten. Also bereitet der Vergleich von einzelnen

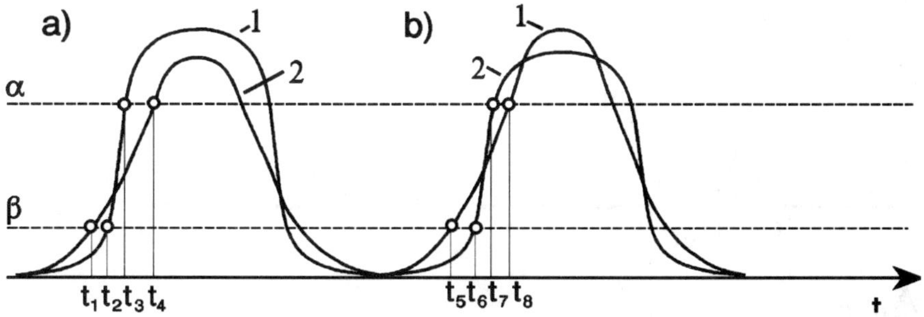

Abb. 7.5: Festhaltung der Parameterzeitlage

Messungen große Schwierigkeiten und kann in einer Reihe von Fällen sogar unmöglich sein. Wie man der *Abb. 7.5* entnehmen kann, erfolgt die Fixierung der Zeitlage von dem ersten *(7.5 a)* und dem zweiten *(7.5 b)* Impulspaar mit Hilfe der Ein-PegelMethode mit der vorderen Flanke für zwei Pegellagen α und β. Im Falle von α ist das Intervall, das durch das erste Paar von Impulsen bestimmt wird, größer als das Intervall des zweiten Paares: (t8-t3) > (t7-t4); im Falle von β umgekehrt: (t5-t2) < (t6-tl).

In [5] wurde gezeigt, daß es sinnvoller ist, die Messung der Zeitintervalle unter Bedingungen der Unbestimmtheit und Nicht-Eindeutigkeit mit Hilfe der Fuzzy-Neuro-Technologie durchzuführen.

Es sei E die Menge der Zeitintervalle *(Abb. 7.6)*. Es sollen die Fuzzy-Untermengen $\tilde{P}$ des Eingangsimpulses (f_{ein}) und $\tilde{Q}$ des Ausgangsimpulses (f_{aus}) eingeführt werden *(Abb. 7.6 a* und *7.6 b)*. Wir wollen die Zugehörigkeitsfunktionen $\mu_{\tilde{P}}(t)$ und $\mu_{\tilde{Q}}(t)$ [2] berechnen:

$$\mu_{\tilde{P}}(t) = \begin{cases} 1, \; t \leq t_1 \\ \int [1-\bar{f}_{ein}(t)]dt, & t_1 < t < t_2 \\ 0, \; t \geq t_2 \end{cases}$$

$$\mu_{\tilde{Q}}(t) = \begin{cases} 1, \; t \leq t_3 \\ \int [1-\bar{f}_{aus}(t)]dt, & t_2 < t < t_4 \\ 0, \; t \geq t_4 \end{cases} \tag{7.1}$$

$$\text{wobei } \bar{f}_{ein}(t) = \frac{f_{ein}(t)}{\int_{t_1}^{t_2} f_{ein}(t)dt} \; ; \; \bar{f}_{aus}(t) = \frac{f_{aus}(t)}{\int_{t_3}^{t_4} f_{aus}(t)dt} \tag{7.2}$$

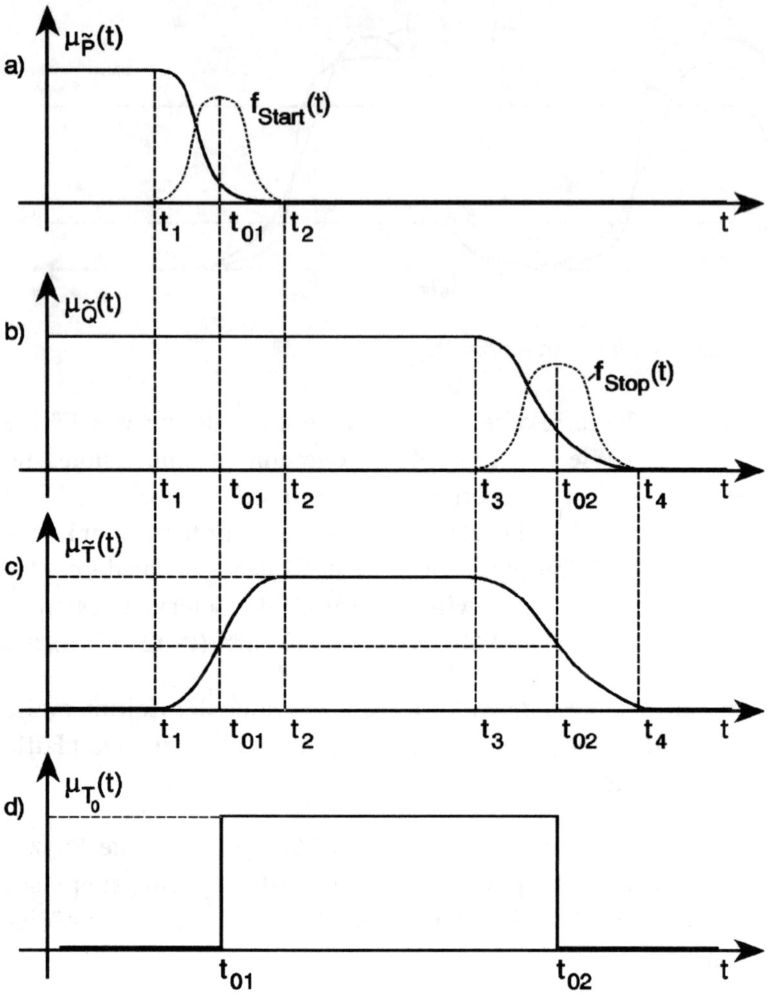

Abb. 7.6: Graph zur Berechnung der Fuzzy Menge $\tilde{T}$

Für die Fuzzy-Untermenge T, die dem zu messenden Zeitintervall entspricht, gilt

$$\tilde{T} = \tilde{Q} - \tilde{P} = \tilde{Q} \cap \overline{\tilde{P}} \qquad (7.3)$$

oder in der Sprache der Zugehörigkeitsfunktion

$$\mu_{\tilde{T}}(t) = \min(\mu_{\tilde{Q}}(t), \mu_{\tilde{P}}(t)) = \begin{cases} 0, \ t \leq t_1, \ t \geq t_4 \\ \int \bar{f}_{ein}(t)dt, \ t_1 < t < t_2 \\ \int [1-\bar{f}_{aus}(t)]dt, \ t_3 < t < t_4 \\ 1, \ t_2 \leq t \leq t_3 \end{cases} \tag{7.4}$$

In [5] wird darauf hingewiesen, daß das erhaltene Modell die empirisch beobachtbaren Eigenschaften der Zeitintervalle abbildet. Also ist die behandelte Fuzzy-Beschreibung den physikalischen Zeitintervallen adäquat.

Das experimentell gemessene Zeitintervall, das $\tilde{T}$ entspricht, stellt eine genaue Menge T dar *(Abb. 7.6 d)*, da die Messung eigentlich eine Konkretisierung der in (7.4) angegebenen unbestimmten zeitlichen Intervalle (t1,t2) und (t3,t4) ist.

Bei der Messung wird eine Substitution der Fuzzy-Menge $\tilde{T}$ durch T_0 vorgenommen. Die Feststellung der Eindeutigkeit bei der Bestimmung des Zeitintervalls wird auf das Optimum dieser Substitution nach dem Kriterium der minimalen Distanz zurückgeführt.

$$e(\tilde{T},T) = \sqrt{\int_{-\infty}^{+\infty} (\mu_{\tilde{T}}(t) - \mu_{\tilde{T}_0}(t))^2 dt} \quad \rightarrow \min \tag{7.5}$$

Die Fuzzy-Menge T_0 aus der Bedingung (7.5) wird durch

$$\mu_{\tilde{T}_0}(t) = \begin{cases} 0, \ \mu_{\tilde{T}}(t) \leq 0{,}5 \\ 1, \ \mu_{\tilde{T}}(t) > 0{,}5 \end{cases} \tag{7.6}$$

bestimmt [5.6]. Also ändert sich beim Übergang im Intervall von $\tilde{T}$ zu T_0 die Zugehörigkeit (t2,t3) nicht. Während der Intervalle (tl,t2) und (t3,t4), bei denen eine Unbestimmtheit existierte, werden die Zugehörigkeitsgrade mit dem halben Wert der ZF bestimmt:

$$\begin{aligned} \int_{t_1}^{t_{01}} \bar{f}_{ein}(t)dt &= \int_{t_{01}}^{t_2} \bar{f}_{aus}(t)dt = 0{,}5 \\ \int_{t_3}^{t_{02}} \bar{f}_{ein}(t)dt &= \int_{t_{02}}^{t_4} \bar{f}_{aus}(t)dt = 0{,}5. \end{aligned} \tag{7.7}$$

Aus den Formeln (7.7) werden über die Integralbildung die Schwerpunkte t_{01} und t_{02} der Impulse $f_{ein}(t)$ und $f_{aus}(t)$ gefunden.

An dieser Stelle kann man die Schlußfolgerung ziehen, daß es vom Standpunkt der Fuzzy-Messung der Zeitintervalle sinvoll ist Zeitkoordinaten von Ein- und Ausgangsimpulsen mittels der Schwerpunkte zu fixieren.

Somit kann der optimale und unbestimmtheitsfreie Wert des Zeitintervalls in der Praxis (z. B. bei der metrologischen Bewertung von konkreten Geräten wie Verzögerungslinien, Rezirkulationsgeneratoren usw.) als Minimum der euklidischen Distanz (Lebesque-Metrik LZ) (7.5) bestimmt werden. Er entspricht dann dem Zeitintervall zwischen den Fixierungspunkten von Ein- und Ausgangsimpulsen bezogen auf den Schwerpunkt.

7.3 Fuzzy-Messung des Trübungsgrades

Unter Industriebedingungen ist es oft notwendig, die Trübung diverser Flüssigkeiten zu messen, wie z. B. Sickerwasser, Weintraubensüßmost usw. Die visuelle Messung dieser Eigenschaft durch einen Experten bedingt eine große Unbestimmtheit. Diese Unbestimmtheit ist durch die persönliche Wahrnehmung des Experten und die Wahl des Terms bedingt [7]. Deshalb wäre ein Fuzzy-System zur Messung dieses Parameters wohl die adäquateste Methode.

Ein linguistischer Parameter mit subjektiver Grundlage zählt zu der Klasse derjenigen linguistischen Variablen, die nicht auf einer numerischen Basisvariablen beruhen. Um eine numerische Ausprägung dennoch zu erhalten, verwendet man gewöhnlich die Methode der Expertenbefragung (siehe Kapitel 2). Aufgrund dieser Befragung wird nun die Ordnungs- oder die Intervallskala aufgebaut (Kap.5). Jedem Term wird ein bestimmter Wert zugeordnet. Für die Bestimmung der numerischen Basisvariablen für die Trübheit kann man fotoelektrische Meßmethoden anwenden. In [7] wurde ein Trübungsmeßgerät mit numerischer Ausgabe entwickelt. Es stellt einen Wandler dar, der den Grad der gemessenen Trübung in eine Frequenz umwandelt. Als Sensor dient dabei ein Fotowiderstand.

Vor dem Beginn der Messung füllt man einen Behälter mit der Eichflüssigkeit, für den Wert „durchsichtig“. Entsprechend ihrer Farbe registriert man dann die Intensität einer Lichtquelle, mit der die Flüssigkeit durchleuchtet wird, solange, bis man den gegebenen Anfangsbelichtungswert des Fotoempfängers erhält. Dann durchleuchtet man die Flüssigkeit mit der Quelle, mißt also die Trübung bezogen auf das fixierte Volumen der Flüssigkeit (spezifischer Wert) und stellt diese Messung als Frequenz dar.

Mit M wollen wir die Menge der verschiedenen Trübheitsgrade kennzeichnen. Der numerische Wandler erlaubt jedem Trübheitsgrad $m \in M$ einen entsprechenden Zahlenwert der Frequenz $F = \varphi(m)$ zuzuordnen. Wir stellen uns vor, die erweiterte Term-Menge der linguistischen Variablen „Trübheit" hätte die Struktur T = {durchsichtig T_1, hell T_2, trüb T_3, sehr trüb T_4}. Bezüglich des Terms $T_i \in T$ existiert eine schwache Ordnung $\rangle_{T_i}$.
Für $m_1, m_2 \in M$ bedeutet $m_1 \rangle T_i m_2$, daß der Term T_i für die Bewertung der Trübheit m_i nicht weniger gut geeignet ist, als für m_2. Analog wird auch die Relation $m_1 \sim m_2$ definiert, die nur dann möglich ist, wenn zwei Bedingungen $m_1 \rangle_{T_i} m_2$ und $m_2 \rangle m_1$ erfüllt sind. Ähnlich wird auch die Halbordnung auf M bezüglich anderer Terme aus T definiert. Ein empirisches System mit den Relationen $< M, \rangle_{T_1}; \rangle_{T_2}; \rangle_{T_3}; \rangle_{T_4} >$ ist damit also aufgebaut. Es wird Struktur der mehrstelligen(-deutigen) Zugehörigkeit genannt.

Entsprechend [8] existieren derartigen Funktionen $\mu_i(i=\overline{1,4})$, so daß für $m_1, m_2 \in M$ gilt: $m_1 \rangle_{T_i} m_2 \Longleftrightarrow \mu_i(m_1) \geq \mu_i(m_2)$, $i=\overline{1,4}$. Also ist für jeden Term T_i die Abbildung $\mu_i < M_i \rangle_T > \rightarrow < [0,1], \geq >$ ein Homomorphismus. Eine derartige Zahlenskala für die Messung des Übereinstimmungsgrades der Trübung gehört zu dem Term T_i, wobei die Strukturen von $M_i > T_i$ und des Intervalls [0,1], $\geq$ vergleichbar sind. Für jeden Term ist eine ZF bestimmt $\mu_i(m) = \mu_i(\varphi(m)) = \mu(f)$ (z. B. für den Term T_i). Einem Experten wird eine Flüssigkeit mit der Trübheit m_j gezeigt, und er wird gebeten, eine Zahl aus dem Intervall [0,1] zu wählen, die dem Term T_i am meisten entspricht, d. h. $\mu_i(m_j)$. Weiter wird mit Hilfe eines fotoelektrischen Meßgerätes die Frequenz $f_i = \varphi(m_j)$ gemessen. Der erste Punkt $[f_j, \mu_i(f_j)]$ des Graphen wird gezeichnet *(Abb. 7.7)*. Der Eichprozeß von Flüssigkeiten mit verschiedenen Trübheitsgraden dauert so lange, bis die drei Punkte $B_i^- < B_i < B_i^+$ auf der Achse f mit $\mu_i(B_i^-) = \mu_i(B_i^+) = 0$ und $\mu_i(B_i) = 1$ bestimmt sind. Das heißt, es werden die zwei Trübheitsgrade bestimmt, die mit dem Term T_i definitiv nicht beschreibbar sind, und es wird ein Trübheitsgrad gefunden, der am meisten dem T_i entspricht. Durch Ver-

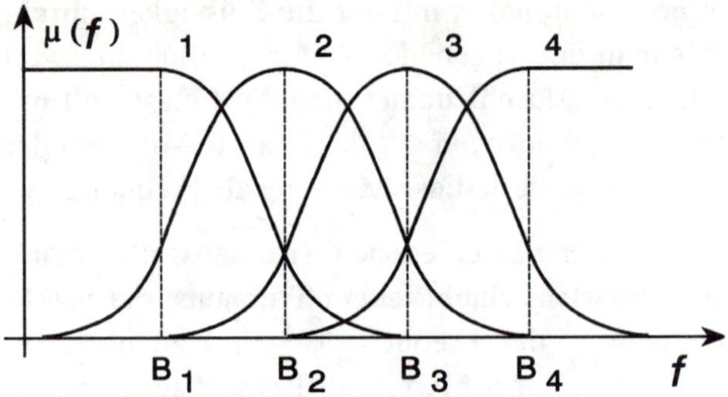

Abb. 7.7: Zugehörigkeitsfunktionen von den Trübheitstermen

binden aller derartigen Punkte erhalten wir die Zugehörigkeitsfunktion *(Abb. 7.7)*, wobei 1 für durchsichtig, 2 für hell, 3 für trüb und 4 für sehr trüb steht. Analog werden die Zugehörigkeitsfunktionen für andere Terme gebildet. Damit wird der Skalierungsprozeß mit der Methode des Experten-Interviews beendet (siehe Kap. 5).

Wir wollen eine praktische Anwendung für das System der Fuzzy-Trübheitsmessung behandeln. Angenommen, die Fuzzy-Mengen der linguistischen Variablen Trübheit, die den ausgezeichneten Termen entsprechen, seien von der Form:

T1 $\equiv$ durchsichtig $= 1/B_1 + 0.3/B_2$;
T2 $\equiv$ hell $= 0.1/B_1 + 1/B_2 + 0.2/B_3$;
T3 $\equiv$ trüb $= 0.1/B_2 + 1/B_3 + 0.7/B_4$;
T4 $\equiv$ sehr trüb $= 0.6/B_3 + 1/B_4$.

Mit dem Trübungs/Frequenz-Wandler wird die momentane Frequenz B′ gemessen. (Sie entspricht dem momentanen Wert der Trübung) und dann wird $\mu_j(f=B')$ berechnet. Dafür ist es sinnvoll den Algorithmus der schnellen Schlußfolgerung aus [9] zu benutzen. Dem Trübheitsgrad wird eine Fuzzy-Menge zugeordnet, z. B.: $T(m') = 0.5/B_2 + 0.9/B_3 + 0.2/B_4$. Mit dem Grad 0.9 ist die Flüssigkeit trüb.

Der Fuzzy-Trübheitsmesser wird an einen Rechner angeschlossen. Aufgrund der Ergebnisse der fotoelektrischen Messung und der vorhandenen Experteninformationen zur Eichung des Systems werden die Trübungsgrade der Flüssigkeiten vom Rechner aufgelistet und dem Benutzer anschließend zur Verfügung gestellt.

Literatur zu Kapitel 7

1. Brasche V. and Sonntag Ph., „Intelligent Sensors", vde-Verlag gmbh Berlin/Offenbach, 1989, pp. 128.

2. Steusloff H., Polke M. (eds.), „Integration of Design, Implementation and Application in Measurement, Automation and Control", Interkama Congress 92, R.Oldenbourg Verlag München Wien, 1992, pp. 683.

3. Schödel H., „Neuro-Fuzzy Methoden in intelligenten Sensoren, Sensoren und Mikroelektronik: Wegweisende, serienreife neue Produkte und Verfahren", Expert Verlag/Hrsg. K.W.Bonfig, 1993 pp. 47-63.

4. Schvezkiy B.I., „Elektronnue zifrovue priboru", Kiev, „Technika", 1981, pp.(in russisch)

5. Michal O.F., „Utotschnenie ponjatija „vremennoy interval" s posiziy teorii netschetkich mnodschestv", Ismeritelnaja technika, No. 8, 1987, pp. 7-8 (in russisch)

6. Kaufmann A., „Introduction to the Theory of Fuzzy Subsets, -Vol.1: Fundamental Theoretical Elements", Academic Press, New York, 1975.

7. Asadov A.M., Babaev A.M., Ragimov M.I., „Ismerenie mutnosti v lingvistitscheskich schkalach", Ismeritelnaja technika, No. 8, 1989, pp. 18-19 (in russisch)

8. Norvich A.M., Turksen J.B., „Fuzzy Sets and Theory of Possibility", „Fuzzy Sets and Systems", 1984, pp. 1-25.

9. Aliev R.A., Aliev F.T., Babaev M.D., „The Synthesis of Fuzzy Coordinate-Parametric Automatic Control System for Oil-Refinery Unit", Fuzzy Sets and Systems, 1992, No. 47, pp. 157-162.

8 Fuzzy-Controller für die Qualitatssicherung

8.1 Skalierung der linguistischen Kriterien [1]

Die Bestimmung einer geeigneten Skala für linguistische Kriterien auf der Basis von ein- und mehrdimensionalen Skalen aus der Meßtechniktheorie [2,3] bereitet große Schwierigkeiten, wenn dies mit der Methodologie der Fuzzy Mengen geleistet werden soll. Das Hauptprinzip der Skalierung von linguistischen Kriterien besteht aus folgendem:

Die Skalierung der linguistischen Kriterien kann als ein Algorithmus betrachtet werden. Laut diesem Algorithmus wird jeder linguistischen Variablen T_i des Kriteriums K eine unscharfe Untermenge $M(T_i)$ aus der universalen Menge U zugewiesen. Die Skalierung der linguistischen Kriterien kann auf das Zugehörigkeitsfunktions-Bestimmungs-Problem reduziert werden. Dabei ist zu bemerken, daß man es mit einer nichtmeßbaren Basisvariablen zu tun hat. Deswegen muß man während der Bestimmung des Skalierungsalgorithmus einiges beachten. Die Skalierung von linguistischen Kriterien soll eine numerische Beschreibung liefern, die uns helfen soll, diese linguistischen Kriterien bei der Lösung von Steuerungs- und Entscheidungsproblemen zu benutzen. Deshalb müssen wir bei der Modellierung des Entscheidungsprozesses durch das Skalierungsergebnis die Bevorzugungsrelation der Menge der Werte von einem oder mehreren linguistischen Kriterien bestimmen können.

Der Skalierungsalgorithmus eines linguistischen Kriteriums mit einer nichtmeßbaren Basisvariablen soll die Bestimmung der neuen Zahlenskala der Basisvariablen beinhalten, welche die Möglichkeit eröffnet, ihre Werte physikalisch zu interpretieren.

In diesem Zusammenhang kann die qualitative Bewertung eines Objektes mit dem linguistischen Kriterium einer nichtmeßbaren, also subjektiven Grundvariablen auf die Behandlung von folgenden drei Problemen zurückgführt werden: Bestimmung einer Zahlenskala der neuen Basisvariablen aufgrund einer Menge von Eichobjekten als Muster; Bestimmung der Zugehörigkeitsfunktion, um die Bedeutung einzelner linguistischer Werte zu verdeutlichen; Interpolation der so entstandenen Zugehörigheitsfunktionen des zu bewertenden Objektes. Diese Probleme haben wir in Kapitel 4.3 betrachtet. Wir wollen folgendes Beispiel bespechen. Bei der Wahl von Rechnern für ein Büro, sollen die verschiedenen Rechner nach ihrer Ergonomie bewertet werden.

Der Bewertungsexperte kann nur wörtliche (linguistische) Beschreibungen folgender Art geben: SEHR BEQUEM, RECHT BEQUEM, BEQUEM, WENIG BEQUEM, UNZUREICHEND BEQUEM, NICHT SEHR BEQUEM, UNBEQUEM. Zum Beispiel, „Computer B ist für dic Arbeit unbequem". Der Experte hat sich in der ersten Phase sein Urteil anhand einer vorgegebenen Anzahl Computer gebildet. Die ersten Computer dienen damit also als Eich- oder Vergleichs-Objekte. Das vorgeschlagene Bewertungskriterium hat zwar einen quantitativen Charakter, ist aber linguistisch und nicht numerisch.

Für die Bestimmung der Zahlenskala der Grundvariablen während der Phase der Datenerfassung werden für die Wahl der Muster-Rechner paarweise Vergleiche ausgeführt.

Nach mehrmaligem Vergleichen in bestimmten Intervallen der Zeit- und Datenaggregierung werden die Objektpaare in Form einer Matrix der relativen Wahlfrequenzen dargestellt. Auf dieser Grundlage wird ein Objekt S_i gegenüber dem Objekt S_j nach folgendem Kriterium bevorzugt:

$$P = \left\| P_{i>j} \right\| = \left\| \begin{matrix} - & 0.46 & 0.38 & 0.86 & 0.70 & 0.76 & 0.80 \\ 0.54 & - & 0.42 & 0.88 & 0.73 & 0.79 & 0.83 \\ 0.62 & 0.58 & - & 0.92 & 0.79 & 0.85 & 0.87 \\ 0.14 & 0.12 & 0.08 & - & 0.27 & 0.35 & 0.40 \\ 0.30 & 0.27 & 0.21 & 0.73 & - & 0.59 & 0.64 \\ 0.24 & 0.21 & 0.15 & 0.65 & 0.41 & - & 0.55 \\ 0.20 & 0.17 & 0.13 & 0.60 & 0.36 & 0.45 & - \end{matrix} \right\|$$

Die Diagonalelemente der Matrix $p_{ii}(i=1,n)$ werden freigelassen. Das „Vergleichen durch einen Experten" kann mit einem einmaligen Vergleich durch mehrere Experten gleichgesetzt werden.

Die Informationen aus der Matrix P erlauben uns, die Objekte nach einer Ordnungsskala zu bewerten. Um die Intervallskala anzugeben, werden wir allerdings zusätzliche Annahmen treffen, um fehlende Relationen zu kompensieren.

Die Bewertungen von Objekten und Distanzen zwischen den Bewertungen werden als zusätzliche, mit normalverteilter Größe betrachtet

$$N(z_{ij},0,1) = p_{i>j};\ z_{ij} = d_i - d_j, \qquad (8.1)$$

wobei N die Normalverteilungsfunktion mit dem Erwartungswert μ Null und der Varianz σ=Eins sei; d_i, d_j seien die gesuchten Skalenbewertungen des i-ten und j-ten Objekts.

Nun erhalten wir aus der Matrix P und der Gleichung (8.1) eine neue Entfernungsmatrix.

$$Z = \left\| Zij \right\| = \left\| \begin{matrix} 0 & -0.1 & -0.3 & 1.1 & 0.5 & 0.72 & 0.85 \\ 0.1 & 0 & -0.2 & 1.2 & 0.6 & 0.82 & 0.95 \\ 0.3 & 0.2 & 0 & 1.4 & 0.8 & 1.02 & 1.15 \\ -1.1 & -1.2 & -1.4 & 0 & -0.6 & -0.38 & -0.25 \\ -0.5 & -0.6 & -0.8 & 0.6 & 0 & 0.22 & 0.35 \\ -0.72 & -0.82 & -1.02 & 0.38 & -0.25 & 0 & 0.13 \\ -0.85 & -0.95 & -1.15 & 0.25 & -0.35 & -0.13 & 0 \end{matrix} \right\|$$

In *Abb. 8.1* findet man numerische Skalenwerte. Die Grundvariablen erscheinen in der Intervallskala als Nullpunkt.

Um beispielsweise die Zugehörigkeitsfunktion des Terms „RECHT BEQUEM“ zu bestimmen, ist es nötig, die Matrix der paarweisen Vergleiche aufzustellen.

$$M = \left\| mij \right\| = \left\| \begin{matrix} 1 & 1/3 & 1/5 & 9 & 7 & 5 & 6 \\ 3 & 1 & 1/3 & 9 & 7 & 7 & 6 \\ 5 & 3 & 1 & 9 & 8 & 7 & 6 \\ 1/9 & 1/9 & 1/9 & 1 & 1/7 & 1/6 & 1/5 \\ 1/7 & 1/7 & 1/8 & 7 & 1 & 3 & 2 \\ 1/5 & 1/7 & 1/7 & 6 & 1/3 & 1 & 2 \\ 1/6 & 1/6 & 1/6 & 5 & 1/2 & 1/2 & 1 \end{matrix} \right\|$$

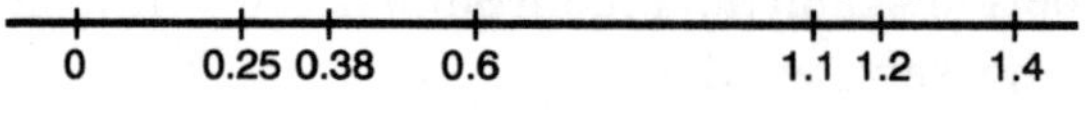

Abb. 8.1: Numerische Skalenwerte

Unter Anwendung der Methode zur Bestimmung des größten Eigenwertes λ_{max} und des Eigenvektors μ_k der Matrix M ensteht der Wert $\lambda_{max} = 7.003$ mit; $\mu_k = (0.430; 0.682; 1.00; 0.046; 0.153; 0.133; 0.102)$.

Die diskretisierte Zugehörigkeitsfunktion des Terms „RECHT BEQUEM" die dadurch entstand, spiegelt die Skalenwerte der Basisvariablen wieder.

Jetzt wollen wir das Ähnlichkeitsmaß zwischen den usprünglichen Objekten, dem Computer X und dem Musterobjekt S_i feststellen.

Dazu werden die Objekte (X,S_i) betrachtet und die Rechenergebnisse normiert.

Wir nehmen an, m(X,S)=(1.0; 0.9; 0.8; 0.2; 0.6; 0.6; 0.3). Dann kann die gesuchte linguistische Bewertuung des Rechners X wie folgt dargestellt werden:

RECHT BEQUEM = {0.009/0; 0.008/0.25; 0.067/0.38; 0.093/0.6; 0.430/1.2; 0.800/1.4}

8.2 Controller mit Fuzzy-Schlußfolgerung

Um unter industriellen Produktionsbedingungen die Qualität von halbfertigen Produkten bewerten zu können, ist man gezwungen enorme Mengen von Daten während des Fertigungsprozesses zu bearbeiten. Das erfordert die Entwicklung von Informationsverarbeitungssystemen, unter dem ausdrücklichen Vorbehalt, daß Information auch unbestimmt sein kann.

Ähnliche Aufgaben enstehen zum Beispiel in der flexiblen automatisierten Produktion von Verdunstern, bei der es notwendig ist, innerhalb von einigen Sekunden die Qualität der primären Bearbeitung des Produktes bereits in der Phase der Walzenvorbereitung direkt zu bestimmen. In diesem Beispiel werden das Arbeitsprinzip und die Realisierung des Controllers mit der Fuzzy-Schlußfolgerung erläutert. Für die oben beschriebene Phase besteht die Aufgabe darin, die Qualitätskontrolle der Fälle zu unterscheiden. Nach der Feststellung der Parameter a) der Temperatur nach dem Härten im Ofen, b) Krümmung und c) Oberflächenreinheit des Produktes, versucht man festzustellen, ob es sich d) um einen totalen Defekt

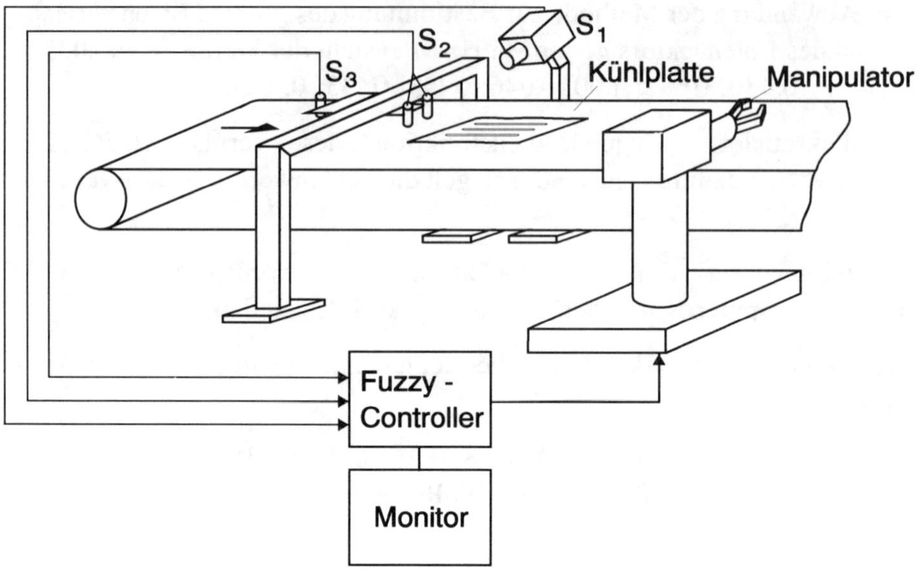

Abb. 8.2: Die Struktur des Kontrollsystems

handelt, oder b) nur um korrigierbare Fehler (dies löst eine wiederholte Bearbeitung aus), oder e) um die dritte Variante, gar kein Defekt (das Produkt kann weiter bearbeitet werden).

Ein Blockschaltbild des Kontrollsystems ist in *Abb. 8.2* dargestellt. Zu jedem definierten Zeitpunkt wird ein bearbeitetes Rohlingsteil vom Fließband aufgenommen. Mit Hilfe der Sensoren D_1, D_2, D_3 werden die Krümmung X_1, die Temperatur X_2 und die Oberflächenreinheit X_3 bestimmt.

Anschließend werden diese drei Daten dem Controllereingang zugeführt. Der Controller bestimmt den Drehwinkel des Roboterarmes (des Manipulators) infolge der Verwendung von Eingangsdaten und der Qualitätsbewertung des Rohlingsstücks. Die Haupteigenschaft dieses Systems ist, daß einige Parameter wie Krümmung X_1 und Oberflächenreinheit X_3 unscharfe Parameter sind.

In *Abb. 8.3* wird die Architektur des Fuzzy-Controllers, der in [7] theoretisch begründet wurde, zur Qalitätsbewertung dargestellt.

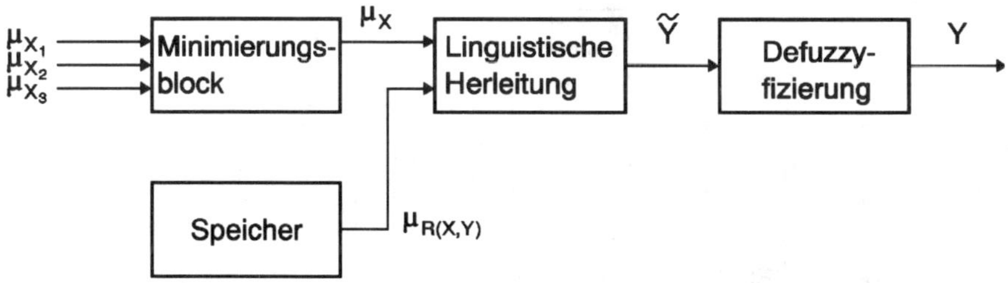

Abb. 8.3: Die Architektur des Fuzzy-Controllers

Dem Controllereingang werden Signale zugeführt, die den Zugehörigkeitsgraden der Fuzzy-Eingangsparameter-Mengen, entsprechen. Die Funktionsblöcke des Controllers erfüllen folgende Aufgaben:

Der Minimierungsblock (Min.Bl.)- bildet die Fuzzy-Menge $\tilde{X}$ mit der Zugehörigkeitsfunktion

$\mu_X = \min(\mu_{X_1}, \mu_{X_2}, \mu_{X_3})$;

Der Speicherblock (Speich.Bl) dient der Speicherung der Matrix der binären Relationen R(X,Y) [4], die die Regel zur Zuordnung zwischen Eingangs- und den Ausgangsparametern (Qualität) beinhaltet.

Der Block des liguistischen Folgerns (LH.Bl). funktioniert nach der Regel der Fuzzy-Bedingungslogik, die im Kapitel 1.6 ausführlich beschrieben wurde.

Der Defuzzyfizierungsblock (SchW.Bl) — bestimmt den genauen Wert Y nach der Formel

$Y = \text{argmax}(\tilde{Y})$.

Damit erhalten wir am Ausgang den Wert Y, der Produktqualität. In *Abb. 8.4* ist das Blockschaltbid der Realisierung des Fuzzy-Controllers zur Bewertung der Produktqualität angegeben. Auf dieser Grundlage wird die automatisierte Qualitätskontrolle aufgebaut.

Der Controller beinhaltet folgende Blöcke:

- Vergleichseinheiten 1,2 und 3 zum Checken der Werte mit den geeichten Mustern;
- RAM (Random Access Memory)- Speicher der Fuzzy-Menge $\tilde{X}$;

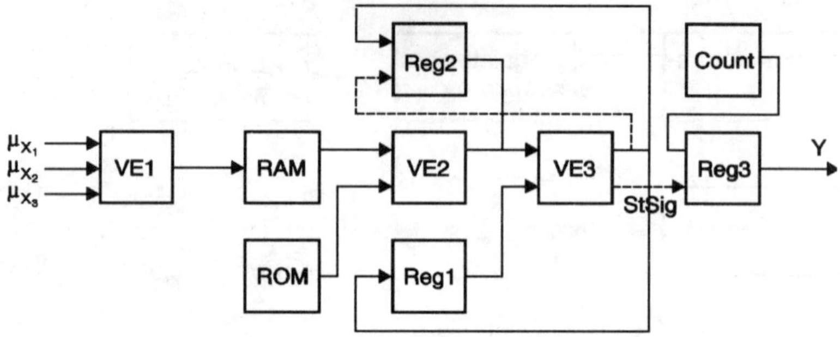

Abb. 8.4: Das Realisierungsschema des Fuzzy-Controlers

- ROM (Read-Only Memory)- Speicher zur Speicherung der Relationsmatrix;
- Register 1, Register 2, Register 3 — Register zur Zwischenspeicherung und Synchronisierung;
- Zähler der Elemente aus der Fuzzy-Menge $\tilde{Y}$.

Signale, die den Zugehörigkeitsgraden von Elementen der Fuzzy-Mengen entsprechen, erreichen die Eingänge der Vergleichseinheit VE1. Diese Einheit enspricht dem Minimierungsblock (Abb. 8.3). Das Ergebnis der Vergleichsprozedur — die Fuzzy Menge $\tilde{X}$ — wird im zugriffsfreien Speicher RAM (Random Access Memory) abgespeichert. Der erste der beiden Eingänge von VE2 empfängt das erste Element der Fuzzy Menge $\tilde{X}$, und im zweiten wird das Element aus der 1. Zeile und 1. Spalte der Relationsmatrix eingeschrieben. VE2 sucht das minimale von beiden aus und gibt es an den Eingang von VE3. In den anderen Eingang dieses Gerätes wird der Inhalt des Registers Rgl (ursprünglich gleich Null) eingespeist. Ist dieser Wert kleiner als der eingehende Wert von VE2, so wird er in Rgl geschrieben. Somit vollzieht VE3 die Maximumsuche.

Nachdem alle Elemente der Fuzzy-Menge $\tilde{X}$ mit den Elementen der ersten Spalte aus der Relationsmatrix paarweise verglichen wurden, vergleicht VE3 die Inhalte der Register Rgl und Rg2 (am Anfang gleich Null). Ist der Wert aus Rgl größer als der Wert aus Rg2, wird er mit dem Steuerungssignal StSig von VE3 in die Einheit VE2 abgespeichert. Gleichzeitg wird mit demselben Signal der Inhalt des Zählers Count in das Register Rg3 eingetragen. Danach wird in den Eingang von VE2 das erste Element aus der nächsten Spalte der Relationsmatrix eingespeist, in den anderen das erste Element des Fuzzy Vektors $\tilde{X}$. Das Register Rgl wird auf Null gesetzt und die oben beschriebene Prozedur wird wiederholt. Nach Beenden der ganzen Operation enthält das Register Rg3 die Zahl, die dem genauen Wert der Qualität des Produktes entspricht. Die Arbeit der gesamten Anlage wird durch die Controllereinheit gesteuert.

Das Softwarepaket, das die Arbeit des Controllers steuert, besteht aus dem Hauptprogramm und aus den Programm-Modulen VV, RAZ sowie VIV, zur Bestimmung a) der Anfangsparameter, b) der Abbildung der Eingangswerte in die Basismenge und c) der Komposition und -Auswahl eines Elementes aus der Menge nach dem Maximum der Zugehörigkeitsfunktion.

Ein Fragment der Modellergebnisse für zwei Eingangsparameter (Tempcratur X1, Krümmung X2 und Reinheit X3) ist in der *Tab. 8.1* angegeben.

Tab. 8.1: Modellergebnisse für zwei Eingangsparameter X1, X2

X1	X2	X3	Qualität
5.6	160	0.5	Unbehebbarer Defekt
3.5	110	0.2	Zur nächsten Operation
5	145	0.2	Zur Bearbeitungswiederholung
8	170	0.2	Unbehebbarer Defekt
3	100	0.1	Zur nächsten Operation

8.3 Neuronales Kontrollsystem

Da der oben betrachtete Controller mit der Matrix der FuzzyRelationen und dem logischen Schluß arbeitet, ist er, wie die Praxis zeigt, nicht mit der nötigen Rechengeschwindigkeit behaftet. Deswegen werden in diesem Abschnitt die Einsatzmöglichkeiten neuronaler Netzwerke im Controller behandelt.

Neuronale Controller wurden auf der Grundlage neuronaler Netzwerke entwickelt. Die Architektur des neuronalen Netzes wird in *Abb. 8.5* gezeigt (Der Einfachheit halber sind nur zwei Eingänge angenommen).

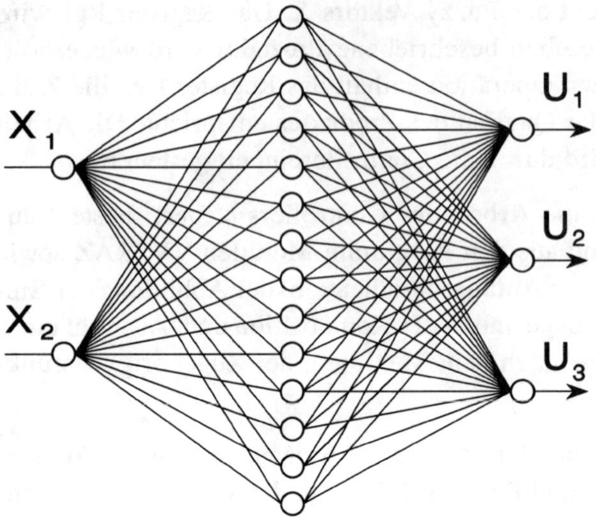

Abb. 8.5: Die Struktur des neuronalen Netzes des Controllers

Das mathematische Modell des Neurons ist in *Abb. 8.6* dargestellt. Das Problem der Synthese eines Controllers zur Qualitätskontrolle von halbfertigen Produkten besteht in folgendem: Eine genaue Beschreibung des Antwortverhaltens des zu modulierenden Systems auf jeden Zustand des Systemeinganges ist als Zustandstabelle vorhanden. Diese Tabelle wird als Sammlung von Sollwerten dem Modell vorgegeben. Die Sollwerte können zum Beispiel als Wissensregeln, d. h. als wenn-dann-Regeln dargestellt werden und beschreiben die Ursache-Folge-Verbindungen zwi-

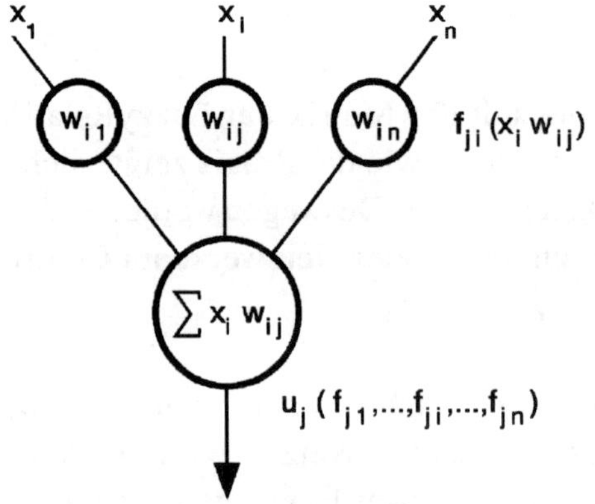

Abb. 8.6: Das Neuron-Modell

schen Eingangsmustern und Systemreaktionen. Die Anzahl der Muster am beschriebenen Controller betrug 3:

a) die weitere Nachbearbeitung,
b) die Rückführung zur erneuten Vorbearbeitung und
c) das Ausscheiden wegen eines nicht behebbaren Fehlers.

Die Anzahl der Neuronen in jeder Schicht und die Matrix der Fuzzy-Gewichte sollen so bestimmt werden, daß für jeden Zustand am Netzeingang das Netz mit einer Antwort reagiert, die der Wissensbasis entspricht.

Das Flußdiagramm des Trainingsalgorithmus ist in *Abb. 8.7* dargestellt. Die am Anfang bekannten Konfigurationsparameter sind: die Anzahl der Eingangs- und Ausgangssignale, die Anzahl der Neuronen, die Netzarchitektur und die Anfangsgewichte der synaptischen Verbindungen. Der Trainingsalgorithmus besteht aus folgenden Schritten:

1. Initialisierung der Anfangsgewichte;
2. Eingabe von Eingangssignalen per Tastatur des Rechners und Normierung, d. h. Umrechnung auf die Skala des Intervalls [0,1] (Block 2);
3. Generierung von Output-Signalen des Neuronen-Netzes (Block 3);
4. Vergleich zwischen den ersten Outputwerten des Netzes und der Sollwert-Tabelle;

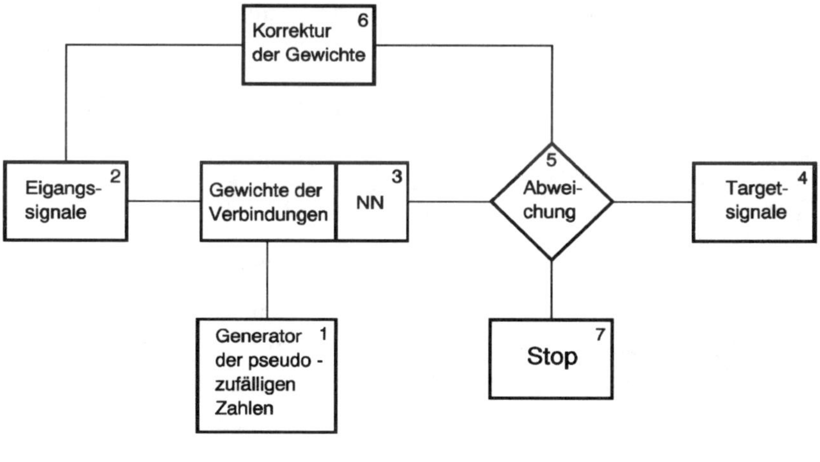

Abb. 8.7: Flußdiagramm zum Synthese-Algorithmus

5. Berechnung der Abweichung Soll-Ist (Block 5). Ist der Wert dieser Abweichung kleiner als ein bestimmtes ε, folgt der Übergang zum Punkt 8. Sonst zu 6;
6. Korrektur der Netzgewichte der Neuronen (= Lernvorgang);
7. Eingangssignale Rückkehr zu 2;
8. Ende der Trainings- oder Lernphase.

Aufgrund dieses Algorithmus wurde ein Softwarepaket mit einem Lernalgorithmus für neuronale Netze entwickelt. Neuronale Netze funktionieren so, daß am Netzeingang, d. h. an der Schicht der Input-Neuronen Eingangswerte X_{ij} eingespeist werden. Die Inputschicht verarbeitet diese Eingangswerte und beliefert die Neuronen der zweiten Schicht mit ihrem Ergebnis. Die zweite Schicht verarbeitet dieses Ergebnis und generiert ihrerseits die Output-Werte U_j. Jedes Neuron j aus der Eingangsschicht verarbeitet die einzelnen Signale auf der Grundlage einer Anfangsverteilung (statistisch als Bias anzusehen) von Gewichten W ihrer Leitungen und vom Schwellwert P_j. Das Neuron antwortet mit einer logischen 1 genau dann, wenn die Summe U_j der gewichteten Eingänge größer als P_j wird, sonst mit einer logischen 0 am Ausgang, die an die nächste Schicht weitergereicht wird.

Für ein Neuron gilt: $\tilde{U}_j = \sum_{i=1}^{n_1} \tilde{X}_{ij} \tilde{W}_{ij} - \tilde{P}_j \quad j=\overline{1,n_1}$

also Ausgang gleich 1 für $U > 0$, und Ausgang gleich 0 für $U < 0$, wobei n_1 die Anzahl der Input-Neuronen sei.

In den nächsten Schichten haben die Ausgangssignale folgende Form:

$$\tilde{U} = \sum_{i=n_k+1}^{n_{k+1}} \tilde{X}_{ij} \tilde{W}_{ij} - \tilde{P}_j \qquad j = \overline{n_{k+1}+1, n_{k+2}}$$

wobei n_k die Anzahl der Neuronen in der k-ten Schicht sei.

Der Lernprozeß besteht aus einer schrittweisen Korrektur der Gewichte der Verbindungen zwischen den Neuronen und ihren Schwellwerten mit dem Ziel der Erhaltung von gewünschten Outputwerten. In unserem Fall wurde dafür die Fuzzy-Version des Back-Propagation-Algorithmus benutzt. Sein Prinzip ist folgendes: aktuelle Reaktionen des Netzes am Ausgang des zu steuernden Systems werden mit Sollwerten verglichen. Weiter wird die mittlere quadratische Abweichung der ganzen Stichprobe berechnet:

$$E = \frac{1}{n_{k+1}} \sum_{j=n+1_k}^{n_{k+1}} (\tilde{U}_j - \tilde{D}_j^2)$$

wobei $\tilde{U}_j$ der Output vom j-ten Neuron und $\tilde{D}_j$ der Sollwert seien. Falls die Fehlerfunktion E größer als ein bestimmter Wert ist, so wird der Back-Propagation-Algorithmus gestartet, wobei die Takte rückwärts gezählt werden. Bei der Auswahl der Netzarchitektur wurden als Alternative hierarchische Netze mit verschiedener Anzahl von Schichten betrachtet.

Dabei wurde festgestellt:

- die Steigerung der Anzahl der Schichten (d. h. der Anzahl hierarchischer Stufen) führt zur Steigerung der Lernzeit;
- die Steigerung der Anzahl Schichten im dynamischen Betriebsmodus führt zur Steigerung der Verarbeitungszeit für die Output-Generierung. Andererseits steigt mit der Anzahl der Stufen die Robustheit des Netzes nicht so sehr. Das wurde festgestellt, als ein beliebiges Gewicht eines Neurons auf Null gesetzt wurde, um das Signal stillzulegen, worauf die totale Abweichung E der Ausgangssignale bezüglich des Sollwertes konstant wurde. Dieser Fehler E wird größer, wenn die Verbindungsgewichte nicht mehr richtig funktionieren:
- die 3schichtigen Netze zum Beispiel geben genauere Werte als die 2schichtigen;
- mit der Steigerung der Neuronenzahl in verdeckten Zwischenschichten zwischen Input- und Outputschicht steigt auch die Lebensfähigkeit des Netzes; bei Verringerung der Anzahl der Neuronen wird der Lernprozeß schwieriger, das heißt der Fehler E wird nicht kleiner.

Unter Berücksichtigung der oben beschriebenen Eigenschaften halten wir es für sinnvoll, für die hier beschriebene Aufgabe ein 3schichtiges neuronales Netzwerk mit 17 Neuronen zu benutzen.

Infolge der Modellierung wurden mit dem Back-PropagationAlgorithmus entsprechende Gewichte und Schwellwerte für die Neuronen gefunden, die in den meisten Fällen richtige Ergebnisse lieferten. Um die Ausgangssignale zur Bewertung der Produktqualität zu bekommen, braucht man mit einem kleinen PC ungefähr 1 Sekunde, was auf die Vorteile der neuronalen Controller hindeutet (normale Controller brauchen dafür 4-5 s).

Literatur zu Kapitel 8

1. Borisov A.N., Alekseev A.B., Krumberg O.A., Merkuryeva G.V., Popov V.A., „Modeli prinyatiya rescheniy na osnove lingvistitscheskoy peremennoy", Riga: Ridsch. politechn. institut, 1982, pp.256. (in russisch)

2. Bonfig et.al., „Sensoren und Sensorsysteme", Expert-Verlag, 1991

3. Supies P., Sines Dsch., „Osnovu teoriy ismereniy", -Vkn.: Psichologitscheskie ismerenija", Per. s angl. M: Mir, 1967, pp. 7-111.

4. Wassermann Ph.D., „Neural computing: theory and practice", Van Nostrand Reinhold, New York, 1989, p. 230.

5. Aliev R.A., Abdikeev N.M., Schachnasarov M.M, „Proisvodstvennuje sistemu s iskusstvennum intellektom", „Radio i svjas", Moskva, 1990, pp. 264. (in russisch)

6. Aliev R.A., Abiev R.G., „Rasrabotka modeli neironnogo kontrollera dlya opredeleniya katschestva isdeliy", „Uschenue sapiski" Aserbaidschanskoy Neftyanoy Akademii, No. 1, 1993, pp. 74-78.(in russisch)

7. Mamedov F.D., „Netschetkiy kontroller dlja ozenki katschestva isdeliy", „Utschenue sapiski" Aserbaidschans koy Neftjannoy Akademiji, No. 5, 1992, pp. 68-71. (in russisch)

9 Fuzzy-Diagnose von Industriellen Systemen

9.1 Die Architektur von Diagnosesystemen

In *Abb. 9.1* ist die Struktur eines intelligenten Diagnosesystems (IDS) dargestellt, das in der Industrie verbreitet ist. Sie ist mehrstufig und enthält zwei Untersysteme: Die Rechenmodule 1 und 2. Modul 1 erfaßt und bewertet momentane Zustände der zu steuernden Anlage bzw. meldet Alarm bei momentaner Über- oder Unterschreitung von Richtwerten. Modul 2 untersucht dagegen längere Folgen solcher Momentanzustände, um dynamische Trends, d. h. das zeitliche Verhalten der verschiedenen Variablen in der Anlage zu erfassen und miteinander zu vergleichen.

Als Beispiel kann man die zeitlich verzögerte Reaktion einer schnell veränderlichen bzw. instabilen oder gar explosiven Variable (etwa die Wärmeverwirbelung am Ausgang einer Brennstoffdüse innerhalb einer Brennkammer) im Vergleich zu einer langsam veränderlichen wählen (wie etwa die allmähliche Verschmutzung einer Sauerstoffleitung, die im Normalfall dem Brennstoff die Möglichkeit zum Entflammen verleiht) *(Abb. 9.2)*. Es kann geschehen, daß diese langsame Verschmutzung durch eine langsame Nachregelung des Brennstoffes kompensiert wird, aber bei einer plötzlichen Ablösung des angelagerten Schmutzes eine unerwartete Sauerstoffvermehrung und damit ein plötzliches Aufflackern der Flamme bzw. Steigen der Temperatur bewirkt wird, die eine Qualitätsschwankung des Produktes aus der Brennkammer erzeugt.

Die Diagnose der Verschmutzung der Sauerstoffleitung könnte aus der Nachregelung der Brennstoffleitung abgeleitet werden, wenn man die Flammenschwankungen nach einer Verzögerung des Sensors und des Regelventiles mit der späteren Flammenberuhigung vergleicht, besonders dann, wenn dieser Ablauf sich zyklisch wiederholt. Das dazu nötige physikalische Wissen des Betriebsingenieurs kann in ein Expertensystem als Satz von kausalen Wissensregeln eingegeben werden.

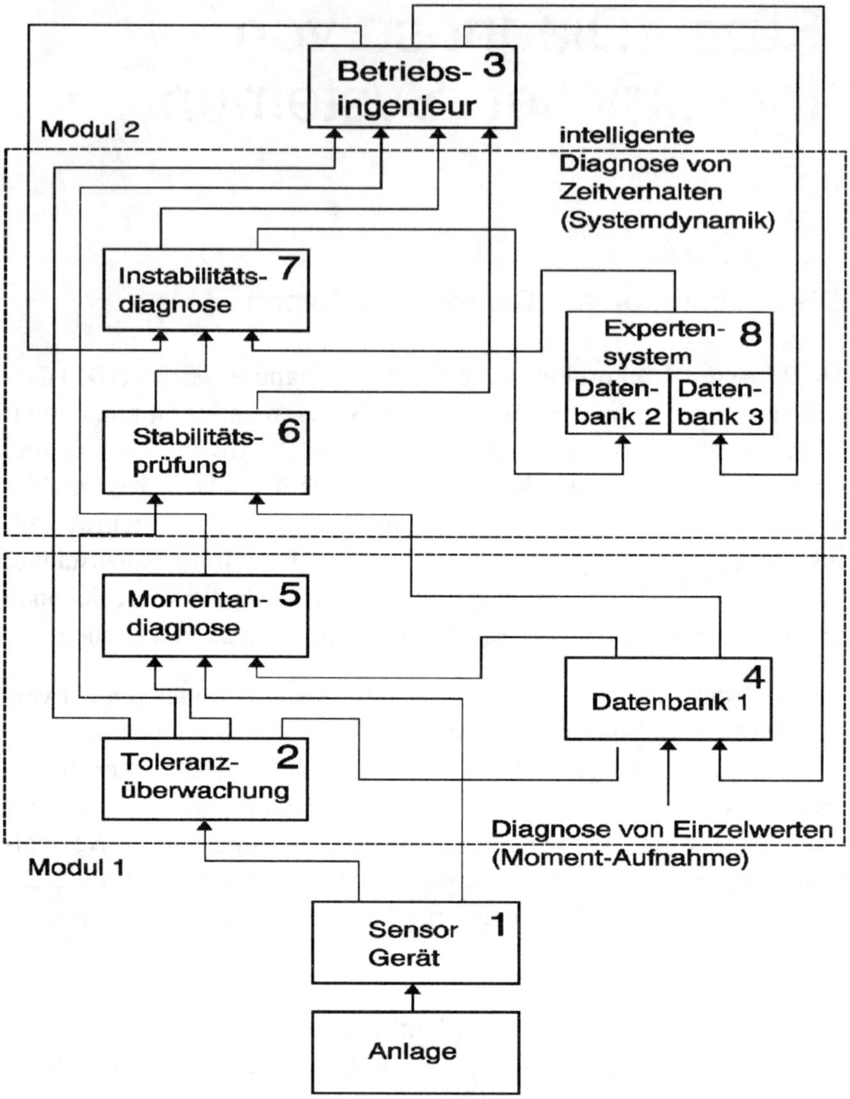

Abb. 9.1: Struktur eines intelligenten Diagnosesystems

Die Architektur aus Abbildung 9.1 erlaubt dem IDS, im Realzeitmodus zu arbeiten. Das Zusammenspiel zwischen den Bausteinen des Systems geschieht in folgender Weise:

Die Variablen, die das Sensorgerät (1) laufend an der Anlage mißt, laufen zunächst in den Baustein (2) zur Toleranzüberwachung ein, der sofort dem

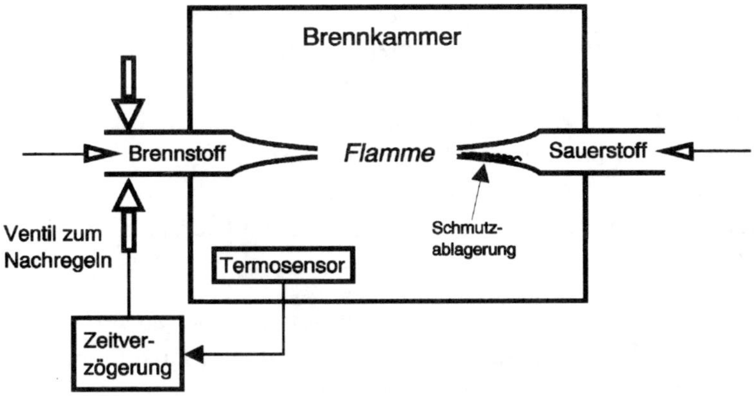

Abb. 9.2: Verschmutzung der Sauerstoffleitung

Betriebsingenieur (3) die Meßergebnisse anzeigt. Diese Werte werden in bestimmten Zeitabständen abgetastet und in der Datenbank 1 (4) gespeichert. In derselben Datenbank lagert ebenso eine empirisch ermittelte Tabelle für die Diagnose momentaner Grenz- oder Toleranzüberschreitungen. Diese steht dem Baustein (5) zur Verfügung, der die momentanen Meßwerte aus der Anlage mit eben dieser Grenzwerttabelle vergleicht und bei Toleranzüberschreitung sofort den Betriebsingenieur (3) mit einer Alarmmeldung warnt. Eine solche Alarmmeldung wird im Klartext formuliert, wie er aus der Tabelle der Datenbank (4) abgerufen wird. Damit ist die Überwachung und Diagnose von Momentanzuständen der zu steuernden Anlage durch das Modul 1 beschrieben.

Modul 2, das intelligente Teilsystem, holt in einem Zeitabstand τ laufend je einen aktuellen Wert aus der Datenbank DB1 des Moduls 1, um sich ein Bild des zeitlichen Verhaltens der überwachten Anlage zusammenzustellen. Dieses wird zunächst im Baustein (6) der Stabilitätsprüfung überwacht und dem Betriebsingenieur (3) laufend angezeigt. Wird eine Stabilitätsstörung festgestellt, wird sie auch dem Baustein (7) zur Diagnose der eingetretenen Instabilität mitgeliefert. Dieser Baustein beliefert zunächst die Wissensdatenbank DB2 von (8). Eine zweite Wissensdatenbank, DB3, wird vom Betriebsingenieur mit seinem fachlichen Know-how beliefert. Beide Datenbanken, DB2 und DB3, speisen mit ihren Daten die Inferenzmaschine eines Expertensystems in (8). Der Betriebsingenieur (3) und das Expertensystem (8) versuchen im Dialog eine kausale Erklärungskette zwischen dem gegenwärtigen Anlagezustand, den früheren Anlagezuständen und der Diagnose aus (7) zusammenzustellen.

Diagnose heißt in diesem Zusammenhang auch, daß das Expertensystem dem Betriebsingenieur bestimmte Maßnahmen vorschlägt.

Ist der Betriebsingenieur mit einem Vorschlag nicht einverstanden, hat er die Möglichkeit

- eine vollständige Erklärung vom Expertensystem darüber zu verlangen, welche kausalen Elementarsätze es verknüpft hat, um zu seinem Vorschlag zu gelangen (Erklärungs-Komponente),
- andere kausale Elementarsätze einzugeben, um den Verlauf der Erklärungskette zu verändern bzw. zu verlassen oder
- das Diagnosesystem ganz oder teilweise abzuschalten (Diagnose, Prognose, Erklärung u. a. m.).

Die Qualität des Diagnosesystems ist im höchsten Maße von der Qualität der Sensorbausteine abhängig, weil von diesen die primären Daten stammen. Eine schlechte Sensor-Qualität kann zu unzutreffenden Störungsberichten über den Anlagenzustand führen, zur falschen Datenanzeige auf dem Terminal des Betriebsingenieurs oder gar zur Stilllegung des gesamten Diagnosesystems. Deshalb enthält das Diagnosesystem eine Selbstdiagnose-Software, um die Richtigkeit der Operativinformationen zu gewährleisten. Mit Hilfe dieser Software werden solche Störungen wie „Datenfehler“, „Störung in der Leitung der Informationsübergabe“, „Störung des Diagnosesystems wegen des Computers“ usw. identifiziert. Außerdem ist die Korrektur der Informations- und Wissensmengen, die in den Datenbanken aufbewahrt werden, möglich.

Die Module des Diagnosesystems bedienen alle Stufen der Erfassung, des Rechnens und Einsatzes von der Modellbildung bis zur Entscheidungsfindung für die Diagnose im Realzeit(on-line) und im Dialogmodus.

Die Software des Diagnosesystems besteht aus drei Programmblöcken. Der erste dient der Installation und dem Aufruf der einzelnen Bausteine des Diagnosesystems. Genauer gesagt, hat er folgende Funktionen: Erfassen einer minimalen Menge von Parametern und Diagnosetabellen; Kontrolle und Zustandsklassifizierung des Prozesses; Bedienungsprogramme für das Expertensystem (Shell des Expertensystems); Erfassen der unscharfen linguistischen Relationsmatrizen als Objektmodell etc.

Der zweite Programmblock des Diagnosesystems enthält die Programmodule zum Aufruf der Diagnoseprozeduren sowie der Ablauf- und der Servicefunktionen des Systems.

Der dritte Programmblock der Software erzeugt den Leitstand des Betriebsingenieurs. Er versorgt den Bildschirm mit den notwendigen statistischen und dynamischen Informationen und unterstützt den Dialog zwischen dem Betriebsingenieur und dem System. Die Informationsversorgung und Software, die mit einer Overlay-Struktur vom Diagnosesystem organisiert sind, können bei geeigneter Zusammenschaltung mit Primärinformationssensoren, Computer und Peripherie die ununterbrochene Führung im Echtzeit-Verfahren, die Überwachung und Diagnose der Anlagenzustände während des laufenden Betriebs gewährleisten. Das erlaubt die Feststellung von Störungen noch vor dem Auftreten kritischer Situationen unter Beriebsbedingungen und die Lokalisierung und eine Verhinderung von Anlagenschäden.

9.2 Fuzzy-Diagnose-Modelle von technischen Prozessen

Die Diagnose kann wie folgt formuliert werden [1]:

Es seien $X_1, X_2, \ldots, X_n$ Variablen oder Merkmale, deren momentane Werte eine Situation (z. B. einen Anlagenzustand) beschreiben. Solch ein Zustand wird mit Hilfe von subjektiven Wahrscheinlichkeiten des Betriebsingenieurs bestimmten Diagnosen $D_1, \ldots, D_k$ zugeordnet. Jedes Element aus X_i $i=\overline{1,n}$, nimmt einen Wert aus der Menge $\{x_{i1}, \ldots, x_{im_i}, \ldots, x_{ip_i}\}$ an.

Zum Zeitpunkt t wird der Objektzustand vom Merkmals-Vektor beschrieben:

$$X^t = [X_1^t, X_2^t, \ldots, X_n^t \mid X_i^t = x_{im_i}]^T, m_i \in [1, p_i],$$

wobei X_i^t der Wert des Merkmals X_i zu einem bestimmten Zeitpunkt t ist.

Man soll den Wahrscheinlichkeitswert (d. h. den Grad der Wahrscheinlichkeit) der Diagnose Pb schätzen:

$\forall j \in [1,10]$: $Pb^j = Pb(D_j/\overline{X}^t)$

Pb wird hier als Wahrscheinlichkeits-Symbol benutzt und unterstreicht deren subjektiven Charakter.

Für die oben gestellte Aufgabe ist es wichtig, eine geeignete Darstellung des Experten-Wissens zu finden. Wir wollen zwei von diesen Darstellungen näher betrachten.

Das erste Verfahren ist ein System von Regeln auf folgender Basis:

$$\forall i,\ \forall j,\ \forall m_i\!: X_1 = x_{1m_1},\ X_2 = x_{2m_2},\ \ldots,\ X_{im_n},\ \ldots \Rightarrow Pb(D_j \mid x) = \\ = Pb_s\,(D_j \mid x_{1m_1}, x_{2m_2}, \ldots, x_{im_n}, \ldots)), \tag{9.1}$$

wobei x_{im_i} ein konkreter Wert X_i (sample) aus der Menge $\{x_{im_i}\}$, $m_i = \overline{1,p_i}$, $p_i = \text{card}\{x_{im_i}\}$ und Pb_s die s-te Wahrscheinlichkeitsschätzung aus der Menge der möglichen Werte $\{Pb_s\}$, $Pb_s \in [0,1]$, $s=\overline{1,k}$ darstellt.

Die zweite mögliche Form der Darstellung des Expertenwissens ist ein Regelsystem, das folgendermaßen beschrieben werden kann:

$$\forall i,\ \forall j,\ \forall_{mi} : X_i = x_{im_i} \Rightarrow Pb(D_j \mid X_i) = Pb_s\,(D_j \mid x_{im_i}) \tag{9.2}$$

Beide vorgestellten Verfahren der Darstellung von Expertenwissen zeigen verschiedene Eigenschaften. Die in den einzelnen Verfahren dargestellten Informationen werden auch mit verschiedenen Algorithmen bearbeitet.

Eine geeignete Form der Wissensdarstellung von Implikationen ist die linguistische Form.

In den vorgeschlagenen Fuzzy-Algorithmen für die Diagnose werden die Merkmale $X_1^o, \ldots, X_n^o$ und die Wahrscheinlichkeiten Pb^o von linguistischen Variablen verwendet, die mittels n-Tupeln

$$< X_i, T_i, V_i, G_i, M_i >,\ i=\overline{1,n} \tag{9.3}$$

$$< Pb, P, U, S, Q > \tag{9.4}$$

bestimmt wurden, wobei X_i und Pb die Namen von entsprechenden linguistischen Variablen sind; T_i und P sind Term-Mengen von Variablen, die die Namen der Fuzzy-Variablen A_{if_i} ($f_i = \overline{1,p_i} \mid p_i = \text{card } T_i$) und B_l ($l=\overline{1,m} \mid m = \text{card } P$) mit Werten aus den universellen Mengen V_i und U darstellen. G_i und S sind syntaktische Regeln, die die Namen A_{if_i} und B_l von Variablen-Werten X_i und Pb erzeugen; M_i und Q sind semantische Regeln, die jeden neuen Wert von linguistischen Variablen in Fuzzy-Variable zu verwandeln erlauben.

Die Fuzzy-Variablen A_{if_i} und B_l ihrerseits werden von den entsprechenden n-Tupeln

$$< A_{if_i}, V_i, \tilde{C}_{if_i} >, \quad i=\overline{1,n}, \tag{9.5}$$

$$< B_l, U, \tilde{E}_l >, \; l=\overline{1,k} \tag{9.6}$$

dargestellt, wobei A_{if_i}, B_l die Namen von Fuzzy-Variablen sind; V_i und U, dieselben wie in den Gleichungen (9.3) und (9.4), $\tilde{C}_{if_i} = \bigcup_{v \in V_i} \mu_{\tilde{C}}(v)/v$ und $\tilde{E}_l = \bigcup_{u \in U} \mu_{\tilde{E}}(u)/u$ sind Fuzzy-Untermengen von den Mengen V_i und U, die die möglichen Begrenzungen auf die Werte der Fuzzy-Variablen A_{if_i} und B_l beschreiben; $\mu_{\tilde{E}}(u)$, $\mu_{\tilde{C}}(v)$ sind Zugehörigkeitsfunktionen für $\tilde{E}_l$ und $\tilde{C}_{ij_i}$.

Die Entwicklung von Zugehörigkeitsfunktionen wurde für $\tilde{C}_{if}$ im Abschnitt 2.1 gezeigt.

Für die Fuzzy-Untermengen $\tilde{C}_{if_i}$ wurden folgende Arten der Zugehörigkeitsfunktion ausgewählt:

$$\mu(v,b,a,c) = \begin{cases} \mu_1(v,b,a), \text{ wenn } b \le v \le a, \\ \mu_2(v,a,c), \text{ wenn } a \le v \le c; \end{cases} \tag{9.7}$$

$$\mu_1(v,b,a) = \begin{cases} 2(v-b)^2/(a-b)^2, & \text{wenn } b \le v \le (b+a)/2, \\ 1-2(a-v)^2/(a-b)^2, & \text{wenn } (a+b)/2 \le v \le a; \end{cases} \tag{9.8}$$

$$\mu_2(v,a,c)=1-\mu_1(v,a,c) = \begin{cases} 1-2(v-c)^2/(c-a)^2, & \text{wenn } a \le v \le (a+c)/2, \\ 2(c-v)^2/(c-a)^2, & \text{wenn } (a+c)/2 \le v \le c. \end{cases} \tag{9.9}$$

Die grafische Darstellung dieser Funktionen zeigt *Abb. 9.3*. Die Werte von a, b und c wurden für jede Untermenge auf der Basis von Expertenbefragungen bestimmt.

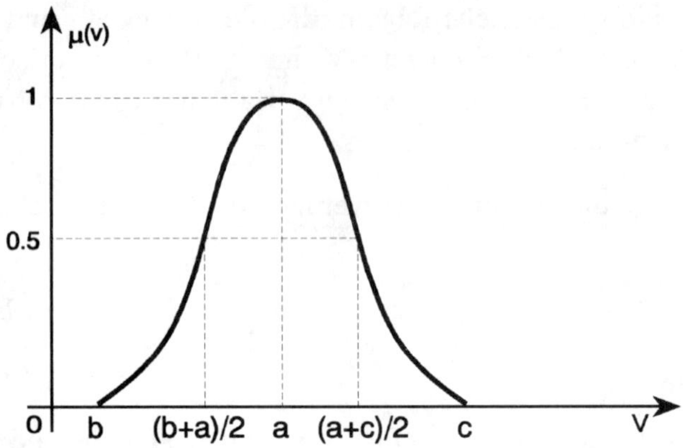

Abb. 9.3: ZF-Typ für die Fuzzy-Untermengen $\tilde{C}_{if}$

Die analytische Beschreibung der Zugehörigkeitsfunktion für alle Fuzzy-Untermengen $\tilde{E}_l$, die den Werten B_l aus der Term-Menge P entsprechen, ist:

$$\mu(u) = \begin{cases} u/a_l,\ 0 \leq u \leq u_l,\ a_l > 0, \\ (1-u)/(1-a_l),\ a_l \leq u \leq 1,\ a_l < 1. \end{cases} \tag{9.10}$$

Hier ist $a_l = \arg\max_{u \in V} \mu_{\tilde{E}}l(u),\ l \in [1,11)$. Die Werte a_l für die Fuzzy-Variablen B_l werden wie folgt definiert: $a_l = (l-1)/10$. Zum Beispiel: zum Wert B_5 mehr oder wenig wahrscheinlich ist $a_5 = 0{,}4$.

Der Typ der Zugehörigkeitsfunktion für $\tilde{E}_l$, deren grafische Darstellung auf *Abb. 9.4* zu sehen ist, wurde entsprechend der Forderung

$$\forall t,\ \forall q,\ q \neq s:\ \tilde{E} = \tilde{E}_s \cap \tilde{E}_q \neq \varnothing \tag{9.11}$$

gewählt.

Diese Forderung wird durch den unten betrachteten Diagnosealgorithmus bestimmt.

Entsprechend den in (9.3)-(9.6) gezeigten n-Tuppeln werden, die Ausdrücke (9.1), (9.2) im allgemeinen Fall so beschrieben:

$$\forall i,\ \forall j:\ \text{WENN } X_1 \text{ IST } \tilde{A}_{1f_1}, \ldots, X_n \text{ IST } \tilde{A}_{nf_n},\ \text{DANN } Pb(D_j/(X_1, \ldots, X_n)) \text{ IST } \tilde{B}_l; \tag{9.12}$$

$$\forall i,\ \forall j,\ \forall f_i: \text{WENN } X_i \text{ IST } \tilde{A}_{if_i},\ \text{DANN } Pb\ (D_j/X_i\ ) \text{ IST } \tilde{B}_l. \tag{9.13}$$

Abb. 9.4: ZF-Typ für die Fuzzy-Untermengen

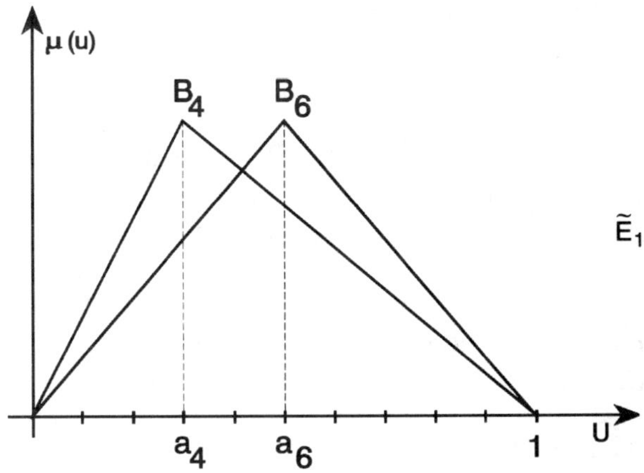

Betrachten wir beide Modelle 9.12 und 9.13. Natürlich werden sich die entsprechenden Entscheidungsregeln unterscheiden. In (9.13) verwendet man die Regeln, die Übereinstimmung zwischen allen linguistischen Werten der betrachteten Merkmale und der subjektiven, bedingten Wahrscheinlichkeit der Diagnose feststellen. Die Möglichkeit einer solchen Darstellung des Expertenwissens geht von speziellen statistischen Bedingungen aus. Aus der in Diagnosesystemen verbreiteten Bayes-Formel [2] der Diagnose-Wahrscheinlichkeit folgt:

$$\forall j=\overline{1,k}\colon P(D_j/(X_1, \ldots, X_n)) = F\,[(P(D_j/X_1)\,, \ldots, p(D_j/X_n)], \qquad (9.14)$$

Die Formel (9.14) setzt die gegenseitige Unabhängigkeit der Variablen voraus. Auch das Diagnosemodell vom Typ (9.13) setzt die Unabhängigkeit der Variablen voraus.

Selbstverständlich ist $Pb^o(D_j/X_i)$ die linguistische Darstellung des exakten Arguments $P(D_j/X_i)$ und die Entscheidungsregel für die Berechnung von $Pb^o(D_j/(X_1, \ldots, X_n))$, die in Fuzzy-Algorithmen der Diagnose realisiert ist, der Funktion F aus (9.14) äquivalent.

Die Informationsdarstellung im Modell vom Typ (9.13) verlangt eine zusätzliche Prozedur zur Schätzung der Wahrscheinlichkeit $Pb^o(D_j/(X_1, \ldots, X_n))$ für jede Diagnose, mittels der Verallgemeinerung und der Regeln der unabhängigen Schätzungen $Pb^o(D_j/X_i)$.

Das Modell (9.12) hat keine solchen Nachteile, aber es hat mehrere Dimensionen. So z. B. wenn card X=n und $\forall i=\overline{1,n}$: card T_i=p sind, wenn zu k Diagnosen die Implikationszahl $N=\text{card } W=p^n k$ sind, wobei W eine Menge aller möglichen Implikationen von Typ (9.12) ist. (Zum Beispiel bei $p=3$, $n=4$ und $k=5$: $N=3^4 \cdot 5=405$).

Diese Modelle bringen für Experten die größten Schwierigkeiten mit sich, während für die zweiten Modelle $N=pnk$ ist, was in p^{n-1}/n mal kleiner ist (selbstverständlich gilt $p^{n-1}/n \geq 1$, $\forall n \geq 1$, $\forall p > 1$).

Dadurch führen die ersten Modell-Verarbeitungen zu mehrdimensionalen Fuzzy-Beziehungsmatrizen von großen Dimensionen und zu folgender Kompositions-Folgerungsregel:

$$\forall j=\overline{1,k}: Pb(D_j/(X_1, \ldots, X_n))=X_1 \circ (X_2 \circ \ldots \circ (X_n \circ R_j))$$

wo $\circ$ - Kompositions-Zeichen, R_j mehrdimensionale Beziehungsmatrix, die wie folgt definiert werden kann:

$$\forall j=\overline{1,k}: R_j X_1 \times X_2 \times \ldots \times X_n \times Pb(D_j/(X_1, \ldots, X_n))$$

Für die Mehrheit der praktischen Aufgaben kann man die Unabhängigkeit der Merkmale von der Wissensbasis annehmen. Die Regeln vom Typ (9.13) kann man auch darstellen als:

Wenn X_i A_{if_i} ist, so tritt D_j mit der Wahrscheinlichkeit $\tilde{B}_l$auf.

Dadurch werden die j-te Diagnose und die linguistische Schätzung ihrer subjektiven Wahrscheinlichkeit dem i-ten Merkmal zugeordnet. Die subjektive Wahrscheinlichkeit kann als Wahrheitsmaß der Regel

$<<$WENN $X = x_{im_i}$, DANN D_j ist $>>$

betrachtet werden.

Literatur zu Kapitel 9

1. Aliev R.A, Abdikeev N.M., Schachnasarov M.M., „Proisvodstvennue sistemu s iskusstvennum intellektom“, „Radio i svjas“, Moskva, 1990, pp. 263.(in russisch)
2. Birger I.A., „Technitscheskaya diagnostika“, -M.: Maschinostroeniye, 1978, pp. 240.(in russisch)
3. Zadeh L.A., „The Concept of a Linguistic Variable and its Application to Approximate Reasoning“, Information Sciences, vol. 8, 1975, pp. 199-249.

10 Fuzzy-Regelungssysteme

10.1 Architektur von Fuzzy-Regelungssystemen

Die automatische Steuerung erfolgt in vielen praktischen Fällen industrieller Prozesse unter Inkaufnahme von Unbestimmheiten über das Verhalten der zu steuernden Anlagen. Die Entwickler der Steuerungssysteme, für derartige Anlagen berücksichtigen Faktoren, die entweder nur schwer oder überhaupt nicht formalisierbar sind. Die Komplexität dieser Systeme ist so hoch, daß sie mit determinierten oder stochastischen Modellen kaum die gewünschte Leistung erbringen. Adäquate mathematische Modelle können in diesen Fällen mit der Theorie der Fuzzy-Mengen beschrieben werden, um intelligente Steuerungssysteme zu entwerfen [1-11].

Bei der Synthese von Fuzzy-Reglern ist eine Hauptschwierigkeit der Aufbau der Wissensbasis (WB). Das Wissen eines Experten kann in der WB folgendermaßen erfaßt und gespeichert werden [3,4]:

1. Der menschliche Experte steuert den maschinellen Vorgang, der vom Regler überwacht wird. Dabei werden alle Aktivitäten des Experten beobachtet und in der WB des Reglers gespeichert;
2. Der Experte formalisiert seine Entscheidungen in jeder überwachten Situation als Regeln „IF...,THEN...“, damit sie in die WB des Reglers eingegeben werden können;
3. Ein lernfähiger Fuzzy-Regler beobachtet die Zustände der Eingangssignale sowie der Anlage und die Entscheidungen des menschlichen Experten, ordnet sie systematisch einander zu als kausale Beziehung, sammelt also das Wissen selbständig und ist danach in der Lage, das Verhalten des Experten kausal zu reproduzieren.

Es sei also bemerkt, daß bei lernenden Reglern die Bildung der Kausalrelationen für eine WB nicht nur aufgrund explizit vorgegebener Wissensregeln erfolgt, sondern sogar hauptsächlich durch autonome Selbstorganisation des eigenen Wissens auf der Basis seiner Umweltbeobachtung.

Die Darstellung des Wissens in den Steuerungssystemen kann nach der Theorie der künstlichen Intelligenz durch Relations-, Logik-, Frame- bzw. Wissensregelsprachen [2] realisiert werden.

Die linke Seite jeder Wenn-Dann-Regel wird als Konjunktion von Ausgangsbedingungen, die rechte Seite als die Menge von Elementaraktivitäten bzw. Reaktionen auf die Ausgangsbedingungen betrachtet.

Als Beispiel zeigt *Tabelle 10.1* linguistische Regeln, als WB eines Fuzzy-Reglers für die Steuerung eines kontinuierlichen industriellen Vorganges. Hier werden folgende Werte linguistischer Variablen eingesetzt:

Tab. 10.1 Linguistische Regeln, die die Wissensbasis eines Fuzzy-Reglers bilden

ε \ $\dot{\varepsilon}$	NG	NNG	NM	NNM	NK	NNK	NU	PNK	PK	PNM	PM	PNG	PG
NG	PG	PG	PG	PG	PG	PG	PG	PG	PG	PG	PG	PG	PG
NNG	PNG	PNG	PNG	PNG	PNG	PNG	PNG	PNG	PNG	PNG	PNG	PG	PG
NM	PNG	PNG	PNG	PNG	PNG	PM	PM	PM	PM	PM	PNG	PG	PG
NNM	PNG	PNG	PNG	PNG	PM	PNM	PNM	PNM	PM	PNG	PNG	PG	PG
NK	PNG	PNG	PNG	PM	PNM	PK	PK	PM	PNM	PM	PNG	PG	PG
NNK	PNG	PNG	PNG	PNM	PK	PNM	PK	PNM	PNM	PM	PNG	PG	PG
NNU	PNG	PNG	PM	PNM	PNK	PK	PK	PNK	PNM	PM	PNG	PNG	PG
PNU	NNG	NNG	NM	PNK	PK	NNU	NNU	NNU	NNU	NM	NNU	NNU	NG
PNK	NNG	NNG	NM	NNM	NNK	NNU	NNU	NNU	NNU	NM	NNG	NG	NG
PK	NNG	NNG	NM	NNM	NK	NNU	NK	NNK	NM	NNG	NG	NG	NG
PNM	NG	NNG	NM	NNM	NNM	NK	NNM	NNM	NNG	NG	NG	NG	NG
PM	NG	NNG	NNG	NNG	NM	NM	NNM	NM	NM	NG	NG	NG	NG
PNG	NG	NG	NNG	NNG	NNG	NM	NNG	NNG	NG	NG	NG	NG	NG
PG	NG	NG	NG	NG	NG	NG	NG	NG	NG	NG	NG	NG	NG

u

NG — negativ Groß;
NNG — negativ niedriger als Groß;
NM — negativ Mittel;
NNM — negativ niedriger als Mittel;
NK — negativ Klein;
NNK — negativ niedriger als Klein;
NNU — negativ Null;
PNU — positiv Null;
PNK — positiv niedriger als Klein;
PK — positiv Klein;
PNM — positiv niedriger als Mittel;
PM — positiv Mittel;
PNG — positiv niedriger als Groß;
PG — positiv Groß.

Die Struktur eines intelligenten Steuerungssystems mit einem Fuzzy-Regler zeigt *Abb. 10.1* [3,4]. Die rechts erzeugte Ausgangsvariable der Regelstrecke des industriellen Vorganges wird zurückgeführt über die untere Leitung und dann über das Vergleichsglied mit dem Sollwert g verglichen. Die dabei festgestellte Abweichung ε wird im Element 3 mit einem Korrekturfaktor K_ε multipliziert und gleichzeitig dem Differentialglied 4 zugeführt, um den Anstieg oder die Absenkung des Fehlers zu erkennen. Der Wert am Ausgang des D-Gliedes 4 wird mit dem Korrekturfaktor $K_{\dot{\varepsilon}}$ im Baustein 5 multipliziert. Die Bausteine 6 und 7 dienen der laufenden Umformung sowohl der Fehlerwerte als auch der Fehlerableitung (Fehleränderungsgeschwindigkeit)in deren linguistischen Bedeutungen, d. h. Fuzzyfizierung der genauen Eingangsvariablen. Die daraus

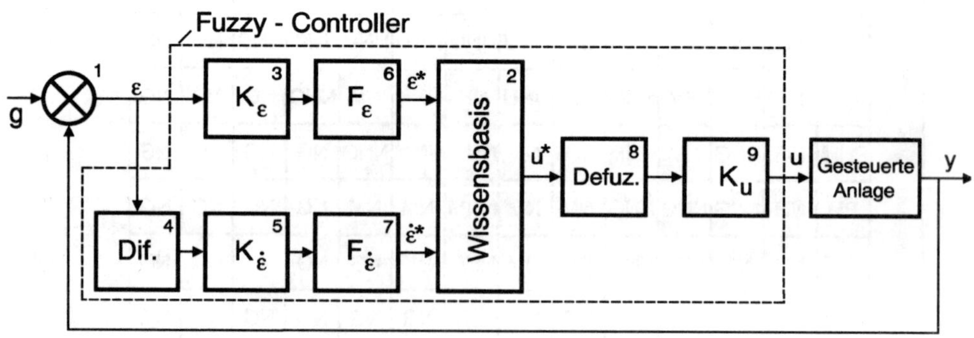

Abb. 10.1: Intelligentes Steuerungssystem mit einem Fuzzy-Regler

enstehenden Fuzzy-Werte ε *, $\dot{\varepsilon}$ * werden dem Hauptbaustein des Fuzzy-Reglers nämlich der Wissensbasis 2 (WB) zugeführt. Die WB der Fuzzy-Regler wird durch das Wissensmodell mit Regeln des Typs „IF... THEN" gebildet, sie setzt den Reglerbetrieb als gesonderte Regelungseinwirkung auf die Regelstrecke für jeden vorhersehbaren Systemzustand voraus.

Der damit jeweils ermittelte linguistische Steuerungswert wird nach der Defuzzyfizierung dem Baustein 8 zugeführt und im Baustein 9 mit dem Korrekturfaktor K_u multipliziert, um U zu erzeugen. Danach wird das erzeugte Stellsignal u, der zu steuernden Anlage zugeführt. Diese erzeugt nunmehr den Wert y, der mit dem Sollwert erneut verglichen wird. Der Regler aus Abb. 10.1 ist wegen seiner Rückführung (Feedback) ein geschlossenes System mit angeschlossener Wissensbasis. Wir wollen eine Variante dieses Systems untersuchen, die weder über eine Rückführung noch über eine Wissensbasis verfügt. Man spricht in diesem Fall von Steuerung bzw. Feedforward-System anstelle einer Regelung bzw. eins FeedbackSystems. Es handelt sich hier um ein offenes, statt durch die Rückführung geschlossenes System. Die Substitution von beiden- der Rückführung und der Wisssensbasis- erfolgt durch den Einsatz eines Fuzzy-Kompensators. Dies bedeutet, daß eine störende Variable f wie in einem nicht geregelten System zunächst erfolgt, über die obere direkte Leitung $w_f(p)$ auf die Anlage 1 wirkt. Die Variable f mag sich meistens innerhalb der vorgeschriebenen Grenzen bewegen. Sie wirkt dann über $w_f(p)$ alleine auf die gesteuerte Anlage 1.

Derselbe Wert f wird aber — analog zum Informationsfluß in Abb. 10.1 — gleichzeitig umgeleitet zu einem Fuzzy-Kompensator, der genau dann reagiert, wenn f von einer unerwarteten Störung überlagert wird. f wird zunächst mit einem Korrekturfaktor k_f in 3 multipliziert und anschließend im Baustein F_f 6 linguistisch fuzzyfiziert, so daß das fuzzyfizierte Signal f* entsteht. Gleichzeitig wird f im Differenziator 5 eingespeist, um die Veränderungsgeschwindigkeit df/dt zu bestimmen (Steigung oder Absenkung) und anschließend mit dem Korrekturfaktor $K_{\dot{f}}$ 4 multipliziert, um danach in 7 mit $F_{\dot{f}}$ linguistisch fuzzifiziert zu werden. Das so entstandene Signal $\dot{f}$* wird zusammen mit dem Signal f* in den Fuzzy-Kompensator TLR 2 eingespeist, so daß die fuzzifizierte Steuerungsgröße u* entsteht. Diese wiederum wird im Baustein 8 defuzzyfiziert und anschließend mit einem Korrekturfaktor K_u in 9 korrigiert. Als Steuergröße u wird sie in die Anlage 1 über die Leitung $w_o(p)$ neben der direk-

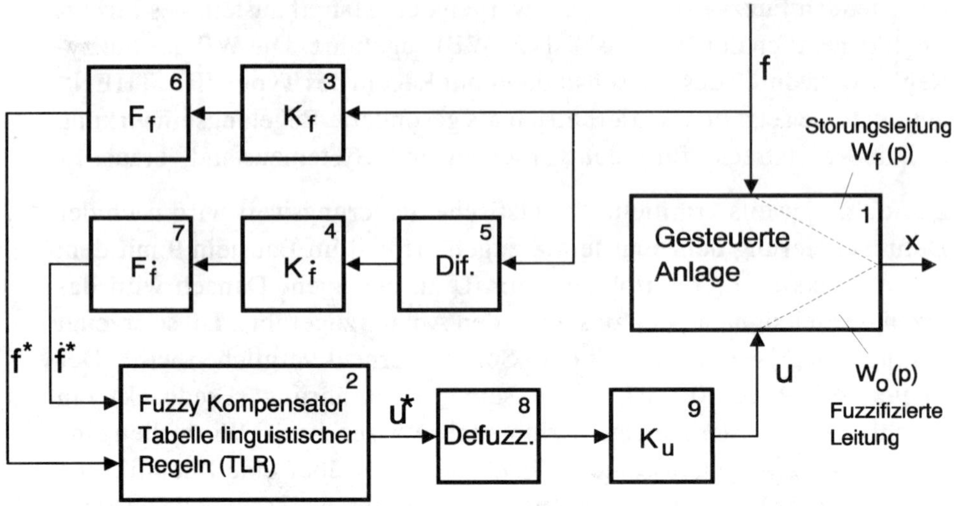

Abb. 10.2: Zusammenchaltung eines Feedback-SAS mit einem Feedforward-System

ten Eingangs-Variablen 1 eingespeist. Wir erhalten damit ein Fuzzy-Modell der Kompensation von nicht analytisch formulierten Störungen. Der Fuzzy-Kompensator TLR besteht aus der Tabelle linguistischer Regeln, die das Regelungsverhalten beschreiben.

Nach dem Ansatz der kombinierten Steuerung wird nunmehr das Feedback-SAS aus Abb. 10.1 (das die Abweichung ε = Istwert — Sollwert zur Steuerung verwendet) mit dem Feedforward-System *(Abb. 10.2)* zusammengeschaltet. Ergebnis dieser Vereinigung ist die Struktur des kombinierten Fuzzy-SAS (das in *Abb. 10.3* gezeigt ist).

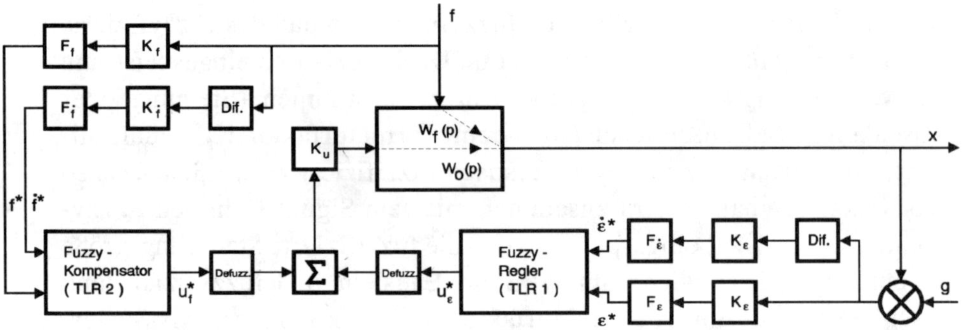

Abb. 10.3: Kombiniertes Fuzzy-SAS

Zu diesem Zweck wird dem kombinierten Fuzzy-SAS ein Fuzzy-Summator zusätzlich angeschlossen, um eine Glättung der gemeinsamen Wirkung beider Systeme auf die Anlage zu erzielen. Die früher betrachteten Fuzzy-Regler sichern gewünschte Reaktionen des Steuerungssystems nur bei stabilem Verhalten der zu regelnden Anlage. Bei Veränderung der Stabilität ist es erforderlich, die Parameter des Reglers zu korrigieren, in erster Linie aber seine Wissensbasis. Die Fuzzy-Regler, die zur Anpassung an veränderliche Situationen fähig sind, nennen wir fuzzy-adaptive Regler [3,4] *(Abb. 10.4)*.

Die Struktur eines adaptiven Reglers stellt ein 2-Stufen-System mit einem gewöhnlichen Fuzzy-Regler im Kreis der Rückkopplung und einem fuzzy-adaptiven Regler in der oberen Schleife [3,4,9] dar.

Die Adaption oder Anpassung des Fuzzy-Reglers an veränderte Stabilitätsbedingungen geschieht wie folgt:

Bei der Änderung der Parameter des zu steuernden Objekts in der Situation (ε, $\dot{\varepsilon}$) sucht die Wissensbasis als erste Stufe, solche Gegenmaßnahmen, die nicht mehr die nötige Steuerungsgüte gewährleisten. Folglich reagiert der obere Regelkreis bei Eingang der Information aus (ε, $\dot{\varepsilon}$) mit einer Regelfolge die die zu steuernde Anlage zum gewünschten Verhalten des Systems führt. Für die Lösung der gestellten Aufgabe wollen wir den Regelkreis der Fuzzy-Adaption entwerfen. Eine bekannte Darstellungsform des Steuer-Verhaltens eines Regelkreises ist das sogenannte Phasen-

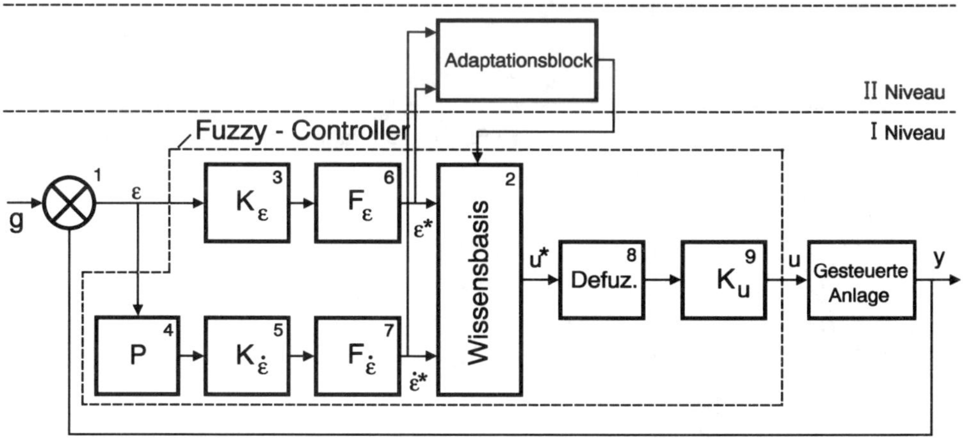

Abb.10.4: Fuzzy-adaptiver Regler

diagramm. Es wäre besser, einen zulässigen Bereich im Phasendiagramm festzustellen *(Abb. 10.5 a)*, in dem die Funktionsgüte des Steuerungssystems befriedigend ist und eine Adaption erst bei der Verletzung der Grenzen dieses Bereiches durchzuführen. Hierzu muß der Enwickler, gestützt auf eigene Erfahrung sowie qualitative Überlegungen, über die gewünschte Reaktion des zu steuernden Objektes einen zulässigen Bereich definieren.

Stellen wir diese Überlegungen als linguistische Regeln dar:

IF der Fehler ε^* ist PG AND die Änderungsgeschwindigkeit $\dot{\varepsilon}^*$ des Fehlers ist PG,
THEN das Übergangsverhalten des Systems ist befriedigend, und die Adaption der Steuerung ist nötig.
ELSE IF der Fehler ε^* ist PK AND die Veränderungseschwindigkeit des Fehlers $\dot{\varepsilon}^*$ ist PG, THEN das Übergangsverhalten des Systems ist befriedigend, und es ist eine negativ mittlere Adaptation der Steuerung u^a nötig,

a)
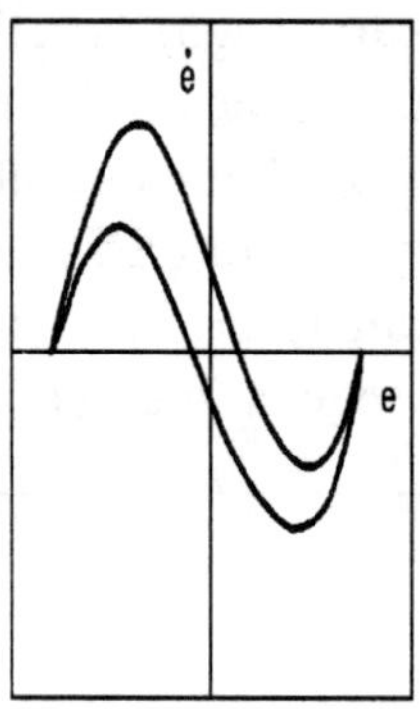

Abb. 10.5: Phasendiagramm des Steuerungssystems

b)
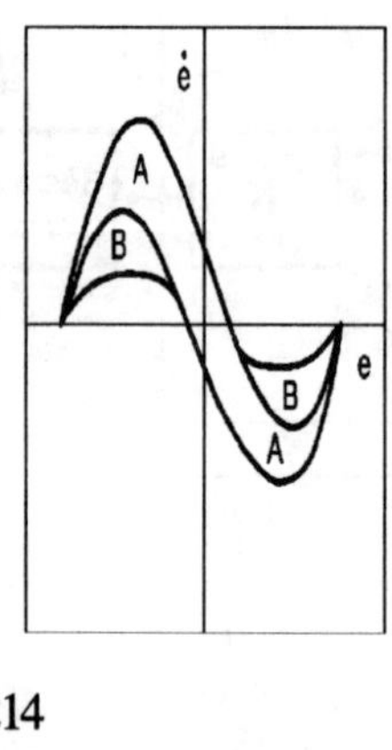

oder

$$R_a^k = \varepsilon_i^* \times \dot{\varepsilon}_j^* \times u_l^{*a} \quad i=1,n;\ j=1,m;\ l=1,q;\ k=1,\nu \tag{10.1}$$

(hierbei sind:

R_k^a — Fuzzy-Beschreibung der Regel im Raum $\varepsilon \times \dot{\varepsilon} \times u$;
ε_i^*, ε_j^*, u_l^{*a} Fuzzy Untermengen jeweils des Fehlers ε^*,

der Geschwindigkeit $\dot{\varepsilon}^*$ der Veränderung des Fehlers ε^* und der Adaptation u^* der Steuerung).

Die erhaltenen Fuzzy-Beschreibungen der Regeln bilden die Matrix der Fuzzy-Beziehungen (M F B) $R^a = \bigcup_{k=1}^{\nu} R_k^a$.

In der *Tabelle 10.2* wird die TLR (Tabelle der linguistischen Regeln) des Kreises der Fuzzy-Adaption gezeigt, mit deren Hilfe die Güte des Übergangsverhaltens und die Korrektur der Regeln eingeschätzt werden. Ist das Übertragungsverhalten des Systems befriedigend, dann ist keine Korrektur nötig und in der linguistischen Relation Matrix TLR wird für den entsprechenden Zustand eine Null gesetzt. Solche Zustände sichern das schnelle Einschwingen des Vorgangs in eine stabile Lage und gute Dämpfung beim Einschwingen auf den Sollwert. Die Nichtnullelemente der TLR entsprechen einer unbefriedigenden Reaktion der zu steuernden Anlage und der Notwendigkeit einer Regelkorrektur.

Tab. 10.2: TLR eines Kreises mit Fuzzy-Adaption

		e*						
		NG	NM	NK	NU	PK	PM	PG
	NG	NU	NU	NM	NG	NG	NG	NG
	NM	NU	NU	NU	NM	NM	NG	NG
	NK	NU	PK	NU	NU	NK	NM	NG
ė*	NU	NU	PM	PK	NU	NK	NM	NU
	PK	PG	PM	PK	NU	NU	NK	NU
	PM	PG	PG	PM	PM	NU	NU	NU
	PG	PG	PG	PG	PG	PM	NU	NU
		u*a						

Die gewünschte Reaktion des Systems wird somit durch die einheitliche Matrix R^a dargestellt, die auf Grund der TLR der Fuzzy-Adaptation gebildet wird. Die Bestimmung der Matrix R^a ist die Bestimmunung der adaptierenden Einwirkung, wenn der Phasengang des Systems in den zulässigen Grenzen bleibt.

Es sei bemerkt, daß die dargestellte TLR ausreichend vielseitig ist, um bei Objekten verschiedener Ordnung eingesetzt werden zu können. Es ist aber nötig, die optimalen Grenzen des zulässigen Betriebsbereiches A festzustellen (B — der für die Regelungszeit „zuständige" Bereich) *(Abb. 10.5 b)*. Durch die Variation der Grenzen der Bereiche A und B beim Entwurf der TLR wird die Güte des Übergangsverhaltens des zu projektierenden SAS, bestimmt.

Nehmen wir an, daß eine bestimmte Regel der TLR des Hauptkreises des Fuzzy-Reglers ein unbefriedigendes Verhalten der zu steuernden Anlage bewirkt. Der Fuzzy-Beschreibung dieser Regel entspricht die Matrix R_{n-k} (n Zeit-Index der laufenden Anlagenüberwachung, k Zeit-Index der eigenen Dynamik der Anlage). Das unbefriedigende Verhalten der zu steuernden Anlage soll also durch eine gewisse Regel der Fuzzy-TLR-Matrix des Adaptionskreises ausgelöst werden, dessen Fuzzy-Beschreibung auch der Matrix R^a_n entspricht. Diese unbefriedigende Regel soll daher durch eine korrigierte R'_{n-k} ersetzt werden. In die TLR des Hauptkreises wird also eine neue Regel eingetragen, die für die laufenden Parameter der zu steuernden Anlage vorteilhafter ist. Zur Adaption der unbefriedigenden Regel ist es nötig, den fuzzifizierten Wert u^*_n gemäß dem folgenden

$$u^0 = u_n + u^a_n$$

einzusetzen, wobei $u_n = D\ \{u^*_n\}$; $u^a_n = D\ \{u^{*a}_n\}$; dabei sei D der Operator des Überganges von einer Fuzzy- zu einer genauen Variablen.

Abb. 10.6 zeigt die Struktur des Fuzzy-Reglers, der mit einem kombinierten Kreis der Fuzzy-Adaptation versehen ist. Der Einsatz des Kreises der Fuzzy Adaption zur Anfangsgenerierung der Steuerregeln der linguistischen Regeln des TLR des Hauptkreises setzt voraus, daß die Parameter der zu steuernden Anlage stationär sind [3]. In diesem Fall wird das Steuerungssystem experimentell simuliert, wobei die TLR des Hauptkreises keine Regeln bis zum Anfang des Simulations-Experimentes enthält. Das Experiment besteht darin, daß dem Regler eine Aufgabe gestellt wird und

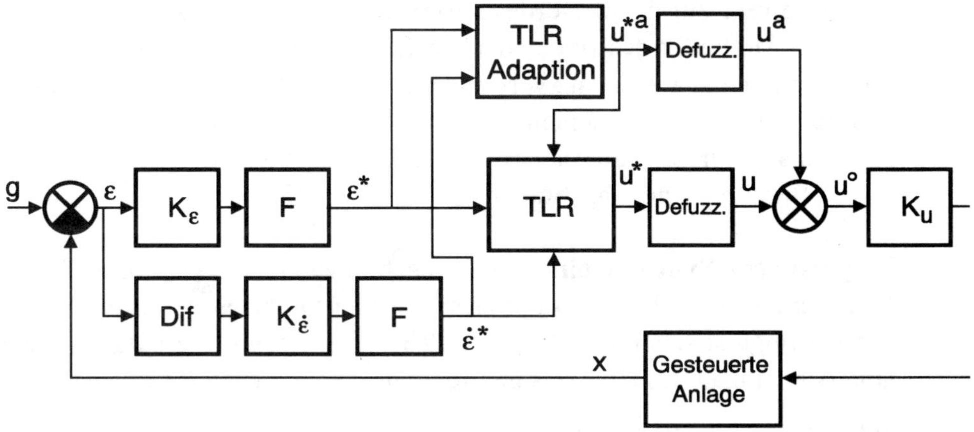

Abb. 10.6: Zugehörigkeitsfunktionen, die linguistischen Termen entsprechen

die Anzahl der generierten Regeln in einem gewissen Zeitabstand gezählt werden. Dieses Experiment wiederholt man bis zur Vollendung des Algorithmus und der Feineinstellungen des Reglers. Nach Beendigung des Simulationsexperimentes wird die TLR des Hauptkreises alle erforderliche Regeln zur optimierenden Steuerung der Anlage enthalten.

10.2 Methoden der Synthese von Fuzzy-Regelungssystemen

In der Praxis stellt sich heraus, daß es schwierig ist, ein adäquates Modell der komplizierten physikalischen Vorgänge darzustellen. In diesem Fall soll die Modellentwicklung als die Bestimmung von Steuerungsregeln direkt am Objekt durchgeführt werden nach dem Trial-and-Error-Ansatz. Dies ist naturgemäß mit bedeutendem Zeitaufwand und technischen Komplikationen verbunden.

Gleichzeitig kann man qualitative Informationen über den technologischen Vorgang direkt beim Experten, der die Anlage steuert, erhalten und eine unscharfe oder Fuzzy-Beschreibung des Objektes geben, die er bei der Intuitivsteuerung aufgrund seiner fachlichen Erfahrung erfolgreich verwendet. Daher ist es zweckmäßig, die unscharfe Beschreibung der

Anlage direkt zur Synthese des Fuzzy-Reglers einzusetzen. Hierunter wird die Methodik des linguistischen Designs eines Fuzzy-Reglers mit 2 Eingängen und 1 Ausgang verstanden. Für Anlagen 1. und 2. Ordnung, d. h. für solche, bei denen nicht nur der momentane Zustand (1. Ordnung), sondern auch die Zustandsänderung (2. Ordnung) wichtig ist, muß deren Fuzzy-Beschreibung eingebracht werden [3, 4, 10].

Linguistische Synthese eines dynamischen Reglers 1. Ordnung
Man nehme an, die Dynamik des zu steuernden Objektes werde durch eine Tabelle linguistischer Regeln *(Tab. 10.3)* beschrieben, die aufgrund der Untersuchungen des Objektes gebildet wurde aus Fuzzy-Kausalregeln:

Tab. 10.3: TLR, die die Dynamik des zu steuernden Objektes beschreibt

		x^*						
		NG	NM	NK	NU	PK	PM	PG
u^*	NG	NU	NK	NM	NG			
	NM	PK	NU	NK	NM			
	NK	PM	PK	NU	NK			
	NU	PG	PM	PK	NU	NK	NM	NG
	PK				PK	NU	NK	NM
	PM				PM	PK	NU	NK
	PG				PG	PM	PK	NU
		$\dot{x}^*$						

$$\begin{aligned}&\text{IF } u^* \text{ ist NG, IF } x^* \text{ ist NU THEN } \dot{x}^* \text{ ist NG ELSE}\\&\text{IF } u^* \text{ ist NG, IF } x^* \text{ ist NK THEN } \dot{x}^* \text{ ist NM ELSE}\\&\text{IF } u^* \text{ ist PG, IF } x^* \text{ ist PG THEN } \dot{x}^* \text{ ist NU etc.}\end{aligned} \tag{10.2}$$

Dabei sind: x^* und $\dot{x}^*$ die Grundvariablen von jeweils der Ausgangs- und der Ausgangsänderungsgeschwindigkeit (1. Ableitung von X^*);

u^* die Grundvariable der Fuzzy-Menge der Steuerung; die dazugehörige linguistische Variable ist dabei wie früher $u^0 = \{u^*, W_u, \tilde{U}\}$; W_U das Universum; $u^* \in T^*(u)$ die erweiterte Term-Menge.

Hierbei sind NG, NM, NK, NU, PK, PM, PG die Werte (Terme) der linguistischen Variablen, beschrieben durch entsprechende Fuzzy-Untermengen von universellen Mengen *(Abb. 10.7)*. Es sei bemerkt, daß die stationären Betriebsarten der Anlage durch solche Zustände u^*, x^*, $\dot{x}^*$ in der *Tabelle 10.3* bestimmt werden, für die sie NU betragen. Aus der TLR ist ersichtlich, daß für jeden Term der steuernden Einwirkung entsprechende stationäre Zustände des Objekts existieren. Sollte z. B. der Anfangszustand des Objekts durch sukzessive Werte der Variablen x^0=PG, $\dot{x}^{*0}$=NG, u^0=NM bestimmt sein, so ist der Übergangsvorgang bei konstanter Steuerung (d. h. bei u^0=NM=const) stationär in den Werten: x^0=NM, $\dot{x}^*$=NU (s. die 2. TLR-Zeile).

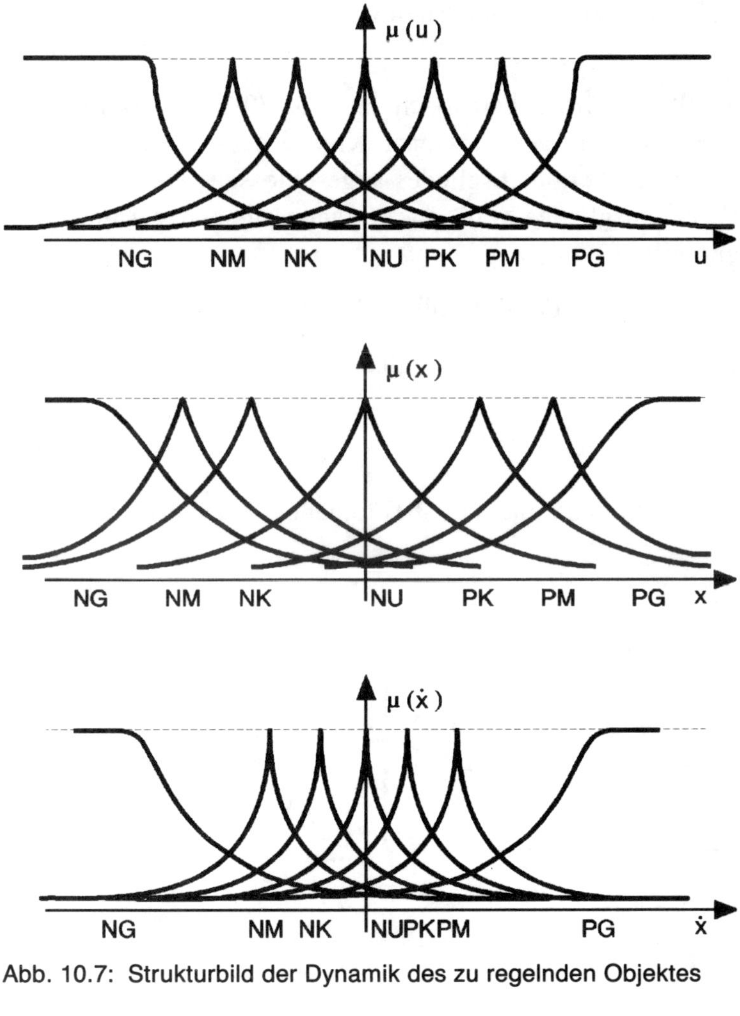

Abb. 10.7: Strukturbild der Dynamik des zu regelnden Objektes

Für den Anfangszustand x^0=NM, $\dot{x}^*$=PG, u^0=PG soll der stationäre Zustand der Objekte so sein: x^0=PG, $\dot{x}^0$=NU bei u^0=PG (s. die 7.TLR-Zeile).

Analog zur analytischen Form der Darstellung von dynamischen Objekten kann man das linguistische Modell der Dynamik der Anlage (10.2) in folgender Form darstellen:

$$\dot{x}^* = f^0(x^*, u^*);\ y^* = G^0\,(x^*) = x^*, \tag{10.3}$$

wobei f^0 eine TLR mit den Eingängen u* und x* sei.

Die Bezeichnung * ist der Einfachheit halber angenommen, sie deutet darauf hin, daß die linguistische Variable den Wert des entsprechenden Terms annimmt.

Die Gleichung (10.3) wird schematisch in *Abb. 10.8* dargestellt. Man nehme an, am Eingang des geschlossenen Kreises sei der Sollwert g am positiven Eingang des Vergleichsgliedes angeschlossen. Dem negativen Eingang des Vergleichsgliedes werde das Ausgangssignal der Anlage y=x zugeführt. Dann gilt:

$$e=g-x \text{ (e = Steuerungsfehler oder Soll-Ist-Vergleich)} \tag{10.4}$$

Die linguistische Beschreibung der Vergleichsvorrichtung sieht jetzt wie folgt aus:

$$e^* = C^0\,(x^*, g^*), \tag{10.5}$$

wobei die Basisvariablen g* und x* dabei folgende Werte erhalten:

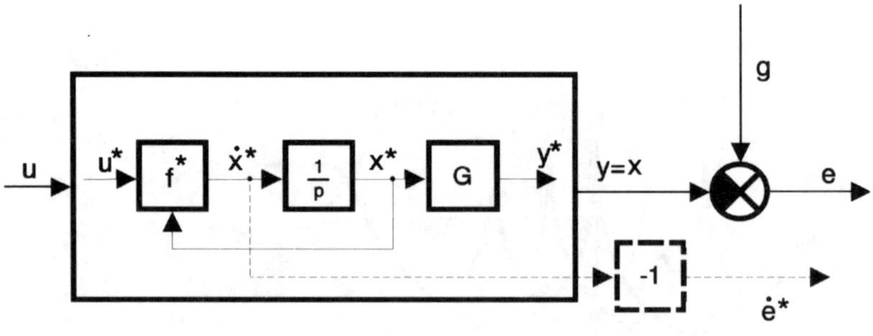

Abb. 10.8: Fuzzy-Regulator

g* ∈ T*(g)						
NG	NM	NK	NU	PK	PM	PG

(10.6)

x* ∈ T* (x)						
NG	NM	NK	NU	PK	PM	PG

Aus (10.4) folgt, daß die Terme des Fehlers e mit den Termen des Anlagen-Ausgangs x und des Sollwertes g bei Normalbetrieb identisch sind. Aufgrund von (10.3)-(10.6) bestimmen wir die linguistische Beschreibung der Vergleichsvorrichtung als Tabelle 10.4.

Tab. 10.4: Die linguistische Beschreibung der Vergleichsvorrichtung

		g*						
		NG	NM	NK	NU	PK	PM	PG
x*	NG	NU	PK	PM	PG	PG	PG	PG
	NM	NK	NU	PK	PM	PG	PG	PG
	NK	NM	NK	NU	PK	PM	PG	PG
	NU	NG	NM	NK	NU	PK	PM	PG
	PK	NG	NG	NM	NK	NU	PK	PM
	PM	NG	NG	NG	NM	NK	NU	PK
	PG	NG	NG	NG	NG	NM	NK	NU
		e*						

Man nehme an, die Information über die Fehleränderungsgeschwindigkeit $\dot{e}$ werde durch den Ausdruck

$$\dot{e} = -dx/dt = -\dot{x}, \quad \text{bei } g = const, \tag{10.7}$$

und der Wert der linguistischen Variablen durch den Ausdruck

$$\dot{E}^0 = NG \Rightarrow \dot{X}^0 = PG \tag{10.8}$$

bestimmt, d. h. die Terme $\dot{E}^0$ und $\dot{X}^0$ seien ihrem Sinn nach einander entgegengesetzt. Man nehme ferner an, der gewünschte Übergangsvorgang d. h. der Sollwert g des geschlossenen Steuerungskreises (d. h. der Regelung), werde als Tabelle TLR angegeben, die aus der vorgegebenen grafischen Darstellung der gewünschten dynamischen Kennlinie abgeleitet werden kann. Daraus folgt, daß

$$\dot{x}^* = W^0(x^*, g^*) \qquad (10.9)$$

in Form einer TLR *(Tab.10.5)* dargestellt werden kann.

Tab. 10.5: Tabelle des gewünschten Übergangsvorgangs des geschlossenen Steuerungskreises

		x^*						
		NG	NM	NK	NU	PK	PM	PG
g^*	NG	NU	NK	NM	NG			
	NM	PK	NU	NK	NM			
	NK	PM	PK	NU	NK			
	NU	PG	PM	PK	NU	NK	NM	NG
	PK				PK	NU	NK	NM
	PM				PM	PK	NU	NK
	PG				PG	PM	PK	NU
		$\dot{x}^*$						

Unter Berücksichtigung von (10.4)-(10.8) und Tabelle 10.3 kann man Tabelle 10.4 in den Koordinaten des Fehlers ε und der Fehleränderungsgeschwindigkeit $\dot{\varepsilon}$ darstellen, anders ausgedrückt, in Form der TLR des gewünschten geschlossenen Kreises *(Tab. 10.6)*:

$$\dot{e}^* = F^0\,(e^*, g^*), \qquad (10.10)$$

wobei $e^* = \dot{e}^* = NU$ für den stationären Vorgang gilt.

In diesem Fall wird aufgrund von (10.5), (10.8) und Tabelle 10.3 bei $G^0 = NU$ die TLR des offenen Kreises, d. h. des Objektes mit der Vergleichsvorrichtung, *(Tab. 10.7)* gebildet

Tab. 10.6: Tabelle der linguistischen Regeln des gewünschten geschlossenen Kreises

		e*						
		NG	NM	NK	NU	PK	PM	PG
g*	NG	PG	PM	PK	NU			
	NM		PM	PM	NU	NK		
	NK			PK	NU	NK	NM	
	NU	PG	PM	PK	NU	NK	NM	NG
	PK		PM	PK	NU	NK		
	PM			PK	NU	NM	NM	
	PG				NU	NK	NM	NG
		ė*						

$$e^* = -x^*;\ \dot{e}^* = -\dot{x}^* \Rightarrow F^0\,(e^*, u^*). \qquad (10.11)$$

Jetzt kann man die Aufgabe der Synthese wie folgt formulieren: es ist eine Struktur der TLR des Fuzzy-Reglers zu bestimmen, die das zu steuernde Objekt (Tab. 10.3 bzw. 10.7) aus dem Anfangszustand

$$x_0^*,\ \dot{x}_0^* \text{ bzw. } e_0^*,\ \dot{e}_0^* \qquad (10.12)$$

in den Endzustand

$$x_k^*,\ \dot{x}_k^* \text{ bzw. } e_k^*,\ \dot{e}_k^*. \qquad (10.13)$$

überführt.

Das System wird z. B. aus dem Anfangszustand x_0^0 = NU; $\dot{x}^0$ = NU; G_0 = PM (E_0^0 = PM, $\dot{E}_0^0$ = NU, G^0 = NU) in den Endzustand x_k^0 = PM; $\dot{x}_k^0$ = NU; G^0 = PM (E_k^0 = NU, $\dot{E}_k^0$ = NU, G^0 = NU) mit der gewünschten Güte des Übergangsvorgangs (Tab. 10.5 bzw. 10.6) überführt.
Die Synthese des Fuzzy-Reglers kann man nach dem folgenden logischen Schema durchführen:

Fuzzy-Objekt × Fuzzy Vergleichsvorrichtung × gewünschter Fuzzy-geschlossener Kreis → Fuzzy-Regler (10.14).

Tab. 10.7: TLR des offenen Kreises

		e*						
		NG	NM	NK	NU	PK	PM	PG
	NG				PG	PM	PK	NU
	NM				PM	PK	NU	NK
	NK				PK	NU	NK	NM
u*	NU	PG	PM	PK	NU	NK	NM	NG
	PK	PM	PK	NU	NK			
	PM	PK	NU	NK	NM			
	PG	NU	NK	NM	NG			
		ė*						

Jetzt ist es nicht schwierig, linguistische Regeln für die Regelung abzuleiten: nach der Vereinigung der Tab. 10.6 und *10.7* erhalten wir *Tab. 10.8*, und aufgrund von (10.11), (10.14) und Tab. 10.8 gilt

$$u^* = H^0 (e^*, \dot{e}^*), \tag{10.15}$$

Tab. 10.8: Vereinigte Darstellung der Tabellen 10.6 und 10.7

		e*						
		NG	NM	NK	NU	PK	PM	PG
	NG	PG	PM	PK	PG	PM	PK	NU
	NM		PM	PM	PM	PK	NU	NK
	NK			PK	PK	NU	NK	NM
u*	NU	PG	PM	PK	NU	NK	NM	NG
	PK	PM	PK	NU	NK	NK		
	PM	PK	NU	NK	NM	NM	NM	
	PG	NU	NK	NM	NG	NK	NM	NG
		ė*						

Tab. 10.9: TLR eines Fuzzy-Reglers

		e*						
		NG	NM	NK	NU	PK	PM	PG
ė*	NG	PG	PG		NG			NU
	NM			NG	NM		NU	PK
	NK		NG	NM	NK	NU	PK	PM
	NU	NG	NM	NK	NU	PK	PM	PG
	PK	NM	NK	NU	PK	PM	PG	
	PM	NK	NU		PM	PG		
	PG	NU			PG		PG	PG
		u*						

d. h., die TLR des Fuzzy-Reglers (s. *Tab. 10.9)* ist damit linguistisch synthetisiert bzw. entworfen.

Somit ist die TLR (Tab. 10.9) des Fuzzy-Reglers aufgrund der linguistischen Synthese bestimmt. Die TLR hat die Eingänge:

Fehler e und Fehleränderungsgeschwindigkeit ė; der nicht ausgefüllte Teil der Tab. 10.9 kann dabei logisch unter Berücksichtigung der Rückwirkung des Systems ergänzt werden. Der Fuzzy-Regler wird schematisch im *Abb. 10.9* gezeigt. Aufgrund des folgenden Schemas zur linguistischen Analyse

Fuzzy-Objekt × Fuzzy-Regler →gewünschter geschlossener Kreis(10.16)

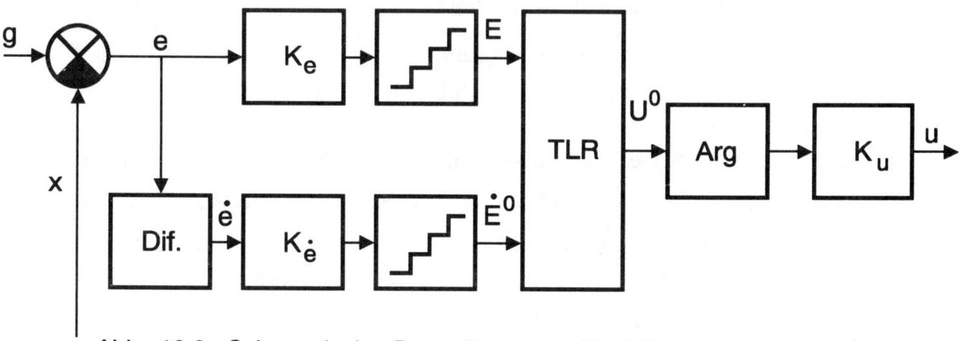

Abb. 10.9: Schematische Darstellung des Modells eines dynamischen Objektes 2. Ordnung

wollen wir nachweisen, daß die TLR des Fuzzy-Reglers (Tab. 10.9) den Übergang des Systems aus dem Anfangszustand (10.12) in den Endzustand (10.13) gewährleistet.

$E_0^0 = PG; \dot{E}_0^0 = NU; G^0 = PG.$

Bei $E^0 = PM$ und $G^0 = PM$ bestimmen wir aus der Tab. 10.4 $x^0 = NU$, und aus (10.8) folgt, daß $\dot{x}^0$ im Anfangszeitpunkt auch NU gleich ist, d. h. $\dot{x}^0 = NU$.

Aus der Tab. 10.9 bestimmen wir jetzt u^0, $E^0 = PM$ und $\dot{E}^0 = NU$. Dann substituieren wir $u^0 = PM$ in Tab. 10.3 und bestimmen linguistische Terme x^0 und $\dot{x}^0$. Aus der Tab. 10.3 folgt, daß vier Zustände möglich sind:

$x^0 = NU; \dot{x}^0 = PM; x^0 = PK; \dot{x}^0 = PK;$
$x^0 = PM; \dot{x}^0 = NU; x^0 = PG; \dot{x}^0 = NK.$

Unter Berücksichtigung der Tatsache, daß die Bewegung des Systems in Richtung des Ansteigens von x erfolgen wird, wird die Änderungsgeschwindigkeit von $\dot{x}$ nicht negativ sein. Daraus folgend, betrachten wir die 3 ersten Varianten:

— bei $x^0 = NU$, $\dot{x}^0 = PM$ und unter Berücksichtigung von (10.5) und (10.8) stellen wir fest, daß $E^0 = PM$ und $\dot{E}^0 = NM$ ist. Bei neuen Werten von E^0 und $\dot{E}^0$ stellen wir aus der Tab. 10.9 fest, daß $u^0 = NU$. Dies bedeutet, daß die Steuerung unverändert bleibt, d. h. $u^0 = PM$;

— bei $x^0 = PK$, $\dot{x}^0 = PK$ erhalten wir $E^0 = PK$, $\dot{E}^0 = NK$. Bei diesen Werten von E^0 und $\dot{E}^0$ stellen wir aus der Tab. 10.9 fest, daß $u^0 = NU$ ist;

— bei $x^0 = PM$, $\dot{x}^0 = NU$ erhalten wir $E^0 = NU$, $\dot{E}^0 = NU$. Aus der Tab. 10.9 stellen wir fest, daß $u^0 = NU$ ist.

Das Fuzzy-System wird somit aus dem Anfangszustand (10.12) in den Endzustand (10.13) überführt, der ein stabiler Knotenpunkt ist.

Linguistische Synthese für das dynamische System 2. Ordnung

Es sei bemerkt, daß die linguistische Beschreibung des Systemes in Form der Tab. 10.3 mit der Vergrößerung seiner Ordnung bedeutend komplizierter wird. Bekanntlich soll das System n-ter Ordnung durch eine n+2-dimensionale FuzzyRelation im Raum

$\tilde{X}_1 \times \tilde{X}_2 \times \ldots \times \tilde{X}_{n+1} \times \tilde{U},$

dargestellt werden, wobei $\tilde{x}_1$, $\tilde{x}_2$, ..., $\tilde{x}_{n+1}$ und $\tilde{U}$ Fuzzy-Mengen von Zuständen jeweils des Systems und der Steuerung seien.

Das linguistische Modell des dynamischen Prozesses 2. Ordnung soll insbesondere in Form einer TLR mit 3 Eingängen, d. h. schematisch in Form eines Würfels *(Abb. 10.10)* dargestellt werden. Es liegt auf der Hand, daß das Zusammenstellen des vollständigen linguistischen Modells der Anlage 2. Ordnung selbst bei nur 1 Eingang und 1 Ausgang eine sehr aufwendige Prozedur ist. Häufig ist es entweder gar nicht möglich, eine vollständige 2+2-dimensionale TLR zu bilden, oder es können bei deren Zusammenstellen diverse Fehler begangen werden. Daraus resultierend, wird die Synthese der linguistischen Regeln eines Fuzzy Reglers nicht nur kompliziert, sie kann bei Fehlern in der TLR der Anlage auch falsch sein. Wird ein Fuzzy-Regler mit 2+2-dimensionaler TLR mit den Eingängen x^*, $\dot{x}^*$, $\ddot{x}^*$ und dem Ausgang u^* zusammengebaut, so wird die Realisierung mit Mikro- und MiniRechnern auch ungerechtfertigt kompliziert.

Zur Aufhebung der o. g. Nachteile wurde von uns in Baku und Siegen ein Verfahren zur Bildung und Darstellung der TLR dynamischer Systeme 2. Ordnung entwickelt, das einen Fuzzy-Regler linguistisch synthetisieren läßt.

Die Übergangsvorgänge der linearen und nichtlinearen, stabilen dynamischen Systeme 2. (und auch höherer) Ordnung werden durch die Strecken „Anlauf", „Bremsen" und „stationärer Zustand" gekennzeichnet. In diesem Zusammenhang ist es zweckmäßig, folgendes Verfahren zur Beschreibung linguistischer Modelle der Systeme 2. Ordnung mit zweigängigen TLR anzubieten. Zur Feststellung der Bewegungsstrecke (d. h. des Übergangsvorgangs) des Systems führen wir die linguistischen Variablen S^0, J^0

$$T^0 = R_T^0 (S^0, J^0) \tag{10.17}$$

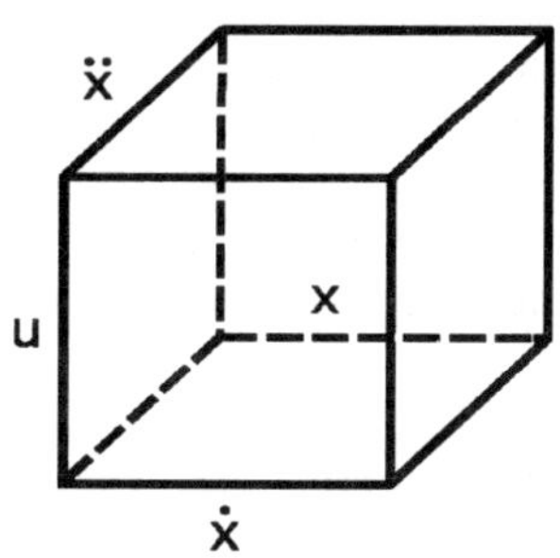

Abb. 10.10: Darstellungsschema des Fuzzy-Modells eines dynamischen Objektes 2. Ordnung in Form der Tabelle der lingustischen Variablen

ein, die durch die Phasenkoordinaten des Systems bestimmt werden (R_T^0 ist TLR).

Die linguistische Variable T^0 erhält somit folgende Werte aus der entsprechenden Term-Menge:

$$T^*(W_T) = \{\text{Anlauf, Bremsen, stationärer Zustand}\} \qquad (10.18)$$

und identifiziert die Abschnitte des Übergangsvorgangs des Systems. Sie ist dabei immer in Form einer TLR dargestellt.

<table>
<tr><td></td><td>J^0</td></tr>
<tr><td>S^0</td><td>$T^* (W_T)$</td></tr>
<tr><td></td><td>T^0</td></tr>
</table>

(10.19)

Aus dem oben Gesagten und der Analyse (10.17)-(10.19) folgt, daß anstelle von nur einer fuzzy-mehrdimensionalen Relation $R(x, \dot{x}, \ddot{x}, u)$ drei Matrizen der Relation $R_{Anlauf}(x, \dot{x}, u)$, $R_{Bremsen}(x, \dot{x}, u)$ und $R_{stationär}(x, \dot{x}, u)$ verwendet werden können, deren Dimensionen kleiner als die Dimension von $R(x, \dot{x}, \ddot{x}, u)$ sind, wobei deren Verwendung auch bequemer ist. Zur Feststellung des Zustandes des Systems ist es erforderlich, die Werte linguistischer Variablen $T_i^0(i=\overline{1,3})$ einzusetzen, die abhängig von den Werten linguistischer Variablen S^0 und J^0 bestimmt werden. Das Gesagte kann man durch die *Abb. 10.11* und *10.12* veranschaulichen. *Abb. 10.11 a* zeigt das Schema zur Darstellung des Fuzzy Modells des dynamischen Systems 2. Ordnung in Form der TLR mit 3 Eingängen, *Abb. 10.11 b* das Schema des Fuzzy Modells des Systems in Form der TLR mit 2 Eingängen. Sollen für jede Variable m Fuzzy-Untermengen eingesetzt werden, so muß man für die TLR mit 3 Eingängen folgende Anzahl linguistischer Regeln zusammenstellen: $N = m^{n+1}$; für die zweigängige TLR wird die Anzahl der Regeln durch folgende Ungleichung

$$(0{,}5m^n + 2m) \leq N' \leq (2m^n + m)$$

bestimmt. Vergleichen wir den Arbeitsaufwand für das Zusammenstellen und die Speicherung der TLR an einem Beispiel:

für die TLR mit 3 Eingängen:
  bei m = 7 Termen ist die Anzahl der Regeln N = 343,
  bei m = 11 Termen ist die Anzahl der Regeln N = 1341;

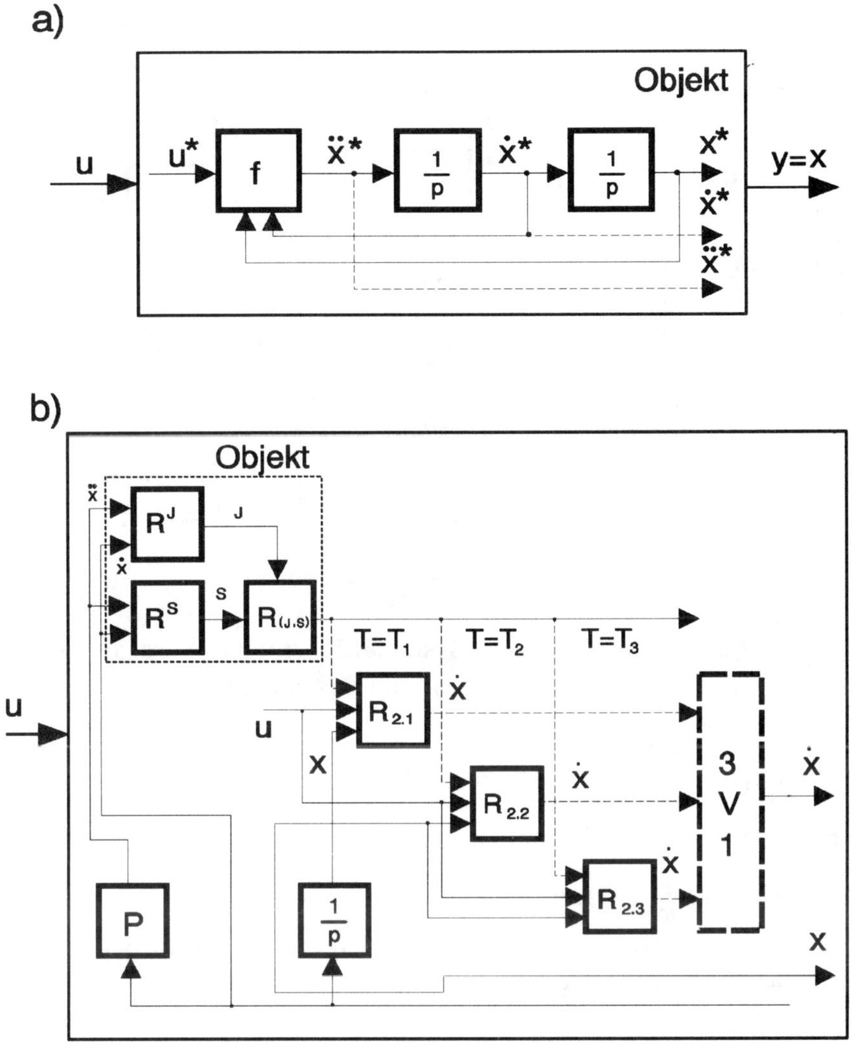

Abb. 10.11: Dekompositionsschema für die Relationsmatrizen

für die dekomposierte TLR mit 2 Eingängen:
bei $m = 7$ Termen ist die Anzahl der Regeln $39 \leq N' \leq 105$
bei $m = 11$ Termen ist die Anzahl der Regeln $83 \leq N' \leq 253$.

Jetzt verwenden wir die linguistischen Variablen S^0 und J^0 und zeigen, durch welche Abhängigkeiten von den Phasenkoordinaten $\dot{x}$ und $\ddot{x}$ diese

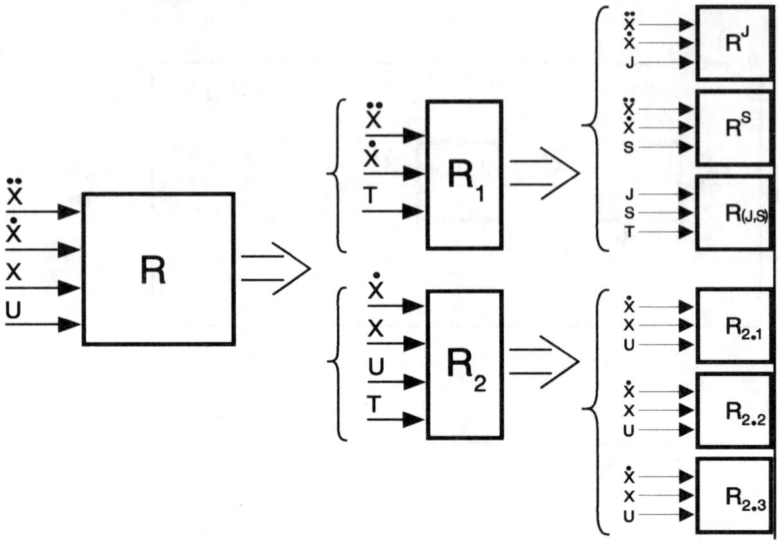

Abb. 10.12: Dekompositionsschema für die Relationsmatrixen

gebildet werden können. Für die Systeme 2. Ordnung wird die Bewegungsdynamik durch Geschwindigkeit und Beschleunigung bestimmt. In diesem Zusammenhang gilt

$$S^0 = \{S^*, W_S, \tilde{S}\} = R^0_S(\dot{x}^*, \ddot{x}^*),\ S^* \in T^*(W_S). \tag{10.20}$$

Hierbei sind:

$S = (\text{sign}\ \dot{x}^*) \wedge (\text{sign}\ \ddot{x}^*)$, R^0_S – TLR, $\dot{x}^*$, $\ddot{x}^*$ und

entsprechende Grundvariablen, die die Werte aus dem Satz der Terme: {positiv, negativ, null} erhalten.

Laut (10.20) soll die linguistische Variable S^0 die Werte aus der entsprechenden Term-Menge

$$T^*(W_S) = \{\text{Null, positiv, negativ}\} \tag{10.21}$$

erhalten.

Bei S^* = „positiv" befindet sich der Übergangsvorgang auf der Strecke „Anlauf", bei S^* = „negativ" auf der Strecke „Bremsen". Bei S^* = „Null" kann die Bewegung des Systems entweder im stationären Zustand oder im Wendepunkt sein (vom „Bremsen" zum „Anlauf" bzw. umgekehrt). Aus letzterem folgt, daß zusätzliche Informationen über die Verhältnisse der Phasenvariablen erforderlich sind, auf Grund derer ein stationärer Betrieb feststellbar ist. Als solche Informationen betrachten wir die Werte der linguistischen Variablen:

$$J_0 = \{J = R_J^0 (\dot{x}^*, \ddot{x}^*), T_J^*, J\}, J^* \in T_J^*; \qquad (10.22)$$

$$J = | \operatorname{sign} \dot{x}^* | \cap | \operatorname{sign} \ddot{x}^* |; \qquad (10.23)$$

$$T_J^* = \{\text{Null, keine Null}\}, \qquad (10.24)$$

(keine Null bedeutet, der Übergangsvorgang befindet sich im stationären Zustand, Null — dynamischer Betrieb des Systems).

In diesem Fall kann man die Abschnitte des Übergangsvorganges des Systems unter Anwendung von (10.18) und (10.20)-(10.24) vorläufig beschreiben. Diese Abschnitte sind durch folgende Aussagen feststellbar:

IF S* ist positiv AND IF J* ist Null THEN T* (der Zustand des Systems) — Anlauf ELSE

IF S* ist negativ, IF J* ist Null THEN T* (der Zustand des Systems) — Bremsen ELSE

IF S* ist Null AND IF J* ist kein Null THEN T* stationärer Zustand.

(10.25)

Der Ausdruck (10.25) ist als eine TLR, deren Eingänge linguistische Variablen S^0 und J^0 und der Ausgang T^0 sind, darstellbar.

S*	J*	
	Null	nicht Null
Negative	Bremsen	
Null	dynamischer Zustand	
Positive	Anlauf	
	T*	

(10.26)

Es sei bemerkt, daß mit (10.26) auch die Abschnitte des Übergangsvorgangs dynamischer Systeme höherer Ordnung feststellbar sind.

Das Fuzzy-Modell des Systems 2. Ordnung, das auf Basis der qualitativen Überlegungen, d. h. nach Übergangsvorgängen des Systemes als Reaktion auf sprunghafte Änderungen der Eingänge gebildet worden ist, sei in Form folgender Aussagen angegeben:

IF u^* ist PG AND IF x^* ist PK
THEN $\dot{x}^*$ ist PM und $\ddot{x}^*$ ist PM ELSE
IF u^* ist PG AND IF x^* ist PM
THEN $\dot{x}^*$ ist PG und $\ddot{x}^*$ ist PG
....
IF u^* ist NU AND IF x^* ist NU
THEN $\dot{x}^*$ ist NU und $\ddot{x}^*$ ist NU (10.27)

Man nehme auch an, die Übergangsvorgänge des Systems 2. Ordnung werden mit 3 TLR (bei der Vergrößerung des Ausgangswertes vom Nennwert) beschrieben, jeweils für die Abschnitte „Anlauf", „Bremsen" und „stationärer Zustand" *(Tab.10.10)*, bei der Verminderung des Ausgangwertes vom Nennwert mit *Tab. 10.11*. Durch das Zusammenziehen der Tabellen 10.10 und 10.11 erhalten wir das verallgemeinerte Fuzzy-Modell jeweils für die Abschnitte „Anlauf" und „Bremsen" *(Tab. 10.12)*. Der stationäre Zustand des Systems wird in jedem Fall durch die Tabelle 10.10 bei $T^0 = T^0_{2.2}$ = stationärer Zustand bestimmt.

Tab. 10.10: TLR der Übergangsvorgänge des Objektes 2. Ordnung für die Abschnitte „Anlauf", „Bremsen" und „stationärer Zustand" (bei der Vergrößerung des Ausgangswertes vom Nennwert)

	Anlauf x^*							Bremse x^*							stationäre Zustand x^*						
u^*	NG	NM	NK	NU	PK	PM	PG	NG	NM	NK	NU	PK	PM	PG	NG	NM	NK	NU	PK	PM	PG
NG	NM	NG	NM	NU				NK							NU						
NM		NM	NK	NU					NK							NU					
NK			NK	NU						NK							NU				
NU				NU							NU							NU			
PK				NU	PK							PK							NU		
PM				NU	PK	PM							PK							NU	
PG				NU	PM	PG	PM							PK							NU
	$\dot{x}^*$							$\dot{x}^*$							$\dot{x}^*$						

Tab. 10.11: TLR der Übergangsvorgänge des Objektes 2. Ordnung (bei der Vergrößerung des Ausgangswertes vom Nennwert)

		Anlauf x^*							Bremse x^*						
		NG	NM	NK	NU	PK	PM	PG	NG	NM	NK	NU	PK	PM	PG
u^*	NG	NU							NU						
	NM	PK	NU						NU	NU					
	NK	PK	PM	NU						PM	NU				
	NU	PK	PM	PG	NU	NG	NM	NK			PG	NU	NG		
	PK					NU	NM	NK					NU	NM	
	PM						NU	NK						NU	NU
	PG							NU							NU
		$\dot{x}^*$							$\dot{x}^*$						

Formulieren wir die Aufgabe der Synthese des Fuzzy-Reglers für die Systeme 2. Ordnung (Tab. 10.10 und 10.12) und unter Berücksichtigung (10.26) analog der Aufgabe für die Systeme 1. Ordnung (die Formulierung führen wir nicht an, da die Aufgabenstellungen in ihrer Form identisch sind).

Tab. 10.12: Verallgemeinertes Fuzzy-Modell für die Abschnitte „Anlauf" und „Bremsen"

		Anlauf x^*							Bremse x^*						
		NG	NM	NK	NU	PK	PM	PG	NG	NM	NK	NU	PK	PM	PG
u^*	NG	NM	NG	NM	NU				NK						
	NM	PK	NM	NK	NU				NU	NK					
	NK	PK	PM	NK	NU					PM	NK				
	NU	PK	PM	PG	NU	NG	NM	NK			PG	NU	NG		
	PK				NU	PK	NM	NK					PK	NM	
	PM				NU	PK	PM	NK						PK	NU
	PG				NU	PM	PG	PM							PK
		$\dot{x}^*$							$\dot{x}^*$						

Jetzt bestimmen wir die Struktur und die TLR des FuzzyReglers für die Systeme 2. Ordnung. Laut (10.11), (10.14), (10.16) und unter Berücksichtigung des Fuzzy-Modells des Systems (Tab. 10.10 und 10.12) erhalten wir die TLR für die Abschnitte „Anlauf“ und „Bremsen“ *(Tab. 10.13)*. So wird die TLR des Fuzzy-Reglers, die die Lösung der gestellten Aufgabe ist (Tab. 10.14), aufgrund von (10.11), (10.14) und der Tab. 10.13 synthetisiert.

Gleichzeitig ist es zweckmäßig, die Untertabellen aus der *Tab. 10.14* in eine einheitliche TLR zusammenzuziehen *(Tab. 10.15)*, um die Realisierung des Fuzzy-Reglers zu vereinfachen. Es sei bemerkt, daß die fehlenden Situationen in der letzten Tabelle gemäß dem Inhalt der TLR ergänzt wurden (durch die Anwendung der Kompositionsregel ist solch eine Ergänzung nicht obligatorisch).

Bei Zusammenziehen der TLR kann jedoch die Situation der Überlagerung von sehr widersprüchlichen Regeln entstehen. Vorteilhafter wäre es, einen Regler mit 3 TLR zu verwenden, der „intelligenter“, aber auch viel komplizierter in der Realisierung ist. Die linguistischen Variablen für (10.26) werden wie folgt bestimmt:

Tab. 10.13: TLR für die Abschnitte ,,Anlauf'' und ,,Bremsen''

		Anlauf e^*							Bremse e^*						
		NG	NM	NK	NU	PK	PM	PG	NG	NM	NK	NU	PK	PM	PG
u^*	NG				NU	PM	PG	PM							NU
	NM				NU	PK	PM	NK						NU	NU
	NK				NU	PK	NM	NK					NU	NM	
	NU	PK	PM	PG	NU	NG	NM	NK			PG	NU	NG		
	PK	PK	PM	NK	NU					PM	NU				
	PM	PK	NM	NK	NU				NU	NU					
	PG	NM	NG	NM	NU				NU						
		$\dot{e}^*$							$\dot{e}^*$						

Tab. 10.14: TLR des gesamten Fuzzy-Reglers

		Anlauf e*							Bremse e*							stationäre Zustand e*						
		NG	NM	NK	NU	PK	PM	PG	NG	NM	NK	NU	PK	PM	PG	NG	NM	NK	NU	PK	PM	PG
ė*	NG	NM	NG	NM	NU								NU									
	NM		NM	NK	NU									NK								
	NK			NK	NU																	
	NU				NU				PG	PM	PK	NU	NK	NM	NG	PG	PM	PK	NU	NK	NM	NG
	PK				NU	PK																
	PM				NU	PK	PM			PM												
	PG				NU	PM	PG	PM			NU											
		u*							u*							u*						

$$S_p^0 = \{S_p^*, T_s, \widetilde{S}_p = \tilde{\dot{E}} \cap \tilde{\ddot{E}}\}, S_p^* \in T_s$$

$$J_p^0 = \{J_p^* = |\,\mathrm{sign}\,\dot{e}^*\,| \wedge |\,\mathrm{sign}\,\ddot{e}^*\,|, T_J, \widetilde{J}_p\}, J_p^* \in T_J; \qquad (10.28)$$

$$T_p^0 = \{T_p^* = R_T(S_p^*, J_p^*), T_p, \widetilde{T}_p\}, T_p^* \in T_p.$$

So wird die TLR des Fuzzy-Reglers bei der bekannten FuzzyBeschreibung des zu steuernden Systems gemäß der Aufgabenstellung (10.12), (10.13) synthesiert. Die synthetisierte TLR ist dazu bestimmt, die Folge von u_j^* $(j=\overline{0,k-1})$ zu erzeugen, um das zu steuernde System vom Anfangs-

Tab. 10.15: Einheitliche TLR für die Abschnitte ,,Anlauf'', ,,Bremsen'' und ,,Stationärer Zustand'' aus der Tab. 10.14

		e*						
		NG	NM	NK	NU	PK	PM	PG
ė*	NG	PG	PG	PM	PK	NU	NK	NM
	NM	PG	PM	PG	NU	NK	NK	NM
	NK	PM	PM	PM	NK	NK	NK	NM
	NU	PM	PM	PK	NU	NK	NM	NM
	PK	PM	PK	PK	PK	NM	NM	NM
	PM	PM	PK	PK	PK	NG	NM	NG
	PG	PM	PK	NU	PK	NM	NG	NG
		u*						

zustand (10.12) in den Endzustand (10.13), der ein stabiler Knotenpunkt ist, mit der gewünschten Güte des Überganges zu überführen. Diese Prozedur kann folgendermaßen dargestellt werden:

$$x_0^* \to u_0^* \to x_1^* \to u_1^* \to \ldots \to x_i^* \to u_j^* \to \ldots \to x_k^* \quad i=\overline{0,k},\ j=\overline{0,k-1}, \qquad (10.29)$$

wobei x_i^* der Ausgang des zu steuernden Systems sei, u_j^* sei die Steuereinwirkung.

Literatur zu Kapitel 10

1. Mamdany E.H., „Applications of fuzzy logic to approximate reasoning using linguistic systems", IEEE Trans. Comput. c-26, 1977, pp. 1182-1191

2. Aliev R.A., Abdikeev N.M., Schachnasarov M.M., „Proisvodstvennue sistemu s iskusstvennum intellektom", „Radio i svjas", Moskva, 1990, pp. 264. (in russisch)

3. Aliev R.A., Aliev F.T., Babaev M.D., „Fuzzy Process Control and Knowledge Engineering in Petrochemical and Robotic Manufacturing", Verlag TÜV Rheinland, Köln, 1991, pp. 146.

4. Aliev R.A., Zerkovny A.E., Mamedova G.A., „Upravlenie proisvodstvom pri netschetkoy ischodnoy informaziji", Moskva, Energoatomisdat, 1991, pp. 240. (in russisch)

5. Terano T., Asai K., Sugeno M., „Fuzzy systems theory and its applications", Academic Press, Boston-Toronto, 1991, pp.254.

6. Gupta M.M., Yamakawa T. (eds.), „Fuzzy logic in knowledge based systems, decision and control", North-Holland, Amsterdam, 1991, pp.410.

7. Aliev R.A., Aliev F.T., Babaev M.D., „The Synthesis of Fuzzy Coordinate-Parametric Automatic Control Systems for Oil Refinery Unit", Fuzzy sets and systems, 1992, No. 47, pp. 157-162.

8. Tong R.M., „Synthesis of fuzzy models for industrial processes", Int. Journal of General Systems, vol.4, 1978, pp. 143-162.

9. FALCON, Fuzzy Algorithms for Control, ESPRIT, III 6017, Working Group Meeting, March, 1993, Albi, France, pp.232.

10. Aliev R.A., „Production control on the basis of fuzzy models. Fuzzy sets and systems", 22, 1987, pp. 43-56.

11. Sugeno M.(eds.), „Industrial Applications of fuzzy control", North-Holland, Amsterdam, 1985, pp.278.

11 Fuzzy-Diagnosesysteme für die chemische Industrie

11.1 Diagnosesystem für Anlagen der katalytischen Fraktionierung

Das vereinfachte technische Blockschaltbild einer Anlage für die katalytische Benzin-Fraktionierung ist in *Abb. 11.1* dargestellt.

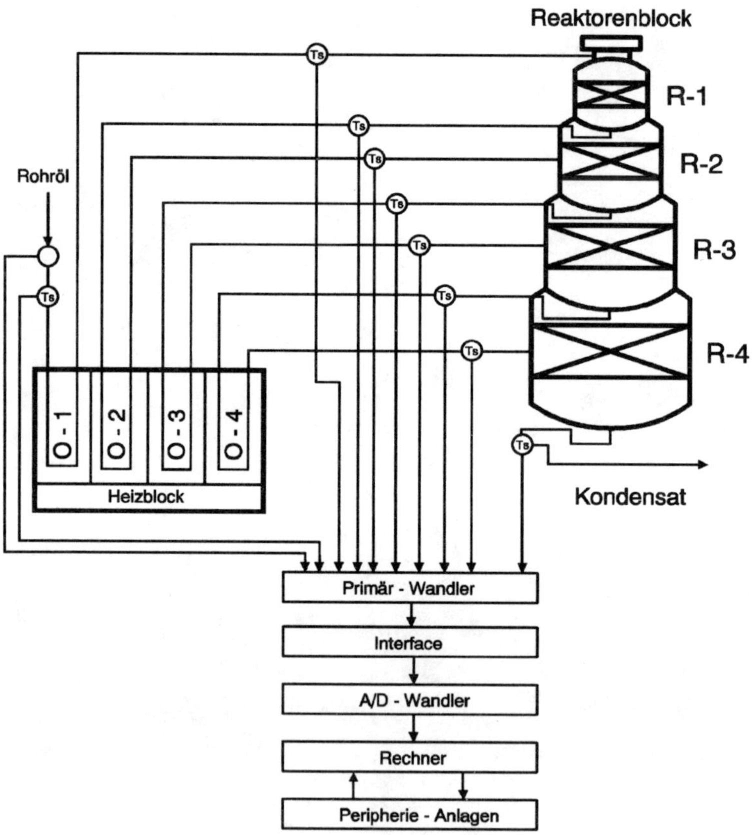

Abb. 11.1: Strukturschema eines automatisierten Systems zur Diagnose des Zustandes einer Anlage zur katalytischen Fraktionierung

Der Rohstoff, in unserem Fall, mit Wasserstoff angereichertes Benzin, wird durch die Rohstoffpumpe zur Fraktionierung geleitet. Der Prozeß verläuft in der zirkulierenden Wasserstoffumgebung, was zu Vermischungen des Rohstoffes mit dem wasserstoffbehafteten Gas (WSG) führt. Das Gas-Rohstoff-Gemisch passiert den Wärmeaustauscher, in dem es bis zu einer bestimmten Temperatur erwärmt wird. Es erfolgt die Weiterleitung des Gemisches zu dem ersten Ofen O-1. Hier wird es bis zur Reaktionstemperatur erwärmt und an den Reaktorblock weitergegeben. Der Reaktorblock stellt eine Reihenschaltung von vier hintereinander geschalteten Reaktoren (R-1, R-2, R-3, R-4) dar.

Da die Fraktionierungsreaktionen eine Zufuhr von Energie benötigen, durchläuft das WSG aus dem Ausgang jedes Reaktors ersteinmal einen Ofen (O-1, O-2, O-3, O-4), wo es bis zur vorgeschriebenenen Reaktionstemperatur erwärmt wird. Die betrachtete Anlage ist mit einem Block zur Katalysatorregenerierung versehen, in dem ein kontinuierlicher Prozeß betrieben werden kann. Infolge der katalytischen Reaktion findet die Trennung des wasserstoffbehafteten Gases vom instabilen Kondensat statt. Das WSG wird durch die Kompressoranlage vom oberen Teil des Separators (Trenneinrichtung) abgezogen und zur erneuten Vermischung mit dem Rohstoff zur Verfügung gestellt. Das instabile Kondensat wird vom unteren Separatorteil mit Hilfe einer Pumpe abgesaugt und in die Stabilisierungskolonne geleitet. Aus dem unteren Bereich der letzten Kolonne wird das Kondensat von der Anlage weggeleitet. Das Zielprodukt der Anlage ist ein Kondensat, das durch eine vorgegebene Oktanzahl charakterisiert wird.

Der wichtigste zu kontrollierende Parameter des Fraktionierungsprozesses ist die Temperaturdifferenz ΔT_W in den Reaktoren. Die Konstanthaltung dieser Parameter auf dem vorgegebeen Optimalniveau ist eine der wichtigsten Steuerungsaufgaben für diese technische Anlage.

Die Diagnose des technologischen Zustandes der katalytischen Fraktionierung wurde folgenderweise verwirklicht: Den Betriebs-Eigenschaften oder Merkmalen des Reaktorblockes sind jeweils sechs linguistische Variablen zugeordnet:

<Differenz in R-1, T_1, [-15°, 8°], G_1, M_1>;
<Differenz in R-2, T_2, [-8°, 8°], G_2, M_2>;

<Differenz in R-3, T_3, [-8°, 8°], G_3, M_3>;
<Differenz in R-4, T_4, [-8°, 8°], G_4, M_4>;

Die Term-Mengen werden wie folgt bestimmt: $T_1 = T_2 = T_3 = T_4 =$ {hat sich ein wenig vergrößert; hat sich vergrößert; hat sich sehr vergrößert; hat sich ein wenig verringert; hat sich verringert; hat sich sehr verringert; keine Veränderung }.

Eine dazugehörige Wahrscheinlichkeitsschätzung wird durch gleichnamige linguistische Variablen dargestellt. Die Term-Menge P besteht aus den folgenden Werten der linguistischen Variablen:

B_1 — ausgeschlossen;
B_2 — nahezu unwahrscheinlich;
B_3 — sehr wenig wahrscheinlich;
B_4 — wenig wahrscheinlich;
B_5 — mehr oder weniger wahrscheinlich;
B_6 — wahrscheinlich;
B_7 — mehr als wahrscheinlich;
B_8 — ziemlich wahrscheinlich;
B_9 — sehr wahrscheinlich;
B_{10} — nahezu immer;
B_{11} — immer.

Es wurde eine kompetente Gruppe von fünf Experten ausgewählt. Jedem Mitglied der Gruppe wurde von den anderen ein Gewichtskoeffizient zugeordnet, welcher seine fachliche Erfahrung, Kompetenz und Bildung berücksichtigt. Zur Einführung einer intersubjektiven Objektivität wurden die Gewichtskoeffizienten aufgrund der gegenseitigen Schätzungen nach der Formel:

$$\forall r=\overline{1,5}: \varphi_r = \sum_{g=1}^{4} \varphi_{rg}/4, \; r \neq g$$

bestimmt. Hier seien: φ_r resultierender Gewichtskoeffizient vom r-ten Experten; φ_{rg} Gewichtskoeffizient, den der g-te Experte dem r-ten Experten gibt.

Zur weiteren Verwendung wurden die Gewichtskoeffizienten φ_r nach der Formel (11.1) normiert, um die Gleichung $\sum_{r=1}^{5} A_r = 1$ zu erfüllen:

$$\forall r=\overline{1,5}: A_r = \varphi_r / \sum_{r=1}^{5} \varphi_r. \qquad (11.1)$$

Als Ergebnis enstanden folgende Werte: erster Experte $A_1 = 0{,}4$; zweiter Experte $A_2 = 0{,}2$; dritter Experte $A_3=0{,}2$; vierter und fünfter Experte $A_4=A_5 = 0{,}1$.

Von jedem der Experten wurde eine eigene Variante des linguistischen Modells ausgefüllt, d. h. die Regeln nach (6.13) aufgeschrieben. Zum Beispiel:

<<Wenn Differenz in R-1 sich ein wenig vergrößert hat, so wird die Wahrscheinlichkeit der Diagnose „Der Ölgehalt im Rohstoff hat sich vergrößert" als „sehr wahrscheinlich" geschätzt.>>

Der Einfachheit halber wurden diese Regeln in einer Tabelle zusammengestellt. In *Tabelle 11.1* ist ein Fragment einer Wissensbasis dargestellt, nämlich eine linguistische Regeltafel zur Schätzung von Diagnosenwahrscheinlichkeiten ΔT_4. Die Elemente m_{jf} (j ist die Diagnosenummer aus {D} und f die Nummer des linguistischen Wertes aus der Term-Menge T) wurden nach den Elementenwerten m_{jf}^r, $r=\overline{1,5}$ aller 5 Varianten, die von 5 Experten ausgefüllt wurden, festgestellt. Die Antworten der Experten sind die Werte $\tilde{B}_1$ der linguistischen Variablen Pb° (die Wahrscheinlichkeitsschätzung).

Für das oben vorgestellte Beispiel ist Pb° $(D_1/X_i = A_{i1}) = \tilde{B}_9$ und folglich $m_{i1} = \tilde{B}_9$. Falls dies ein Fragment einer Variante ist, die vom 2. Experten geliefert wurde, dann gilt $m_{i1}^2 = \tilde{B}_9$.

Bei den hier angenommenen Bezeichnungen wurden die Elemente m_{jf}, $j=\overline{1,10}$, $f=\overline{1,7}$, der resultierenden Variante mit Hilfe der folgenden Prozedur bestimmt:

Schritt 1: $\forall r=1{,}5$, werden $m_{jf}^r = B_1 (l \in [1{,}11])$ behandelt.

Schritt 2: $\forall B_1 \in P$ werden a_l^2 nach Formel

$$a_l^r = \arg\max \mu_{\tilde{E}}(u) = (l-1)/10. \qquad (11.2)$$

bestimmt.

Schritt 3: Zur $m_{jf} = \tilde{B}_x$ werden a_x bestimmt:

$$a_x = \sum_{r=1}^{5} A_r \, a_l^r, \qquad (11.3)$$

Tab. 11.1: Linguistische Regeltafel zur Bestimmung der Diagnosewahrscheinlichkeitsschätzung ΔT_4

	Falls ΔT_4 hat	geringe Zunahme	Zunahme	große Zunahme	geringe Abnahme	Abnahme	große Abnahme	keine Änderung
Möglichkeit, daß	der Schwefelinhalt zu groß ist	sehr wahrscheinlich	sicher	absolut sicher	ausgeschlossen	ausgeschlossen	ausgeschlossen	ausgeschlossen
	der Schwefelinhalt zu klein ist	ausgeschlossen	ausgeschlossen	ausgeschlossen	sehr wahrscheinlich	sicher	sicher	ausgeschlossen
	die Feuchtigkeit von trockenem Gas zu hoch ist	ausgeschlossen	ausgeschlossen	ausgeschlossen	weniger wahrscheinlich	weniger wahrscheinlich	wahrscheinlich	fast ausgeschlossen
	die Feuchtigkeit von trockenem Gas zu niedrig ist	möglich	weniger wahrscheinlich	weniger wahrscheinlich	ausgeschlossen	ausgeschlossen	ausgeschlossen	möglich
	der Verbrauch von trockenem Gas zu hoch ist	ausgeschlossen	ausgeschlossen	ausgeschlossen	unwahrscheinlich	möglich	weniger wahrscheinlich	fast ausgeschlossen
	der Verbrauch von trockenem Gas zu niedrig ist	möglich	weniger wahrscheinlich	wahrscheinlich	ausgeschlossen	ausgeschlossen	ausgeschlossen	sehr unwahrscheinlich
	der Rohstoff zu schwer ist	wahrscheinlich	sehr wahrscheinlich	sicher	ausgeschlossen	ausgeschlossen	ausgeschlossen	sehr unwahrscheinlich
	der Rohstoff zu leicht ist	ausgeschlossen	ausgeschlossen	ausgeschlossen	unwahrscheinlich	weniger wahrscheinlich	wahrscheinlich	fast ausgeschlossen
	der Verbrauch von chlororganischen Stoffen zu hoch ist	umwahrscheinlich	weniger wahrscheinlich	weniger wahrscheinlich	ausgeschlossen	ausgeschlossen	ausgeschlossen	fast ausgeschlossen
	der Verbrauch von chlororganischen Stoffen zu niedrig ist	ausgeschlossen	ausgeschlossen	ausgeschlossen	unwahrscheinlich	weniger wahrscheinlich	wahrscheinlich	fast ausgeschlossen

wobei $\sum_{r=1}^{5} A_r = 1$, $x \in [1,11]$ als Normierung gilt.

Es liegt auf der Hand, daß der rechte Teil von (11.3) eine konvexe lineare Kombination darstellt, und deshalb wird bei $a_{rl} \in [0,1]$, $A_r \in [0,1]$ die Bedingung $a_x \in [0,1]$ erfüllt sein.

Nach dem Bestimmen des Wertes a_x ist leicht auch B_x ($x = 10a_x+1$) linguistisch zu bestimmen. Es seien z. B. $m_{fj}^1 = B_8$ „genügend wahrscheinlich"; $m_{jf}^2 = B_7$ „mehr als wahrscheinlich"; $m_{jf}^3 = B_9$ „sehr wahrscheinlich"; $m_{jf}^4 = B_4$ „wenig wahrscheinlich", $m_{if}^5 = B_8$ „ziemlich wahrscheinlich".

Entsprechend den ausgewählten Zugehörigkeitsfunktionen für die Fuzzy-Untermengen $\tilde{E}_l$ ($l=\overline{1,11}$) erhalten wir $a_8^1 = 0{,}7$; $a_7^2 = 0{,}6$; $a_9^5 = 0{,}8$; $a_4^4 = 0{,}3$; $a_8^5 = 0{,}7$. Durch Substitution a_l^r und $A_r$in der Formel (11.3), erhalten wir:

$$a_x = 0{,}4 \times 0{,}7 + 0{,}2 \times 0{,}6 + 0{,}2 \times 0{,}8 + 0{,}1 \times 0{,}3 + 0{,}1 \times 0{,}7$$

$$a_x = 0{,}66;\ x = 10a_x+1 = 7{,}6.$$

Folglich ist $m_{jf} = \tilde{B}_8$ „ziemlich wahrscheinlich". Analog wurden alle Elemente des Modells ausgefüllt.

Während des Verallgemeinerungsprozesses wurde viel Aufmerksamkeit der Widerspruchsfreiheit der Regeln geschenkt, die von verschiedenen Experten erstellt worden sind. Diese Prüfung der Widerspruchsfreiheit wurde mit Hilfe von contr verwirklicht (das als Trennbarkeits-Maß der Fuzzy-Mengen bekannt ist, wobei contr für contradiction als Funktionsnamen für das Reziproke von min-max eingeführt wurde).

Die verallgemeinerten Regeln werden als widerspruchsfrei angenommen, vorrausgesetzt:

$$\mathrm{contr} = 1 - \max\{\min[\mu_{\tilde{E}_{if}^1}(u), \ldots, \mu_{\tilde{E}_{if}^m}(u)]\} \leq 0{,}3$$

Andernfalls wird eine zusätzliche Expertenbefragung durchgeführt. Die weitere Bearbeitung der Wissensbasis wird auf die Bestimmung der Matrizen von Fuzzy-Relationen $\tilde{R}_i^j$ zurückgeführt und wie folgt realisiert:

Schritt 1: Mittels jeder Regel des Modells werden die Matrizen von binären Relationen aufgestellt, die von Fuzzy-Untermengen der Menge $V_i \times U$

$$R^{jl}_{if_i}\,(v,u) = \bigcup_{(v,u)\in V_i \times U} \mu_{\tilde{R}}\,(v,u)/(v,u), \qquad (11.4)$$

charakterisiert werden, dabei ist $\mu_{\tilde{R}}$: $V_i \times U \rightarrow [0,1]$ die Zugehörigkeitsfunktion der Fuzzy Untermenge (11.4), die als kartesisches Produkt

$$\tilde{R}^{jl}_{if_i} = \tilde{C}_{if_i} \times \tilde{E}^{j}_{l}$$

mit der Zugehörigkeitsfunktion:

$$\forall u \in U,\ \forall v \in V_i,\ \forall (v,u) \in V_i \times U{:}\ \mu_R(v,u) =$$

$$= \min(\mu_{\tilde{C}}\,(v),\ \mu_{\tilde{E}}\,(u)),$$

definiert sei.

Schritt 2: Es werden alle $R^{jl}_{if_i}$ vereinigt, die zum Merkmal X_i und der Diagnose D_j gehören:

$$\tilde{R}^{j}_{i} = \vee\, \tilde{R}^{jl}_{if_i},\ f=\overline{1,7},\ l \in [1,11],$$

$$\forall v,\ u,\ (v,u){:}\ \mu_{\tilde{R}^{j}_{i}} = \max(\mu_{\tilde{R}^{jl}_{i1}}\,(v,u),\ \ldots,\ \mu_{\tilde{R}^{jl}_{ik}}\,(v,u)).$$

Damit endet dieser Teil der Vorbereitung der apriori Information, die zur Arbeit des Diagnose-Algorithmus notwendig ist, um die Wahrscheinlichkeit der Diagnose aus der Menge im On-Line-Modi abzuschätzen.

Abb. 11.2 ist eine Skizze der schrittweisen Prozedur zur Schätzung der subjektiven Wahrscheinlichkeit einer Diagnose.

Am Eingang des Blocks 1 laufen numerische (genaue) Werte der technischen Parameter der Merkmale ein. In diesem Block, der die Rolle des linguistischen Interpreten spielt, werden den Parametern linguistische Variablen zugeordnet und deren Werte aus den Term-Mengen bestimmt. Am Ausgang des Blocks erhält man Fuzzy Schranken $\tilde{C}_{if_i}$ zu jedem Merkmal, das an den Eingang des Blocks 2 gelangt. Am Eingang desselben Blocks laufen auch die Relations-Matrizen $\tilde{R}^{j}_{i}$ ein. In Block 2 wird zu jedem X_i

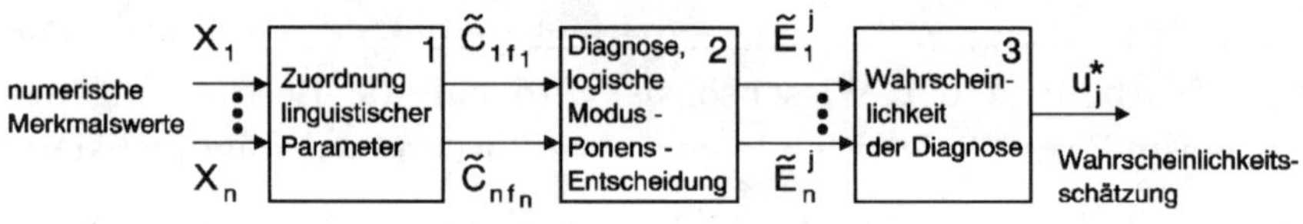

Abb. 11.2: Schema einer sequentiellen Prozedur zur Berechnung der Schätzung der subjektiven Wahrscheinlichkeit von der j-ten Diagnose

eine Entscheidungs-Regel im Form des logischen Sillogismus MODUS PONENS verwendet, die dargestellt wird mittels der Formel

$$\left.\begin{array}{ll}\text{Bedingung 1:} & \text{WENN } (X_i \text{ ist } A_{if}), \text{ DANN } (Pb \text{ ist } B_l) \\ \text{Bedingung 2:} & X_i \text{ ist } A_{if} \\ \text{Folgerung:} & Pb \text{ ist } B_l\end{array}\right\} \qquad (11.5)$$

Die Regel (11.5) wird mittels der Kompositions- Folgerungsregel von L. Zadeh aufgestellt, aus der hervorgeht, daß die Lösung der Bestimmungsgleichung

$$R(v,u) = \tilde{R}_i^j \quad \text{und} \quad R(v) = \tilde{C}_{if_i}$$

die Form

$$\forall i=\overline{1,n}: R(u) = \tilde{E}_{il}^j = \tilde{C}_{if_i} \circ \tilde{R}_i^j,$$

$$\mu_{\tilde{E}}(u) = \max[\min(\mu_C(v), \mu_R(v,u))]$$

hat.

Die auf diese Weise gebildeten Fuzzy-Untermengen

$$\tilde{E}_{il}^j = \bigcup_v \mu_{\tilde{E}}(u)/u$$

bestimmen die Fuzzy-Werte von linguistischen Variablen Pb^o für die Diagnose D_j, die den subjektiven Wahrscheinlichkeiten $Pb(D_j/X_i)$ bei laufenden Merkmalswerten entsprechen. Diese laufen auf dem Eingang des Blocks 3 ein, auf dessen Ausgang wir den genauen Wert u_j^* der Wahrscheinlichkeitsabschätzung der j-ten Diagnose bekommen, und zwar so, daß $\exists ! \, u_j^* \in U: u_j^* = Pb\,(D_j/(X_1, \ldots, X_n))=$

$$= \arg\max\{\min[\mu_{\tilde{E}_{1l}^j}(u), \ldots, \mu_{\tilde{E}_{ns}^j}(u)]\},\ l, s \in [1,11]$$

erfüllt wird. Die Auswahl des Punktes u_j^* geht aus der eingeführten Regel zur Verallgemeinerung der Wahrscheinlichkeitsschätzung

$$\tilde{E}^j = \wedge \tilde{E}_{il}^j = \bigcup_{u \in U} \min(\mu_{\tilde{E}_{1l}^j}(u), \ldots, \mu_{\tilde{E}_{nl}^j}(u)), \qquad (11.6)$$

hervor. Hierbei steht $\wedge$ für den Fuzzy-Mengendurchschnitt, der die Funktion F aus (9.14) bestimmt und der logischen Operation UND entspricht.

Für die Existenz der Lösung ist es notwendig, daß die Forderungen

$$\forall j=\overline{1,10}: \mu_{\tilde{E}}(u_j^*) \neq 0 \qquad (11.7)$$

erfüllt werden.

Diese werden mittels Auswahl der Zugehörigkeitsfunktion für $\widetilde{B}_l$ (Wahrscheinlichkeitsschätzung) gewährleistet ausgehend von den Bedingungen von (9.11).

Auf diese Weise wird die Wahrscheinlichkeitsschätzung $Pb(D_j/(X_1, \ldots X_n))$ als Kompromißlösung bestimmt, um n Schätzungen der Wahrscheinlichkeit der j-ten Diagnose zu berücksichtigten. Es handelt sich um Schätzungen die mit Hilfe der Werte von n unabhängigen Merkmalen im Zeitpunkt t ermittelt worden sind. Angenommen es wurde festgestellt, daß die Ursache einer Stabilitätsstörung im chemischen Prozeß zur Klasse der nicht-regelbaren Steuerungen gehört. Angenommen ferner, daß zum Zeitpunkt t nach dieser Feststellung, die Informationen

$X_1^t = 4^o, X_2^t = 5^o, X_3^t = 3^o, X_4^t = {}^o4.$

eingegangen ist.

Die linguistischen Werte A_{if_i} der Variablen „Temperatur-Differenz im i-ten Reaktor" (zur t=1,4) sind nach der linguistischen Interpretation dieser Werte bestimmt worden. Diese Werte wurden gemäß der maximalen Zugehörigkeit des gegebenen genauen Wertes zu denjenigen Fuzzy-Untermengen $\widetilde{C}_{if_i}$ (f=1,7) ausgewählt, die den Werten von linguistischen Variablen aus der Term-Menge T entsprechen. D. h. A_{if_i} nimmt den Wert $\widetilde{C}_{im}$ an, wenn

$$\forall i: \mu_{\widetilde{C}im}(X_i^t \mid X_i^t = v_i) = \max[\mu_{\widetilde{C}i1}(v_i), \ldots, \mu_{\widetilde{C}i7}(v_i)]. \quad (11.8)$$

Auf diese Weise bekommen wir X_1^t „ein wenig vergrößert", X_2^t „vergrößert", X_3^t „ein wenig vergrößert", X_4^t „vergrößert"

Mit der bekannten Operation zur Komposition von Fuzzy-Variablen mit entsprechenden Relationsmatrizen wurden FuzzyUntermengen für die Werte der Wahrscheinlichkeitsschätzung ermittelt, z. B. der Diagnose $\widetilde{D}_1$ „Ölgehalt im Rohstoff wurde vergrößert". Diese Werte sind folgende: $Pb(D_1/X_1^t) = \widetilde{B}_9$ — „sehr wahrscheinlich", $Pb(D_1/X_2^t = \widetilde{B}_{10}$ „immer", $Pb(D_1/X_3^t) = B_8$ „genügend wahrscheinlich" und $Pb(D_1/X_4^t) = \widetilde{B}_9$ „sehr wahrscheinlich".

Nach der Operation der Durchschnittsbildung von Fuzzy Untermengen *(Abb. 11.3)* erhalten wir: $Pb(D_1/X_1^t, \ldots, X_4^t)) = u_1^* = 0{,}76$. Analog berechnet man die Wahrscheinlichkeitsschätzung für die übrigen Diagnosen. Danach wird eine Bevorzugungsreihe (abnehmende Diagnosenreihen-

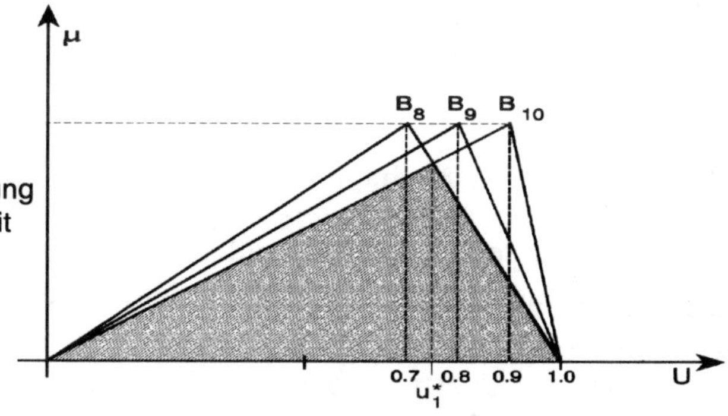

Abb. 11.3: Prozedur zur Berechnung der Schätzung u_1^* der Wahrscheinlichkeit der Diagnose D_1

folge entsprechend Wahrscheinlichkeitsschätzungen) gebildet. In *Abb. 11.4* wird das Blockschaltbild eines Fuzzy-Diagnose-Algorithmus für den betrachteten Fall dargestellt.

Der oben beschriebene Fuzzy-Algorithmus zur Berechnung des Wertes u_j^* (bedingte Wahrscheinlichkeitsschätzung für die Diagnose D_j) setzt die Gleichwertigkeit aller Merkmale voraus. Unter realen Bedingungen ist der Beitrag einzelner Merkmale zur Schätzung der Gesamtwahrscheinlichkeit von Diagnosen nicht gleich verteilt. Deshalb wurden die Gewichtskoeffizienten (Bedeutungskoeffizienten) von Merkmalen X_i benutzt, entsprechend ihrer Bedeutung bei der Berechnung der Wahr-

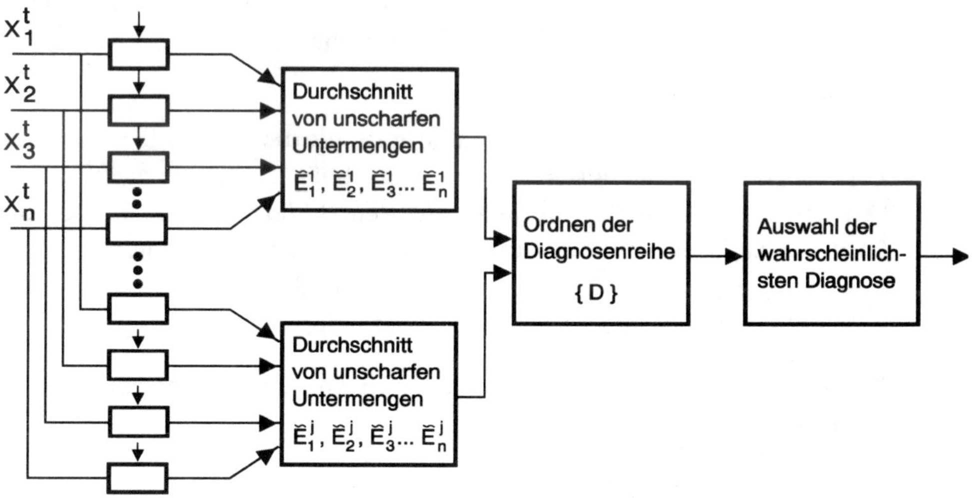

Abb. 11.4: Flußdiagramm zum Algorithmus der Diagnose des technologischen Zustandes einer Anlage der katalytischen Fraktionierung

scheinlichkeitsschätzungen der Diagnosen. Diese Gewichtskoeffizienten bringen die zusätzliche semantische Information in Apriorischätzungen hinein.

Wir wollen dieses an einem Beispiel erläutern:

So wird die subjektive Wahrscheinlichkeit der Diagnose „die Ausgabe von trockenem Gas ist herabgesetzt" bei der Steigerung des Differenzwertes im 2. Reaktor zum Zeitpunkt t als „wenig wahrscheinlich" definiert. Unterdessen schätzt man bei einer kleinen Zunahme der Differenz im vierten Reaktor die Wahrscheinlichkeit derselben Diagnose als „wahrscheinlich" ein. Aber unter Berücksichtigung der Besonderheiten des technischen Prozesses ist der Gewichtszunahmekoeffizient der Differenz im Reaktor 4 größer als der Gewichtskoeffizient der Differenz im Reaktor 2. Deshalb soll das Ergebnis, bei entsprechender Bevorzugung der aprioren Schätzung der subjektiven Wahrscheinlichkeit, gemäß dem Unterschied im Reaktor 4 genommen werden. Dazu wurde eine Methodik zur Berücksichtigung der Merkmalsdeutung bei Wahrscheinlichkeitsschätzung von Diagnosen im Rahmen des beschriebenen Fuzzy-Algorithmus vorgeschlagen. Bei der Entwicklung eines Diagnosesystems geht man von der folgenden Folgerung aus: ein bedeutenderes Merkmal soll u_j^* zu demjenigen Punkt $a_l = \arg\max[\mu_{E_l}(u)]$ hinverschieben, der dem linguistischen Wert dieses Merkmals entspricht; der Einfluß auf die Berechnung von u_j^* eines wenig bedeutenden Merkmals soll dagegen verringert werden.

In *Abb. 11.5* sind einige Beispiele dargestellt, die die Änderungen der nach zwei Merkmalen realisierten Lösungen in Abhängigkeit von der Wichtigkeit der Merkmalen beschreiben. Aus den Bildern sieht man, daß die Form der Zugehörigkeitsfunktion der Fuzzy-Untermengen unter dem Einfluß des Gewichtskoeffizienten verändert wird. Entsprechend wurden auch die Größen u_j^* und $\Delta_l = |a_l - u_j^*|$ verändert.

Solch ein Effekt wird durch Potenzieren von Fuzzy-Untermengen $\tilde{E}_l$ erreicht:

$$(\tilde{E}_l)^{\nu_{ij}} = \cup \; [\mu_{\tilde{E}_l}(u)]^{\nu_{ij}}/u,$$

wobei ν_{ij} der Bedeutungskoeffizient vom i-ten Merkmal bei der Wahrscheinlichkeitsschätzung der j-ten Diagnose ist.

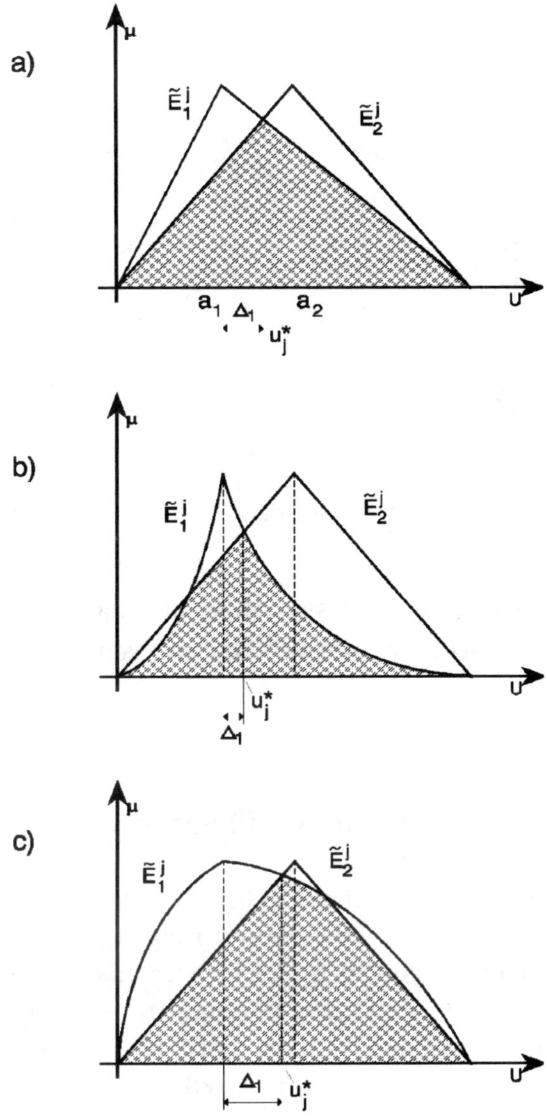

Abb. 11.5: Illustration der Auswirkungen der Bedeutungskoeffizienten ν_{ij} auf den endgültigen Wert:
a) Merkmale sind gleichwertig
b) das erste Merkmal ist wichtiger als das zweite;
c) das erste Merkmal ist weniger wichtig

Die Werte des Bedeutungskoeffizienten wurden in liguistischer Form mittels der Expertenbefragung bestimmt. Dabei wurden folgende Werte des Bedeutungskoeffizienten verwendet: „nahezu unbedeutend“ — $\nu_{ij}^1 = 0{,}1$; „sehr wenig bedeutend“ — $\nu_{ij}^2 = 0{,}2$; „wenig bedeutend“ — $\nu_{ij}^3 = 0{,}5$; „bedeutend“ — $\nu_{ij}^4 = 1$; „sehr bedeutend“ — $\nu_{ij}^5 = 2$; „sehr sehr bedeu-

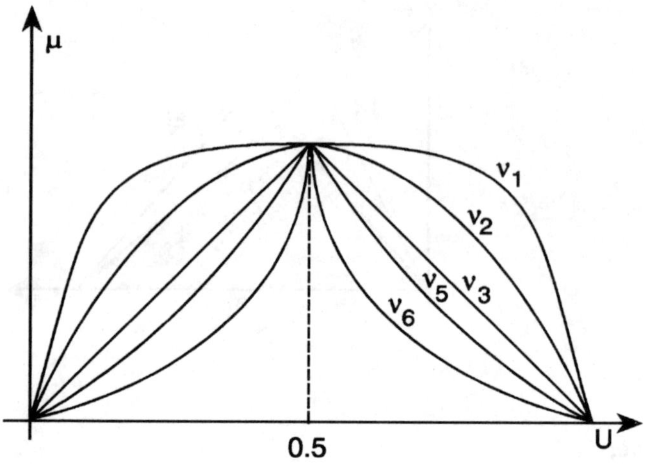

Abb. 11.6: Auswirkung der Bedeutungskoeffizienten ν_{ij} auf den Typ der ZF für die Untermenge $\tilde{E}$

tend" — $\nu^6_{ij} = 2{,}5$; „nahezu absolut bedeutend" — $\nu^7_{ij} = 4$. Der Einfluß von diesen Werten auf die Form von $\tilde{E}_l$ ist in *Abb. 11.6* dargestellt.

11.2 Praktische Realisierung der Diagnosesysteme

Bei der praktischen Realisierung des Diagnose-Systems eines Komplexes der katalytischen Fraktionierung wird eine hierarchische Struktur sowohl im Informations-, als auch im technischen Sinne gewählt. Der Zustand der katalytischen Fraktionierung wird von Diagnosesystemen mit zahlreichen Informationen über die einzelnen Fraktionierungsstufen sowie über die einzelnen Bausteine innerhalb einer Stufe ermittelt. Im Rahmen der integrierten Systemsteuerung wurden zwei Computer zur Datenerfassung (IRU-1, IRU-2) aufgestellt *(Abb. 11.7)* (siehe Abschnitt 9.1). Sie liefern die erforderlichen Informationen für alle Rechenvorgänge der Diagnose und des Fraktionierprozesses. Die Informationen über die Werte der Betriebsparameter treffen in den Block der Toleranzkontrolle alle 30 Sekunden ein ($\Delta t = 0{,}5$). Die laufende Information wird dem Bdienungspersonal (2) in einem Leitstand mit farbiger grafischer Darstellung der Prozeßabläufe und der Zustandstabellen vorgestellt. Im Leistand erscheinen die Rechen-

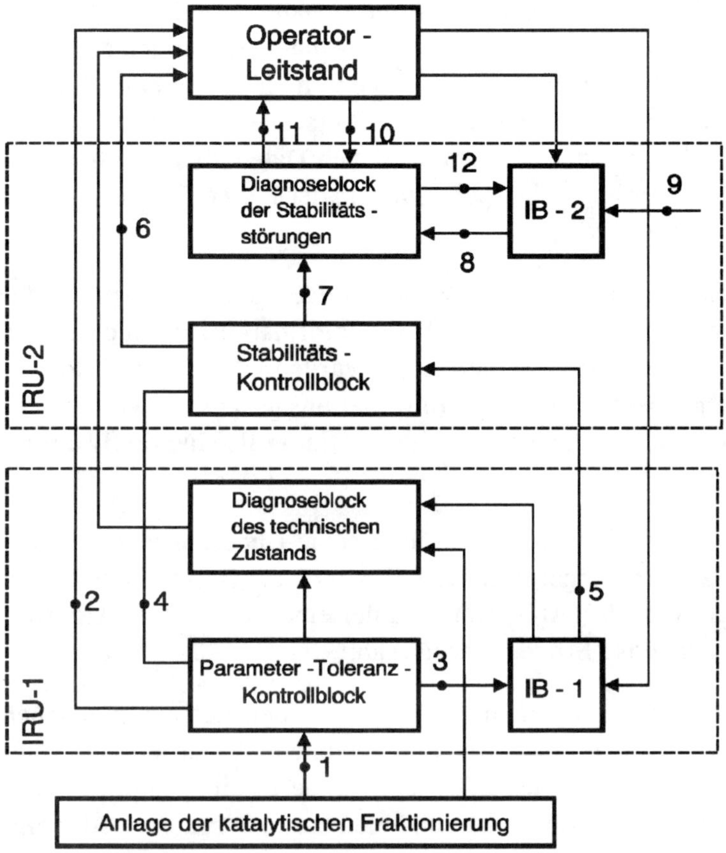

Abb. 11.7: Schematische Darstellung der Informationsverbindungen eines Anlage-Diagnose-Systems

daten (insbesondere aufgeschlüsselt nach Reaktoren) und die Gesamtabweichung vom Sollwert. Jede achte Parameter-Abfrage (was in etwa 5 Minuten entspricht) wird in die Informationsbasis gespeichert (3). Alle 5 Minuten wird die Betriebsinformation der Parameter-Toleranz-Kontrolle (4) in den Stabilitäts-Kontroll-Block des Fraktionierungs-Prozesses übertragen ($\Delta t = 10$). Dort wird sie mit dem aus der Informationsbasis IB-1 eingetroffenen Daten (5) verglichen, wo die 8 Zyklen zuvor abgespeichert wurden, um Trends frühzeitig zu erkennen ($t - 8\Delta t$).

Die berechnete Stabilitätskennziffer des Prozesses wird auf ihre Zulässigkeit geprüft.

Im Instabilitätsfall wird der Operateur durch ein lautes Ton-Signal benachrichtigt, wobei ihm die Daten (6) möglicher Ablaufänderungen des Fraktionier-Prozesses zur Verfügung gestellt werden. Im Falle einer Stabilitätsstörung, die zum zur Prognose einer Überschreitung der zulässigen Grenzenwerte führt, werden die erforderlichen Daten über „Symptome" (7) in die Diagnoseeinheit eingespeist, in dem der Fuzzy-Diagnose-Algorithmus implementiert wurde.

In diesem Block wird das apriori-Wissen (8) aufgerufen, das zuvor aus der Expertenbefragung gewonnen wurde. Diese Information, wie auch andere für den Algorithmus erforderliche Daten, wurden vorläufig in Informationsbasis IB-2 gespeichert (9). Der Informationsaustausch zwischen der Diagnoseeinheit und dem Operateur wird im Dialog also interaktiv durchgeführt.

Vom Operator werden Informationen über seine Handlungen zur Steuerung des Prozesses (11) abgefragt. *Abb. 11.8* zeigt ein Beispiel des Dialoges. Je nach Antwort (10)(Abb 11.7) wird der eine oder andere Algorithmuszweig der Diagnose-Strategie ausgewählt.

Der Operateur kann nach seinem Willen die Arbeit des automatischen Diagnostikers abbrechen oder wieder aufnehmen. Außerdem kann der Operateur die Arbeitsmodi des Systems verändern, einzelne technische und Programmblöcke zeitweilig ausschließen bzw. sie später wieder einfügen.

Es ist auch möglich, den zukünftigen Wert der Oktanzahl zu prognostizieren. Dabei kann der Operateur sich die jeweilige Rechenmethode des automatischen Diagnostikers erläutern lassen.

Es kann gesehen, daß der Operateur mit der Diagnose des intelligenten Systems unzufrieden sei. In diesem Fall hat er die Möglichkeit, die Erklärung der vom Leitstand errechneten Lösung anzufordern (10). Deshalb wird die Zwischeninformation nach einzelnen Lösungsschritten in IB-2 abgespeichert (12). *Abb. 11.9* stellt ein Fragment einer solchen Erklärung dar.

Im Laufe der Testphase des Systems wurden eine Reihe vom Standardstörungen in der Arbeit des Anlagen-Komplexes festgestellt, die zu einer Verzerrung der primären Information führte. Die Folge wäre eine Fehl-

Nachricht des Leitstandes :	Im Laufe der letzten 5 Minuten haben folgende Abweichungen in den Reaktoren stattgefunden: R-1 um 3.2 Grad R-2 um 0.5 Grad R-3 um -0.2 Grad R-4 um 0.1 Grad Rohstoffverbrauch um 0.3 m^3 Eingangstemperaturen in den Reaktoren jeweils um 2.5 (R-1), 0.1 (R-2), - 0.4 (R-3), 0.0 (R-4) Grad Für die Fortsetzung drücken Sie die Taste "Übergabe"
Antwort des Operators :	Drückt auf "Übergabe"
Nachricht des Leitstandes :	"Der Grund für die Stabilitätsstörung des Prozesses ist die Änderung der Eingangstemperatur im Reaktor R-1 um 2.5 Grad"
Frage des Leitstandes :	"Wurde die Eingangstemperatur geändert? Falls ja - 1, falls nicht - 0 "
Antwort des Operators :	0
Diagnose des Leitstandes :	"Die wahrscheinlichsten Gründe: fehlerhafte Funktion des Reglers oder der Stellglieder "

Abb. 11.8: Ein Beispiel zur Analyse der Stabilitätsstörungen in einem Fraktionierungsprozeß

funktion des gesamten Systems, d. h. falsche Signale über die Störungen im Prozeß, eine falsche Lagedarstellung auf dem Leitstand oder die totale Abschaltung.

Die Diagnose wurde aufgrund der Zustandsdaten des
Prozesses und des abgespeicherten Expertenwissens
vorgenommen.
Wunschgemäß liefere ich die wahrscheinlichste Diagnose:
Da die Temperaturdifferenz
in P-1 etwas vergrößert
in P-2 vergrößert
in P-3 ein wenig vergrößert
in P-4 vergrößert ist
kann sich (Wahrscheinlichkeit : 0.8)
der Ölgehalt im Rohstoff vergrößert haben

Abb. 11.9: Ein Beispiel der von dem System vorgeschlagenen Erklärung

Literatur zu Kapitel 11

1. Gottlob G., Nejdl W. (eds.), „Expert Systems in Engineering“, Inter-Workschop, Vienna, Austria, September 24-26, Springer-Verlag, Berlin, 1990, pp. 270.

2. Yamakawa T., „An Application of a Grade-Controllable Membership Function Circuit to a Singleton-Conseqent Fuzzy Logic Controller.“ // 3-rd International Congress of IFSA. Washington, USA, 1989, pp. 296-304.

3. Steusloff H., Polke M. (eds.), „Integration of Design, Implementation and Application in Measurement, Automation and Control“, Interkama Congress 92, R. Oldenbourg Verlag München Wien, 1992, pp. 683.

4. Aliev R.A., Abdikeev N.M., Schachnasarov M.M., „Proisvo dstvennuje sistemu s iskusstvennum intellektom“, „Radio i svjas“, Moskva, 1990, pp. 264. (in russisch)

5. Aliew F., Bonfig K.W., „Fuzzy Logik in der Meß- und Prüftechnik“, Sensoren und Mikroelektronik: wegweisende, serienreife neue Produkte und Verfahren Hrsg.K.W. Bonfig, Expert Verlag, 1993, pp. 30-43.

6. Aliev R.A., Chanukajev A.S., Aliev R.R., „Mifu i realnost iskusstvennogo intellekta“, Baku, Elm, 1992, pp. 165. (in russisch)

12 Fuzzy-Analyse des Inhalts und der Qualität von Erdölprodukten

12.1 Fuzzy-Analyse des Rohstoffinhaltes

Bei der Steuerung von kontinuierlichen Industrieprozessen steht man oft vor der Notwendigkeit, die Rohstoffinhalte und die Fertigprodukte in Realzeit zu überprüfen. Zum Beispiel fordert ein automatisiertes Steuerungssystem einer Anlage für katalytische Fraktionierung eine schnelle Bestimmung des spezifischen Gewichtes des Rohstoffes, des Anteils an Öl und Paraffinen wie auch qualitative Kenngrößen der Endprodukte (z. B. Oktanzahl des Ergebnisses) währen der laufenden Arbeit [1,3]. Unter Industriebedingungen ist es oft unmöglich die obengenannten Kenngrößen während des Prozeßverlaufs direkt zu bestimmen. Also greift man zu indirekten Methoden. Da aber bei indirekten Messungen die Information oft ungenau ist (die „Rohstoffanteile“ und die Parameter werden nicht exakt bestimmt), greift man zur Erkennung des Inhaltes auf einen Fuzzy-Analysator des Rohstoffinhaltes (FAR) zurück. Die Struktur des FARs ist in *Abb. 12.1* dargestellt.

Als Eingangsparameter des FAR dienen die linguistischen Variablen ΔT_1^o und ΔT_2^o (Temperaturänderungen im 1. und 2. Reaktor; ΔT_{12}^o ist die Änderung der Temperaturgesamtabweichung im 1. und 2. Reaktor); H_{Abk}^o(Änderung des Niveaus in der Abstreiferkolonne); $G_G'^o$ (Änderung

Abb. 12.1: Schematische Darstellung eines Fuzzy-Rohstoffanalysators

des relativen Verbrauchs des Rohstoffes, $G'_R = \frac{1}{GR}$); G'^{o}_{WHG} (Änderung des relativen Verbrauchs von wasserstoffhaltigem Gas).

Die zu messenden Parameter sind linguistische Variable des FAR: d^o_R (Änderung des spezifischen Gewichts des Rohstoffes); N^o (Änderung des Ölanteils im Rohstoff); P^o (Änderung des Paraffinanteils im Rohstoff).

Die genannten linguistischen Variablen werden als Dreier-Tupel dargestellt. So gilt für die linguistische Variable ΔT^o_{12} = „Änderung der Gesamttemperaturdifferenz im 1. und 2. Reaktor der Fraktionierung“ =

$$= \left\{ < \Delta T^i_{12}, U_{\Delta T_{12}}, \Delta \tilde{T}_{12} > \right\}; \Delta T^i_{12} \in T^*(U),$$

Dabei sind T* (U) die erweiterte Term-Menge der linguistischen Variablen T* (U) = {stark verkleinert, ..., ohne Änderung, ..., stark vergrößert}, $\Delta \tilde{T}_{12}$ eine Fuzzy-Menge, die durch die Zugehörigkeitsfunktion $\mu_{\Delta \tilde{T}_{12}}: U_{\Delta T_{12}} \rightarrow [0,1]$ beschrieben wird;

$U_{\Delta T_{12}}$ Universen vom Typ $U_{\Delta T_{12}} = \{0,1,\ldots,6\}$.

Die Fuzzy-Menge $\Delta \tilde{T}_{12}$ hat die Form

$$\Delta \tilde{T}_{12} = \int_{U_{\Delta T_{12}}} \mu_{\Delta T_{12}} (u)/u$$

d. h. sie kummuliert die Temperaturänderungen, die über Δt gesammelt wurden, erneut über den Diagnoseraum u, der den Prognosetrend erlauben soll.

Analog stellen wir auch andere Eingangsparameter des FAR als Fuzzy-Mengen dar, die linguistische Variable bilden. Dabei werden sie jeweils durch Dreier-Tupel in der folgenden Form beschrieben.

ΔT^o_1 = „Änderung der Temperaturdifferenz im 1. Reaktor“ =

$$= \{ < \Delta T^i_1, U_{\Delta T_1}, \Delta \tilde{T}_1 > \}, \Delta T_1 \in T^* (u);$$

ΔT^o_2 = „Änderung der Temperaturdifferenz im 2. Reaktor“

$$= \{ \Delta T^i_2, U_{\Delta T_2}, \Delta \tilde{T}_2 > \}, \Delta T_2 \in T^* (u);$$

H^o_{Abk} = „Änderung des Niveaus der Abstreiferkolonne des Blocks der Rohstoffhydroraffination“ =

$$= \{ < H^i_{Abk}, U_{H_{Abk}}, \tilde{H}_{Abk} > \}, H^*_{Abk} \in T(u);$$

$G_R'^{o}$ = „Änderung des relativen Rohstoffverbrauchs ($G_R' = \frac{1}{G_R}$)" $= \{ <G_R'^{i}, U_{G_R'}, \tilde{G}_R'> \}, G_R' \in T^*(u);$

$G_{WHG}'^{o}$ = „Änderung des relativen Verbrauchs von wasserstoffhaltigem Gas" =

$= \{ <G_{WHG}'^{i}, U_{G_{WHG}'}, \tilde{G}_{WHG}' > \}, G_{WHG}' \in T^*(u);$

Analog werden auch die Ausgangsparameter d_{RS}^{o}, N^o, P^o dargestellt:

$d_R^{o} = \{ <d_R^{i}, V_d, \tilde{d}_R > \}, d_R \in T^*(v)$; spezifisches Gewicht

$N^o = \{ <N^i, V_N, \tilde{N}> \}, N \in T^*(v)$; Ölanteil

$P^o = \{ <P^i, V_p, \tilde{P} > \}, P \in T^*(v)$; Paraffinanteil

Die Zahlenwerte, die die Term-Mengen von Ein- und Ausgangsparametern definieren, sind in den *Tabellen 12.1* und *12.2* angegeben.

Das Modell des Rohstoffanalysators, das die Ursache-Folge-Verbindungen charakterisiert, hat die Form eines Fuzzy-Modells oder einer Wissensbasis, bestehend aus einem Satz von Fuzzy-Regeln.

Tab. 12.1: Die Zahlenwerte, die die Term-Menge der Eingangsparameter definieren

$U_i^* \in U_{x_j}$ Parameter des Eingangs	Linguistische Terme						
	stark	mittel	wenig	unverändert	wenig	mittel	stark
	verkleinert				vergrößert		
	0	1	2	3	4	5	6
ΔT_1, °C	-10	-7	-3	0	+3	+7	+10
ΔT_2, °C	-7	-4	-2	0	+2	+4	+7
ΔT_{12}, °C	-17	-11	-5	0	+5	+11	+17
H_{Abk}, %	-3	-2	-1	0	+1	+2	+3
G_R, m^3/h	-21	-14	-7	0	+7	+14	+21
G_{WHG}, m^3/h	-60	-40	-20	0	+20	+40	+60

Tab. 12.2: Die Zahlenwerte, die die Term-Mengen der Ausgangsparameter definieren

$U_j^* \in V_{y_j}$ Parameter des Ausgangs	Linguistische Terme						
	stark	mittel	wenig	unver-ändert	wenig	mittel	stark
	verkleinert				vergrößert		
	0	1	2	3	4	5	6
d_R, g/cm³	-0,01	-0,0075	-0,005	0	0,005	0,0075	0,01
N , %	-9	-6	-3	0	+3	+6	+9
P , %	-7	-5	-2	0	+2	+5	+7

Im konkreten Fall der Bestimmung des spezifischen Gewichtes des Rohstoffes benutzt man folgende Regel:

P1 = „ WENN $\tilde{H}_{Abk}$ hat sich STARK VERGRÖSSERT und $\tilde{G}'_{WHG}$ hat sich STARK VERGRÖSSERT,

DANN $\tilde{d}_R$ hat sich STARK VERKLEINERT, SONST $\tilde{d}_R$ hat sich STARK VERGRÖSSERT“.

Um den Gehalt des Öls im Rohstoff zu bestimmen, wird aus der Wissensbasis (WB) folgende Fuzzy-Regel aufgerufen:

P2 = „ WENN $\Delta\tilde{T}_{12}$ hat sich STARK VERGRÖSSERT UND $\Delta\tilde{T}_2$ hat sich STARK VERGRÖSSERT, DANN $\tilde{N}$ hat sich STARK VERGRÖSSERT, SONST $\tilde{N}$ hat sich STARK VERKLEINERT“.

Um den Gehalt der Paraffine im Rohstoff zu bestimmen, wird aus der Wissensbasis folgende Fuzzy-Regel aufgerufen:

P3 = „ WENN $\Delta\tilde{T}_{12}$ hat sich STARK VERGRÖSSERT UND ΔT_1 hat sich STARK VERGRÖSSERT, DANN $\tilde{P}$ hat sich STARK VERGRÖSSERT, SONST $\tilde{P}$ hat sich STARK VERKLEINERT“.

Im Falle $\Delta T_1 \neq \text{const}$, $\Delta T_2 \neq \text{const}$ werden folgende zwei Regeln aus der WB aufgerufen:

P4 = „WENN $\Delta\tilde{T}_{12}$ UND $\tilde{T}_1$ UND $\tilde{T}_2$ haben sich STARK VERGRÖSSERT, DANN $\tilde{P}$ hat sich STARK VERKLEINERT, SONST $\tilde{P}$ hat sich STARK VERGRÖSSERT“.

P5 = „WENN $\Delta\tilde{T}_{12}$ UND $\Delta\tilde{T}_1$ UND $\Delta\tilde{T}_2$ haben sich STARK VERGRÖSSERT, DANN $\tilde{N}$ hat sich STARK VERGRÖSSERT, SONST $\tilde{N}$ hat sich STARK VERKLEINERT".

Entsprechend dem Abschnitt 1.6 ist die mathematische Interpretation der Fuzzy-Regeln P1-P5 eine binäre Relation der Form [2]

$$R_l\,(A_1(x),\,A_2(y)) = ([\bigcap_i \tilde{X}_i] \times V_{Y_j} \underset{g}{\rightarrow} U_{X_i} \times \tilde{Y}_j) \cap$$

$$\cap\ (\neg\,[\bigcap_i \tilde{X}_i] \times V_{Y_j} \underset{g}{\rightarrow} U_{X_i} \times \neg\,\tilde{Y}_j); \qquad (12.1)$$

$l=\overline{1{,}5};\ i=\overline{1{,}7};\ j=\overline{1{,}3},$

wobei $\tilde{X}_i$ die Fuzzy-Menge der linguistischen Variablen des i-ten Eingangsparameters des Analysators ist;

$\tilde{Y}_j$ die Fuzzy-Menge der linguistischen Variablen des j-ten Ausgangsparameters des Analysators ist;

U_{X_i}, V_{Y_j} Universen sind;

$\underset{g}{\rightarrow}$ die Implikationsoperation in der G-Logik ist [2].

In der Sprache der Zugehörigkeitsfunktion sieht dies so aus:

$$R_l\,(A_1\,(x),\,A_2\,(y)) = \int_{U_{X_i} \times V_{Y_j}} (\mu_{X_i}(U_i^k) \underset{g}{\rightarrow} \mu_{Y_j}(V_j^k) \wedge$$

$$\wedge\,[(1-\mu_{X_i}(U_i^k) \underset{g}{\rightarrow} (1-\mu_{Y_j}(V_j^k))]\,/\,(U_i^k,\,V_j^k)=$$

$$= \begin{cases} 1-\mu_{Y_j}(V_j^k), & \text{wenn } \mu_{X_i}(U_i^k) < \mu_{Y_j}(V_j^k) \\ 1, & \text{wenn } \mu X_i(U_i^k) = \mu_{Y_j}(V_j^k) \\ \mu_{Y_i}(V_j^k), & \text{wenn } \mu_{X_i}(U_i^k) > \mu_{Y_j}(V_j^k) \end{cases} \qquad (12.2)$$

Dabei wird als Abbildung der Form Y_i: $X_i \underset{g}{\rightarrow} U_X$, $i=\overline{1{,}7}$ folgender Ausdruck benutzt:

$$U_i^k = \text{Ent}\left[\text{ card }((U_{X_i})\text{ -1}) \cdot \left(\frac{X_i^{mom} + |X_{i\,max}|}{2\,|X_{i\,max}|}\right)^{\alpha}\right],\ k=\overline{0{,}6} \qquad (12.3)$$

wobei X_i^{mom} der momentane Wert des i-ten Eingangsparameters des Fuzzy-Rohstoffanalysators (FAR) ist;

$X_{i\,max}$ der maximale Wert des i-ten Eingangsparameters ist;

α ein Koeffizient ($\alpha \geq 1$) ist.

Zur Berechnung der ZF für Singletons aus

$\mu_{X_i}(U^k_{X_i})/U^k_{X_i}$; $i=\overline{1,7}$; $k=\overline{0,6}$

wird folgende Prozedur eingesetzt:

$$\forall k=\overline{0,6}; \qquad \forall u^k_{X_i} \in U_{X_i};$$

$$\mu_{X_i}(u^k_{X_i}) = 1 - \frac{1}{(\mathrm{card}\,(U_{X_i})\,-1)} \left| u^k_{X_i} - \mathrm{Ent}[\mathrm{card}(U_{X_i}\,-1) \times \left[\frac{X^{mom}_i + |X_{i\,max}|}{2\,|X_{i\,max}|}\right]^{\alpha} \right| ; \mathrm{card}(U_{X_i})-1)=6; \quad \alpha=1; \tag{12.4}$$

$$\forall k=\overline{0,6}; \qquad \forall u^k_{X_i} \in U_{X_i}; \quad i=\overline{1,7};$$

$$\mu_{X_i}(u^k_{X_i}) = 1 - \frac{1}{6} \left| u^k_{X_i} - \mathrm{Ent}\left[6 \cdot \left(\frac{X^{mom}_i + |X_{i\,max}|}{2\,|X_{i\,max}|}\right)\right]\right| . \tag{12.5}$$

Ferner wird der momentane Typ der Fuzzy-Mengen $\widetilde{X}^{mom}_i$ entsprechend den momentanen Werten der Eingansparameter des FAR nach der Formel (12.5) festgestellt.

Um Fuzzy-Mengen zu erhalten, die die Komponenten des Rohstoffes beschreiben, benutzen wir die Regel der „Kompositionsfolgerung" [4]

$$\widetilde{Y}^{mom}_j = R_L\,(A_2\,(y)) = R_L\,(A_1\,(x)) \circ R_L\,(A_1\,(x),\, A_2\,(y)) =$$
$$= [\bigcap_i \widetilde{X}^{mom}_i] \circ R_L\,(A_1\,(x),\, A_2\,(y)); \qquad L=\overline{1,5}, \tag{12.6}$$

$R_L\,(A_1\,(x),\, A_2\,(y))$ ist dabei die L-te fuzzy-binäre Relation der Form (12.1).

Beispiel: Wir wollen einen physikalischen Zustandsübergang betrachten, der für eine katalytische Fraktionierungs- Anlage typisch ist (die Anlage ist in *Tabelle 12.3* beschrieben). Aus Tabelle 12.3 folgt, daß die momentane Änderung der Temperaturdifferenz im ersten Reaktor der Fraktionierung Δt^{mom}_1 = -14 °C, Δt^{mom}_2 = -2 °C, Δt^{mom}_{12} = -16 °C ist. Dabei wenden wir für die Bestimmung des Kohlenstoffinhaltes im Rohstoff die Regeln

Tab. 12.3: Beispiel eines technischen Modells einer katalytischen Cracking-Anlage

Technologische Parameter	Modus 1 (war)	Modus 2 (geworden)
G_{WHG}, m^3/h	660	660
G_R , m^3/h	132	132
T_{ob}, °C	108	108
H_{Abk}, %	75	78
ΔT_1, °C	88	74
ΔT_2, °C	43	41
ΔT_{12}, °C	131	115
N , %	31	?
P , %	60	?
d_R, g/cm^3	0,74	?

P2 und P3 an, die vom momentanen physikalischen Zustandsübergang ausgehen:

Bei Verwendung der oben beschriebenen FAR-Entwurfsprozedur und der Tabellen 12.1 und 12.2 erhalten wir

$N^{mom} = 7{,}5\,\%$, $N^{neu} = N^{alt} + N^{mom} = 31{+}7{,}5 = 38{,}5\,\%$

$P^{mom} = -6\,\%$, $P^{neu} = P^{alt} + P^{mom} = 60{-}6 = 54\,\%$.

Für die Bestimmung des spezifischen Gewichtes des Rohstoffes verwenden wir die Bedingung P1. Bei Verwendung einer analogen Prozedur erhalten wir

$$\tilde{d}_R^{mom} = 0/0 + 0{,}17/1 + 0{,}33/2 + 0{,}5/3 + 0{,}87/4 + 0{,}83/5 + 1/6$$

Das heißt, daß

$$u_d^* = \sup_{v_d} \mu_d(u_d^*) = 6 \text{ ist.}$$

Entsprechend der Tabelle 12.2 ist diesem Wert der universellen Menge der linguistische Term „STARK VERGRÖSSERT“ zugeordnet und es gilt $d_{RS} = 0.01\ g/cm^3$. Der neue Wert der spezifischen Masse des Rohstoffes ist

$$d_R^{neu} = d_R^{alt} + d_R^{mom} = 0.75\ g/cm^2.$$

12.2 Fuzzy-Analysator der Oktanzahl

Die Struktur des Fuzzymeßgerätes der Oktanzahl für eine katalytische Fraktionierungs-Anlage ist in *Abb. 12.2* als Blackbox dargestellt.

Als Eingangsparameter des Fuzzy Analysators dienen die Zahlwerte der Mengen von Öl- und Paraffin-Kohlenstoffen im Rohstoff; als Ausgangsparameter dienen die Oktanzahlen des Destillates. Sie werden als Fuzzy-Mengen von linguistischen Variablen betrachtet, die in Form von Dreier-Tupeln dargestellt werden.

Die linguistischen Variablen werden erneut so dargestellt, wie dies im vorherigen Abschnitt gemacht wurde. Die Oktanzahl stellt man dar als

$$K^{o}_{ÖZ} = \{ <K, V_k, \tilde{K}> \}, K \in T^* (\nu)$$

$$T^* (U) = \{\text{minimal}, .., \text{mittel}, .., \text{maximal}\}$$

$$\text{Card}(V_k) = \text{Card}(T^* (\nu)) = 7,$$

d. h. daß $T^*(\nu)$ genau 7 liguistische Stufen (ihre Cardinalität) aufweist.

Die linguistischen Werte der Ein- und Ausgangsparameter des Analysators, die die Term-Menge der linguistischen Variablen bestimmen, sind in den *Tabellen 12.4* und *12.5* entsprechend dargestellt.

Teile der Wissensbasis des Analysators sind durch die nachfolgenden Regeln repräsentiert.

P7 = WENN $\tilde{N}$ ist „REICH", DANN ist $\tilde{K}_{OZ}$ „MAXIMAL", SONST ist $\tilde{K}_{OZ}$ „MINIMAL';

P12 = WENN $\tilde{P}$ ist „ARM", DANN ist $\tilde{K}_{OZ}$ „MAXIMAL", SONST ist $\tilde{K}_{OZ}$ „MINIMAL".

Die mathematische Interpretation dieser Fuzzy-Regeln ist eine binäre Relation Rohstoff-zu-Endprodukt der Form (12.1), wobei $\tilde{X}_i$ eine Fuzzy-

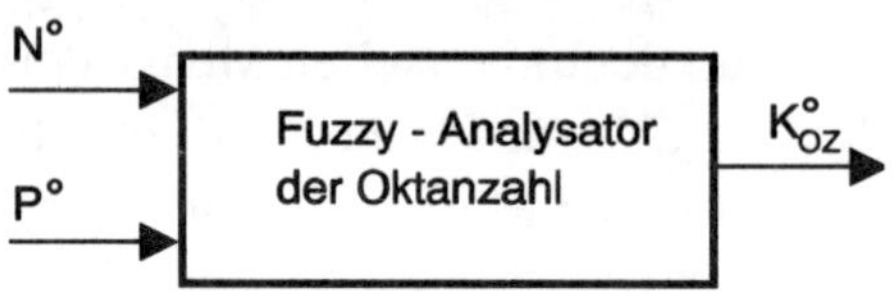

Abb. 12.2: Schematische Darstellung eines Fuzzy-Analysators

Tab. 12.4: Linguistische Werte der Eingangsparameter des Analysators, die die Term-Menge der linguistischen Variablen bestimmen

U_i^*	0	1	2	3	4	5	6
	Linguistische Terme						
Parameter	arm	ziemlich arm	unter-durch-schnitt	mittel	über-durch-schnitt	ziemlich reich	reich
N , %	20 %	23 %	27 %	30 %	33 %	37 %	40 %
P , %	71 %	68 %	65 %	62 %	59 %	56 %	51 %

Tab. 12.5: Linguistische Werte der Ausgangsparameter des Analysators, die die Term-Menge der linguistischen Variablen bestimmen

V_j^*	0	1	2	3	4	5	6
	Linguistische Terme						
Parameter	minimal	wenig	unter-durch-schnitt	mittel	über-durch-schnitt	groß	maximal
K_{OZ}	95	95,5	96	97,5	98	99	100

Menge der linguistischen Variablen des i-ten Rohstoff-Eingangs (i=1,2) ist; $\tilde{Y}$ ist eine Fuzzy-Menge der linguistischen Variablen der Oktanzahl als Eigenschaft des Endproduktes Benzin. Der momentane Wert dieser Zahl entsteht jeweils durch die Verwendung der 1. Kompositionsfolgerung von Zadeh der Form (12.6).

Beispiel:
Es sei der Gehalt des Öls im Rohstoff 24 %, d. h. N^{mom} = 24 %. Entsprechend der Tabelle 12.4 wird der momentane Typ der Fuzzy-Menge bestimmt: $\tilde{N}^{mom}$ = „ziemlich arm" = 0,83/0 + 1/1 + 0,83/2 + 0,67/3 + 0,5/4 + 0,33/5 + 0,17/6.

Die Fuzzy-Menge des Eingangsparameters Oktanzahl wird entsprechend (12.6) wie folgt bestimmt:

$$\tilde{K}_{OZ}^{mom} = [\tilde{N}^{mom}] \circ R(A_1(n), A_2(K_{OZ})) =$$

$$= 0{,}83/0 + 1/1 + 0{,}83/2 + 0{,}67/3 + 0{,}5/4 + 0{,}33/5 + 0{,}17/6.$$

Da $v_k^* = \sup_{v_k} \mu_k(v_k^*) = 1$ gilt, folgt entsprechend der Tabelle 12.5

$K_{OZ}^{mom} = 95{,}5$.

Literatur zu Kapitel 12

1. Mett A.J., „Sistemu upravlenija katalititscheskimi prozessami", Baku, Elm, 1991, pp. 332. (in russisch)

2. Aliev R.A., Zerkovny A.E., Mamedova A.A., „Upravlenie proisvodstvom pri netschtkoy ishodnoy informazii", Moskva, Energoatomisdat, 1991, pp. 240.(in russisch)

3. Aliev R.A., Hanukaev A.S., Aliev R.R, „Mifu i realnost iskusstvennogo intellekta", Baku, Elm, 1992, pp. 165. (in russisch)

4. Zadeh L.A., „The Concept of a Linguistic Variable and its Application to Approximate Reasoning", Information Sciences, vol. 8, 1975, pp. 199-249.

13 Intelligenter Fuzzy-Roboter für die Kontrolle und Entscheidungen in der flexiblen, automatisierten Produktion

13.1 Die Wissensdarstellung in intelligenten Fuzzy-Robotern

Die Unbestimmheit, welche die jeweilige genaue Ortsposition von intelligenten Robotern (IR) charakterisiert, kann durch Kategorien qualitativen Charakters beschrieben werden. Ihre Formalisierung ist in der Sprache der traditionellen Mathematik nicht immer erfolgreich. Deshalb ist es dann zweckmäßig, Fuzzy-Mengen dabei zu benutzen. Im folgenden werden wir den Ausdruck „Roboter" nur für „Intelligente Roboter (IR)" verwenden, falls es nicht explizit anders vermerkt ist.

Bei gegebener Einstellung basiert das Weltmodell des IR auf der Formalisierung der Kausalbeziehungen zwischen den Objekten und deren Umwelt, und zwar als Sammlung von Fuzzy- Produktionsregeln. Zur Verwirklichung der logischen Folgerungen wird die Kompositionsfolgerung [1], entsprechend der aus dem FG kommenden Informationen, ausgenutzt. Dabei werden die Objekte und Erscheinungen des FG , d. h. Eingangsparameter, die durch das Sensorsystem des IR gemessen werden, und die Ausgangsparameter, welche die Steuerungseinwirkungen sind, vom Roboter als Fuzzy-Mengen interpretiert. Diese Fuzzy-Mengen bilden die linguistischen Variablen, die als Dreier-Tupel folgenderweise beschrieben werden:

$$X_i^0 = \{ X_i^j, U_{X_i}, \widetilde{X}_i \}, X_i^j \in T_i^* (u), i=1, \ldots, n,$$

$$Y_k^0 = \{ Y_k^j, V_{Y_k}, \widetilde{Y}_k \}, Y_k^j \in T_k^* (v), k=\overline{1,m}, j=\overline{0,N},$$

wobei T_i^* (u), T_k^* (v) die erweiterten Termmengen der linguistischen Variablen, d. h. der Eingangs- und Ausgangsparameter, sind. Sie werden durch den linguistischen Termvorrat bestimmt: {zu wenig, wenig ,... , durchschnittlich, ..., viel ..}; X_i, Y_k sind die entsprechenden normalen Fuzzy-Mengen, die durch die Zugehörigkeitsfunktionen

$\mu_{X_i}: U_{X_i} \rightarrow [0,1]$, $\mu_{Y_k}: V_{Y_k} \rightarrow [0,1]$ wie

$$\tilde{X}_i = \int_{U_{X_i}} \mu_{X_i}(u)/u,\ i=\overline{1,n},\quad \tilde{Y}_k = \int_{V_{Y_k}} \mu_{Y_k}(v)/v,\ k=\overline{1,m},\ \tilde{X}_i \subseteq U_{X_i}, \tag{13.1}$$

$Y_k \in V_{Y_k}$

beschrieben werden, wobei U_{X_i}, V_{Y_k} universelle Mengen sind.

Die Struktur der Wissensbasis WB des Roboters stellt einen Vorrat an Fuzzy-Produktionsregeln der Art $X_i \Rightarrow Y_k$, $i=\overline{1,n}$, $k=\overline{1,m}$ dar, die als Bedingungssätze in der Sprache, die der natürlichen Sprache nahe steht, formalisiert sind:

WENN x_1 ist $\tilde{X}_1$ UND...UND x_n ist $\tilde{X}_n$, DANN y_1 ist $\tilde{Y}_1$,
(Regel 1)
ODER
.
WENN x_1 ist $\tilde{X}_1$ UND...UND x_n ist $\tilde{X}_n$, DANN y_i ist $\tilde{Y}_i$, (13.2)
.
(Regel i)
ODER
.
WENN x_1 ist $\tilde{X}_1$ UND...UND x_n ist $\tilde{X}_n$, DANN y_k ist $\tilde{Y}_k$.
(Regel k)

Bei einem industriellen IR müssen zwei wichtige Umstände berücksichtigt werden. Erstens ist es notwendig, seine Funktion im On-Line-Betrieb zu garantieren. Das stellt erhöhte Forderungen an die Schnelligkeit, der als Bestandteil des IR verwendeten Hardware. Zweitens besitzt solche Hardware nur ein begrenztes Speichervolumen, was zu bestimmten Schwierigkeiten bei der Speicherung der Fuzzy-Produktionsregeln als Basis der Wissenbasis des Roboters führt. Deshalb beruht das vorzuschlagende Verfahren der Darstellung und Speicherung der Fuzzy-Produktionsregeln auf folgenden Überlegungen. Elementare binäre Fuzzy-Relationen R_{ik}, die die Kausal-Folgepaare (x,y) charakterisieren, können beschrieben werden in der Form [1]:

$$R_{ik}(A_1(x), A_2(y)) = \tilde{X}_i \times V_{Y_k} \rightarrow U_{X_i} \times \tilde{Y}_k,\ i=\overline{1,n},\ k=\overline{1,m}, \tag{13.3}$$

Dabei steht $\rightarrow$ für die Implikationsoperation in der Fuzzy-Logik während (u,v) Zwischenvariablen sind, die im Verlauf des logischen Rechnens verschwinden, wenn je zwei Regeln aneinander gekettet werden. Zur Bestimmung einer Matrix der binären Fuzzy-Relationen, die die k-te Zeile (Produktionsregel) charakterisiert, muß man im Ausdruck (13.2) die Matrizen der elementaren binären Fuzzy-Relationen mit dem - $\cup$ Operator logisch vereinigen, d. h.

$$\forall k=\overline{1,m} \quad R_k (A_1 (x), A_2 (y))= \bigcup_i R_{ik} (\cdot). \tag{13.4}$$

Es ist selbstverständlich, daß für ein sehr kompliziertes Fachgebiet, d. h. falls es viele Eingangsparameter gibt, solche Prozeduren wegen der beschränkten Speicherkapazität der Hardware ungünstig sind. Es wird deshalb ein spezieller Lösungsweg für dieses Problem hier vorgeschlagen. Es wird folgendes Theorem [5] bewiesen.

Theorem:

Wenn die Fuzzy-Mengen der Voraussetzungen und der Folgerungen $\tilde{X}_i$, $i=\overline{1,n}$, $\tilde{Y}_k$, $k=\overline{1,m}$, aus den Bedingungssätzen P_k = „WENN x_1 $\tilde{X}_1$ ist, UND...UND x_n $\tilde{X}_n$ ist, DANN ist y_k $\tilde{Y}_k$“ als (13.1) bestimmt werden und dabei die binären Fuzzy-Relationen folgende Form haben:

$$D = R (\cdot) = ([\bigcap_i \tilde{X}_i] \times V_{Y_k} \underset{2}{\rightarrow} U_{X_i} \times \tilde{Y}_k),$$

und wenn die elementaren binären Fuzzy-Relationen D_{ik} als

$$D_{ik} = R_{ik} (A_1 (x), A_2 (y)) = \tilde{X}_i \times V_{Y_k} \underset{2}{\rightarrow} U_{X_i} \times \tilde{Y}_k,\ i=\overline{1,n},\ k=\overline{1,m},$$

bestimmt werden, so gilt für die vorgeschlagene Fuzzy-Logik, in der die Implikationsoperation als

$$\mu_{X_i}(u) \underset{2}{\rightarrow} \mu_{Y_k}(v) = \begin{cases} 1, & \mu_{X_i}(u) \leq \mu_{Y_k}(v), \\ (1-\mu_{X_i}(u)) \wedge \mu_{Y_k}(v), & \mu_{X_i}(u) > \mu_{Y_k}(v), \end{cases} \tag{13.5}$$

definiert ist, die Beziehung

$$\forall k=\overline{1,m} \qquad D_k = D_{1k} \cup D_{2k} \cup \ldots \cup D_{nk},$$

und es gilt die Gleichung:

$$([\bigcap_{1} \tilde{X}_i] \times V_{Y_k} \underset{2}{\rightarrow} U_{X_i} \times \tilde{Y}_k) = \bigcup_{i} (\tilde{X}_i \times V_{Y_k} \underset{2}{\rightarrow} U_{X_i} \times \tilde{Y}_k), \qquad (13.6)$$

$i=\overline{1,n} \quad k=\overline{1,m}$

Jede Zeile (Produktionsregel) aus (13.2) wird also nur durch eine Matrix der binären Fuzzy-Relationen beschrieben, deren Dimension card (U_x) $\times$ card (V_y) durch die Mächtigkeit der universellen Mengen U_x und V_y bestimmt wird: So ist die Matrixdimension im Falle von Card (U_{X_i}) = Card (V_{Y_k}) = 5 gleich $5^2 = 25$.

Offensichtlich ermöglicht die Speicherkapazität industrieller Roboter, viele solcher Matrizen abzuspeichern.

Andere Besonderheiten bei der Bestimmung von Matrizen der binären Fuzzy-Relation D_k der subnormalen Fuzzy-Menge

$$\tilde{X} = \bigcap_{i} \tilde{X}_i$$

sind in [4] untersucht worden.

Die Analyse der Anwendung der angegebenen Methode der Wissensdarstellung der industriellen Roboter unter den Bedingungen der konkreten Aufgabe ließen folgende Besonderheiten erkennen:

- die Rückübersetzung der Bedingungssätze in die Sprache der Zugehörigkeitsfunktion wird durch den Übergang von den linguistischen zu den physikalischen Skalen ermöglicht, d. h. die Gegenstände und Erscheinungen des Fachgebietes sollen im voraus skaliert werden;
- die gegebene Betrachtung gewährleistet die Einfachheit der Implementierung dieser Prozedur mit Mitteln der logischen Folgerung und ermöglicht letzten Endes die Realisierung der steuernden Einwirkungen auf den Roboter durch Vereinfachung mittels Fuzzy-Mengen und Lingualisierung.

13.2 Der intelligente Sortierroboter für die Qualitätskontrolle am Fließband

Große Produktionsverluste in der Industrie hängen oft mit dem hohem Subjektivitätsgrad der visuellen Bewertung der Produktionsqualität durch den Menschen zusammen. Dies führt oft zur ungerechten Aussonderung oder was noch schlimmer ist, zum Zulassen mangelhafter Vorprodukte für die weitere Bearbeitung.

Unter den Bedingungen einer flexibel automatisierten Produktion (FAP) wird die Qualitätsüberwchung und Sortierung der Werkstücke dem intelligenten Roboter (IR) übertragen [2-6]. Für die Funktionsgrundlage eines solchen Roboters, (seines Weltmodellaufbaus), wird als Beispiel die linguistische Einschätzung der Qualität von Aluminiumplatten für die Wärmeaustauscher einer Erdölraffinerie gewählt. Dazu wird das im Abschnitt 1.6 dargelegte mathematische Verfahren undeutlicher logischen Schlüsse verwendet. In Übereinstimmung mit einer linguistischen Schätzung wird eine analoge Drehwinkelschätzung des Sortiergreifers (künstliche Hand) emittelt. Der Sortiergreifer ist das Stellglied des Roboters. Die ermittelte linguistische Drehwinkelschätzung erlaubt den Servo-Motor des Greifers bei jeder Platte erneut anzusteuern. Der Sotier-Roboter objektiviert die Aussonderung und Nachbehandlung eines Teils der Werkstückplatten, die früher beanstandet worden sind und leitet die einwandfreien Werkstücke zur Weiterverarbeitung [2].

Die zu messenden Eingangsvariablen zur Qualitätsschätzung der Aluminiumplatten sind: X_1 — die Plattenkrümmung, X_2 — Temperatur nach dem Aufheizen und der Kühlung.

Aus technischen Gründen wird angenommen, daß die Werte dieser Variablen

$$X_j \in [X_{j\,min}, X_{j\,max}], \quad j=1,2 \text{ sind,}$$

wobei X_{1min}, X_{1max} und X_{2min}, X_{2max} untere bzw. obere Werte jeweils für die Krümmung und die Temperatur der Aluminiumplatten sind.

Die Eingangsvariablen X_1 und X_2 werden als Fuzzy-Mengen betrachtet, sie erzeugen linguistische Variable, die durch die Dreier-Tupel

$$X_j^0 = \{ <X_j^i, U_{X_j}, \tilde{X}_j> \},\ X_j^i \in T_j^*(u), \quad j=1,2 \quad i=\overline{0,10},$$

beschrieben werden, wobei $T_j^*(u)$ die erweiterte Term-Menge linguistischer Variabler „PARAMETER" j ist; $\tilde{X}_j$ die durch die Zugehörigkeitsfunktion $\mu_{\tilde{X}_j}: U_{X_j} \rightarrow [0,1]$ beschriebene Fuzzy-Menge und U_{X_j} die Universen der Art $U_{X_j} = \{0,1,\ldots,10\}$ sind.

Die Werte der linguistischen Variablen „PARAMETER" j werden wie folgt angegeben:

Der Variablenwert $u_i \in U_{X_j}$, j=1,2

unwesentlich	0
ziemlich klein	1
klein	2
einigermaßen klein	3
unterdurchschnittlich	4
Durchschnitt	5
überdurchschnittlich	6
einigermaßen groß	7
groß	8
ziemlich groß	9
Grenzwert	10

Als Abbildung von $q: X_j \rightarrow U_{X_j}$, d. h. von der Variablen „Krümmung" z. B. auf ihre linguistischen Stufen wie „groß"
oder „Durchschnitt", j=1,2 , d. h. entweder j=1 (Krümmung) oder j=2 (Abkühlungsverhalten) wird die Beziehung

$$u_i = \text{ent}\left[(\text{card } U_{X_j}\text{-}1) \left(\frac{X_j - X_{j\,min}}{X_{j\,max} - X_{j\,min}} \right)^{\alpha} \right], \qquad (13.7),$$

$j=1,2, \qquad i=\overline{0,10}$

vorgeschlagen, wobei card (U_{X_j}) die Universumsmächtigkeit, d. h. die Anzahl verschiedener Namensstufen der linguistischen Variable X_j ist, also $U_{X_j} = \{0,1,\ldots,10\}$, d. h. card U_{X_j}-1 = 10; X_j ist der laufend gemessene Wert der j-ten Variable; $\alpha \geq 1$ ist der Exponent.

$\left(\frac{x_j - x_{j\,min}}{x_{j\,max} - x_{j\,min}} \right)$ ist die Konvexe lineare Kombination von X_j

im Intervall (x_{jmax}, x_{jmin}), d. h. die Abbildung der Distanz $| x_j - x_{j\,min} |$ auf das Intervall [0,1], zwecks Normierung von x_j.

Für die Fuzzy-Mengen gilt

$$\widetilde{X}_j = \int_{U_{X_j}} \mu_{X_j}(u)/u, \; j=1,2$$

d. h. daß die Zugehörigkeitsfunktionen kumuliert werden.

Zur Berechnung der Zugehörigkeitsfunktionsschätzungen für Singletones aus (13.7) vom Typ $\mu_{X_j}(u_i)/u_i$, mit $i=\overline{0,10}$ wird folgende Prozedur vorgeschlagen:

$$\mu(u_i) = \\ = 1 - \frac{1}{\text{card } U_{X_j} - 1} \left| u_i\text{-ent}\left[(\text{card } U_{X_j} - 1) \left(\frac{X_j - X_{j\,min}}{X_{j\,max} - X_{j\,min}} \right)^{\alpha} \right] \right| \tag{13.8}$$

Für card U_{X_j}-1 = 10, d. h. i=0,10, α=1 ergibt sich aus (13.8) folgende Beziehung:

$$\forall j = 1,2, \mu(u_i) = 1 - \frac{1}{10} \left| u_i\text{-ent}\left[10 \left(\frac{X_j - X_{j\,min}}{X_{j\,max} - X_{j\,min}} \right) \right] \right| ,$$

$$u_i \in U_{X_j}, \; i=\overline{0,10}. \tag{13.9}$$

Der Ausgangsparameter sei auch als eine Fuzzy-Menge der Aluminiumplattenqualität Y dargestellt, die die linguistische Variable bildet, beschrieben ihrerseits durch

$$Y^0 = \{ <Y_i, V_Y, \widetilde{Y}> \}, \quad Y_i \in T^*(v), \quad i=\overline{1,10}$$

Dabei sind V_Y ein Universum des Typs $V_Y = \{0,1,\ldots,10\}$; $\widetilde{Y}$ die durch die Zugehörigkeitsfunktion μ_Y: $V_Y \rightarrow [0,1]$ beschriebene Fuzzy-Menge, und T*(v) die erweiterte Term-Menge der linguistischen Variablen „QUALITÄT 1“.

Die Werte der linguistischen Variablen QUALITÄT 1 werden wie folgt vorgegeben:

Der Variablenwert $v_i \in V_Y$:

niedrigster 0
ziemlich niedrigster 1
niedrig 2
nahezu niedrig 3

Unterdurchschnitt	4
Durchschnitt	5
Überdurchschnitt	6
nahezu hoch	7
hoch	8
ziemlich hoch	9
höchster	10

Die Fuzzy Menge ist:

$$\widetilde{Y} = \int_{V_Y} \mu(v)/v. \qquad (13.10)$$

Um den laufenden Qualitätswert der Aluminiumplatten entsprechend der Eingangsparameter zu ermitteln, wird eine der oben dargelegten Regeln des bedingten Schließen (Modus Ponens) benutzt (s. Abschnitt 1.6). Als Relation $R_1(A_1(x), A_2(y))$, mit $A_1(x)$ als Plattenkrümmung und $A_2(y)$ als Abkühlungsverhalten, wird die Regel

$$R_1(\bullet) = ([\bigcap_j \widetilde{X}_j] \times V_Y \rightarrow U_{X_j} \times \widetilde{Y}) \cap$$

$$\cap (\neg [\bigcap_i \widetilde{X}_j] \times V_Y \underset{1}{\rightarrow} U_{X_j} \times \neg \widetilde{Y}), \qquad (13.11)$$

oder in der Sprache der Zugehörigkeitsfunktionen

$$R_1(\bullet) = \int_{U_{X_j} \times V_Y} (\mu(u) \underset{1}{\rightarrow} \mu(v)) \wedge [(1-\mu(u)) \underset{1}{\rightarrow} (1-\mu(v))]/(u,v) =$$

$$= \begin{cases} 1-\mu(v), & \mu(u) < \mu(v); \\ 1, & \mu(u) = \mu(v); \\ \mu(v), & \mu(u) > \mu(v) \end{cases} \qquad (13.12)$$

angewendet.

Die Eingangsvariablen X_1 (Krümmung) und X_2 (Abkühlungsverhalten) haben aus technischen Gründen nicht die gleiche Wichtigkeit, d. h. bei der Bestimmung der Erzeugnisqualität ist die Plattenkrümmung von größerer Bedeutung als ihre Temperaturverträglichkeit. Daher wird in (13.11) und (13.12) — statt einer Zugehörigkeitsfunktion vom Typ $\mu(u) = \mu_1(u) \wedge \mu_2(u)$ — gemäß dem oben erwähnten „Ausscheidungsprinzip" und der Wichtigkeit für die Fuzzy-Mengen, die „Dilatationsoperation", mit anderenWorten, die Fuzzy-Eingangsmenge $\widetilde{X} = \widetilde{X}_1 \cap$ DIL $(\widetilde{X}_2)$, benutzt, wobei DIL(•) die Dilatationsoperation ist.

In diesem Fall ist die Zugehörigkeitsfunktion

$$\mu(u) = \mu_1(u) \wedge [\mu_2(u)]^{0,5} \qquad (13.13)$$

Zur Bildung der binären Relation $R_1(A_1(x), A_2(y))$ wird aufgrund der technischen Eigenschaften vorgeschlagen, folgenden Konditionalsatz anzuwenden:

P_1 = WENN $\tilde{X}_1$, unwesentlich und $\tilde{X}_2$ mehr oder weniger unwesentlich ist, DANN ist $\tilde{Y}$ der höchste SONST $\tilde{Y}$ der niedrigste Wert.

Zum Aufbau der Fuzzy-Menge $\tilde{X}$ = Unwesentliches wird die Beziehung (13.8) mit der offensichtlichen Tatsache ausgenutzt, daß $u_i = 0$ dem Wert der linguistischen Variablen „PARAMETER" 1 = unwesentlich entspricht. Dieses $u_i = 0$ entspricht dem Parameterwert X_1, d. h.

$$\text{ent}\left[(\text{card } U_{X_1} \text{ -1}) \left(\frac{X_1 - X_{1\,min}}{X_{1\,max} - X_{1\,min}} \right) \right] = 0,$$

oder

$$\text{ent}\left[10 \left(\frac{X_1 - X_{1\,min}}{X_{1\,max} - X_{1\,min}} \right) \right] = 0$$

oder $X_1 = X_{1min}$, woraus die Fuzzy Menge Unwesentliches definiert wird:

$$\tilde{X}_1 = \text{Unwesentliches} = 1/0+0,9/1+0,8/2+0,7/3+0,6/4+0,5/5+ \\ +0,4/6+0,3/7+0,2/8+0,1/9+0,1/10.$$

Für den zweiten Parameter ergibt sich aus den gleichen Überlegungen:

$$\tilde{X}_2 = \text{mehr oder weniger Unwesentliches} = (1/0+0,9/1+0,8/2+ \\ +0,7/3+0,6/4+0,5/5+0,4/6+0,3/7+0,2/8+0,1/9+0,1/10)^{0,5} = \\ 1/0+0,95/1+0,89/2+0,84/3+0,78/4+0,7/5+0,64/6+0,55/7+ \\ 0,45/8+0,31/9+0,31/10.$$

Weiter wird nach der Formel (13.13) noch die Fuzzy-Eingangsmenge als

$$\tilde{X} = 1/0+0,9/1+0,8/2+0,7/3+0,6/4+0,5/5+0,4/6+0,3/7+ \\ +0,2/8+0,1/9+0,1/10$$

dargestellt.

Danach wird definiert, daß $v_i = 10$ dem Wert der linguistischen Variablen „QUALITÄT 1" = höchste entspricht. Analog (13.8) ergibt sich dabei, daß

$$\mathrm{ent}\left[(\mathrm{card}\ V_Y\text{-}1) \left(\frac{Y_i - Y_{min}}{Y_{max} - Y_{min}} \right) \right] = 10$$

Da aber card V_Y-1 = 10 ist, ergibt sich

$$10 \left(\frac{Y_i - Y_{min}}{Y_{max} - Y_{min}} \right) = 10,$$

d. h. $Y_i = Y_{max}$.

Analog dem oben gezeigten Verfahren wird aus (13.10) die Fuzzy-Menge $\widetilde{Y}$ = höchste = 0,1/0+0,1/1+0,2/2+0,3/3+0,4/4+0,5/5+ 0,6/6+0,7/7+ 0,8/8+0,9/9+1,0/10 definiert.

Dann wird gemäß (13.12) die Matrix binärer Relationen zusammengestellt:

$R(A_1\ (x),\ A_2(y))$ =

	0,1	0,1	0,2	0,3	0,4	0,5	0,6	0,7	0,8	0,9	1
1	0,1	0,1	0,2	0,3	0,4	0,5	0,6	0,7	0,8	0,9	1
0,9	0,1	0,1	0,2	0,3	0,4	0,5	0,6	0,7	0,8	1	0
0,8	0,1	0,2	0,2	0,3	0,4	0,5	0,6	0,7	1	0,1	0
0,7	0,1	0,1	0,2	0,3	0,4	0,5	0,6	1	0,2	0,1	0
0,6	0,1	0,1	0,2	0,3	0,4	0,5	1	0,3	0,2	0,1	0
= 0,5	0,1	0,1	0,2	0,3	0,4	1	0,4	0,3	0,2	0,1	0
0,4	0,1	0,1	0,2	0,3	1	0,5	0,4	0,3	0,2	0,1	0
0,3	0,1	0,1	0,2	1	0,6	0,5	0,4	0,3	0,2	0,1	0
0,2	0,1	0,1	1	0,7	0,6	0,5	0,4	0,3	0,2	0,1	0
0,1	1	1	0,8	0,7	0,6	0,5	0,4	0,3	0,2	0,1	0
0,1	1	1	0,8	0,7	0,6	0,5	0,4	0,3	0,2	0,1	0

(13.14)

Nun wird entsprechend den zu messenden Werten des Eingangsparameters X_{1lauf} und X_{2lauf} nach (13.8) die laufende Form der Fuzzy-Mengen $\widetilde{X}_{1lauf}$ und $\widetilde{X}_{2lauf}$ aus (13.13) definiert. Zur Ermittlung der die Aluminiumplattenqualität kennzeichnenden Fuzzy-Menge soll die Methode der Kompositionsfolgerung nach Zadeh verwendet werden,

$$\widetilde{Y}_{lauf} = R(A_2(y)) = R_1(A_1(x)) \circ R_1(A_1(x),\ A_2(y)) =$$

$$= [\widetilde{X}_{1\ lauf} \cap \ \mathrm{DIL}\ (\widetilde{X}_{2\ lauf})] \circ R_1\ (A_1\ (x),\ A_2\ (y)),$$

wobei $\circ$ die Operation maximiner Komposition nach Zadeh und $R_1(A_1(x), A_2(y))$ die binäre Relation der Form (13.12) ist.

Als Eingangsparameter zur Ermittlung des Drehwinkels des Sortiergreifers wird die Fuzzy-Menge durch die linguistische Variable „QUALITÄT 2“ gebildet und durch die Formel

$$Y_1^o\{ <Y_{1i}, W_{Y_1}, \tilde{Y}_1> \}; \quad Y_{1i} \in T^*(w), \quad i=\overline{0,2}$$

beschrieben. Hierbei sind W_{Y_1} ein Universum der Art $W_{Y_1} = \{0,1,2\}$; $\tilde{Y}_1$ eine Fuzzy Menge die durch die Zugehörigkeitsfunktion $\mu_{\tilde{Y}_1}: W_{Y_1} \rightarrow [0,1]$ beschrieben wird; $T^*(w)$ die erweiterte Term-Menge der linguistischen Variablen „QUALITÄT 2“.

Zur Abbildungsbeschreibung M_1: $V_Y \rightarrow W_{Y_1}$ führen wir folgende Überlegung ein: es sei $V_Y = V_{1Y} \cup V_{2Y} \cup V_{3Y}$, Ferner sei $V_{1Y} \cap V_{1Y} \cap V_{3Y}$, d. h. $V_{1Y} = \{0,1,\ldots,4\}$, $V_{2Y} = \{5,6,7\}$, $V_{3Y} = \{8,9,10\}$.

Es sei erwähnt, daß

$$\exists v_i^* \in V_Y \mid \mu(v_i^*) = \sup_{V_y} \mu(v_i), \quad i=\overline{0,2}$$

ist, wobei $\mu(v_i)$ die Schätzung der Zugehörigkeitsfunktion für den i-ten Singleton ist. Jetzt führen wir den Übergang (Abbildung M_1) mit der Einführung von

$$w^* = \begin{cases} 0, \text{ wenn } v_i^* \in V_{1Y}; \\ 1, \text{ wenn } v_i^* \in V_{2Y}; \\ 2, \text{ wenn } v_i^* \in V_{3Y}. \end{cases}$$

durch.

Mit anderen Worten: Die Werte der linguistischen Variablen „QUALITÄT 2“ lassen sich wie folgt darstellen:

Variablenwert $w_i \in W_{Y_1}$:

unbehebbarer Fehler 0
Nachbehandlung ist möglich 1
zur weiteren Verarbeitung 2

Die Fuzzy-Menge ist $$\tilde{Y}_1 = \int_{W_{Y_1}} \mu_{Y_1}(w)/w. \qquad (13.15)$$

Zur Schätzung der Zugehörigkeitsfunktion in den Singletonen $\mu_{Y_1}(w_i)/w_i$, $i=\overline{0,2}$, aus (13.15) erhalten wir den Ausdruck:

$$\mu_{Y_1}(w_i) = 1 - \frac{1}{\text{card } W_{Y_1} - 1} \mid w_i - w^* \mid , \; i=0,2, \tag{13.16}$$

bzw. bei card W_{Y_1}-1 = 2 ergibt sich

$$\mu_{Y_1}(w_i) = 1 - \frac{1}{2} \mid w_i - w^* \mid , \; i=\overline{0,2} \tag{13.17}$$

Der Drehwinkel des Sortiergreifers läßt sich wiederum als Fuzzy-Menge $\tilde{Z}$ darstellen. Die linguistische Variable „Winkel“
wird durch

$$Z^0 = \{ <z_i, W_Z, \tilde{Z}> \}; \; z_i \in T^*(w_z), \; i=\overline{0,2}$$

beschrieben. Hierbei sei W_Z ein Universum des Typs $W_Z = \{0,1,2\}$; $\tilde{Z}$ die durch die Zugehörigkeitsfunktion

$$\mu_{\tilde{Z}}: W_Z \rightarrow [0,1]$$

beschriebene Fuzzy-Menge; $T^*(w_z)$ die erweiterte Term-Menge der linguistischen Variablen „WINKEL“.

Die Werte der linguistischen Variablen „WINKEL“ lassen sich wie folgt darstellen:

Variablenwerte $w_{z_i} \in W_Z$:

kleine 0
mittlere 1
große 2

Die Fuzzy-Menge ist

$$\tilde{Z} = \mu_Z(w_z)/w_z. \tag{13.18}$$

Die tatsächlichen Drehwinkelwerte φ_i des Sortiergreifers sind [90,270°]. Zur Schätzung der Zugehörigkeitsfunktion aus den Singletonen des Typs $\mu(w_j)/w_j$ kann man offensichtlich aus der obigen Beziehung (13.18) folgenden Ausdruck benutzen

$$\mu_Z(w_{z_j}) = 1 - \frac{1}{\text{card } W_Z - 1} \left[w_{z_j} - \text{ent} \left\{ (\text{card } W_Z - 1) \left(\frac{\varphi_i - \varphi_{min}}{\varphi_{max} - \varphi_{min}} \right) \right\} \right],$$

$$j=\overline{0,2} \tag{13.19}$$

Bei card $W_Z = 3$, $\varphi_{min} = 90°$, $\varphi_{max} = 270°$ ergibt sich daraus

$$\mu_Z(w_{z_j}) = 1 - \frac{1}{2}\left[w_{z_j} - \text{ent}\left\{2\,\frac{\varphi_i - 90}{180}\right\}\right] =$$

$$= 1 - \frac{1}{2}\left[w_{z_j} - \text{ent}\left\{\frac{\varphi_i - 90}{90}\right\}\right], \quad j=\overline{0,2}$$

Die logische Beziehung zwischen der Aluminiumplattenqualität und dem Drehwinkel des Sortiergreifers wird durch die binäre Relation $R_2(A_1(y_1), A_2(z))$ gekennzeichnet. Um diese Beziehung zu formalisieren, benutzen wir den Konditionalsatz:

$\overline{P}_2$ = WENN $\tilde{Y}$ ein unbehebbarer Fehler ist, DANN ist $\tilde{Z}$ klein, SONST ist $\tilde{Z}$ groß.

Zur Bestimmung der Zugehörigkeitsfunktion wenden wir die Ausdrücke (13.16) und (13.19) an und erhalten:

$\tilde{Y}$ = unbehebbarer Fehler = 1/0+0,5/1+0/2,

$\tilde{Z}$ = klein = 1/0+0,5/1+0/2.

Zur Ermittlung einer Zugehörigkeitsfunktion als logischer Schluß aus dem laufenden Wert des Drehwinkels des Sortiergreifers wenden wir die Regel der konventionellen logischen Folgerung an:

$$R_2(A_1(y_1), A_2(z)) = (\tilde{Y}_1 \times W_z \underset{s}{\rightarrow} W_{Y_1} \times \tilde{Z}) \cap$$

$$\cap\ (\neg\tilde{Y}_1 \times W_z \underset{s}{\rightarrow} W_{Y_1} \times \neg\tilde{Z})$$

In der Sprache der Zugehörigkeitsfunktionen bedeutet dies:

$$R_2(A_1(y_1), A_2(z)) = \int_{W_{Y_1} \times W_Z} (\mu(w_{Y_1}) \underset{s}{\rightarrow} \mu(w_z)) \wedge$$

$$\wedge((1-\mu(w_{Y_1})) \underset{s}{\rightarrow} (1-\mu(w_z))/(w_{Y_1}, w_z) = \qquad (13.20)$$

$$= \begin{cases} 1, & \mu(w_{Y_1}) = \mu(w_z); \\ 0, & \mu(w_{Y_1}) \neq \mu(w_z). \end{cases}$$

als eine binäre Relation R_2 von $A_2(y_1)$ und $A_2(y_2)$.

Entsprechend dem Konditionalsatz P_2 und der Folgerungsregel (13.20) wird die Matrix binärer Relation bestimmt:

$$R_2\,(A_1\,(y_1),\,A_2(z)) = \begin{array}{c|ccc} & 1 & 0{,}5 & 0 \\ \hline 1 & 1 & 0 & 0 \\ 0{,}5 & 0 & 1 & 0 \\ 0 & 0 & 0 & 1 \end{array} \tag{13.21}$$

Entsprechend dem laufenden Wert der Fuzzy-Menge $\tilde{Y}_{1lauf}$, d. h. der Aluminiumplattenqualität, die als (13.15) dargestellt wird, wird zur Ermittlung des Drehwinkels oder der linguistischen Variablen „WINKEL" entsprechend der Fuzzy-Menge wiederum die Methode der Kompositionsfolgerung von Zadeh benutzt, d. h.

$$\tilde{Z}_{lauf} = R(A_1(y_1)) \circ R_2(A_1(y_1),\,A_2(z)) =$$

$$= \tilde{Y}_{1\,lauf} \circ R_2\,(A_1\,(y_1),\,A_2\,(z)), \tag{13.22}$$

wobei $\circ$ die Operation maxmin Komposition und $R_2(A_1(y_1), A_2(z))$ eine binäre Relation der Art (13.21) ist.

Mit der Operation (13.22) wird der laufende Wert der Fuzzy-Menge $\tilde{Z}_{lauf}$, der als (13.18) dargestellt ist, definiert. Weiter wird ein gewisses $w^*_{z_i} \in W_z$ aus den Überlegungen ermittelt, daß

$$\exists w^*_{z_i} \in W_z\ \mu_z\,(w^*_{z_i}) =$$

$$= \sup_{w_{z_i} \in W_z} \mu_z(w_{z_i}), \quad i=\overline{0,2},$$

ist, wobei $\mu_z(w_{z_i})$ die Schätzung der Zugehörigkeitsfunktion für den i-ten Singleton aus (13.18) stammt.

Durch Einsetzen von $w^*_{z_i}$ in die Beziehung

$$w_{z_i} = \text{ent}\left[\ (\text{card } W_z\text{-}1)\left(\frac{\varphi_i - \varphi_{min}}{\varphi_{max} - \varphi_{min}}\right)\right]$$

und mit Berücksichtigung von $W_z = 3$, $\varphi_{min} = 90°$, $\varphi_{max} = 270°$, ergibt sich der Drehwinkel

$$\varphi_i = 90(w^*_{z_i}+90). \tag{13.23}$$

Wenn zum Beispiel $w^*_{z_i} = 0$ ist, dann ergibt sich $\varphi_i = 90°$. Wenn aber $w^*_{z_i} = 1$, dann ergibt sich $\varphi_i = 180°$ usw.

Die Steuerung des Sortiergreifers erfolgt im Betrieb durch die direkte numerische Steuerung (DNS) mit dem Mikrocomputer.

Beispiel: Als Vektor der Eingangsparameter wurde $X = \{X_1,X_2\}$ bestimmt, wobei X_1 die Plattenkrümmung, X_2 die Plattentemperatur nach dem Aufheizen und anschließender Kühlung ist. Es seien $X_1 \in [3,8]$ mm, $X_2 \in [100,185]°$. Dabei sind wie bisher card U_{X_i} = card $V_Y = 11$ und card W_{Y_1} = card $W_z = 3$. Der gemessene Wert der zu überwachenden Parameter lautet $X_{1lauf} = 5{,}5$mm, und $X_{2lauf} = 160°$. Dann werden aus (13.7) und (13.9) die entsprechenden Fuzzy-Mengen wie folgt aussehen:

$$\tilde{X}_{1\,lauf} = 0{,}5/0+0{,}6/1+0{,}7/2+0{,}8/3+0{,}9/4+1/5+0{,}9/6+0{,}8/7+0{,}7/8+ +0{,}6/9+0{,}5/10,$$

und

$$\tilde{X}_{2\,lauf} = 0{,}3/0+0{,}4/1+0{,}5/2+0{,}6/3+0{,}7/4+0{,}8/5+0{,}9/6+1/7+0{,}9/8+ +0{,}8/9+0{,}7/10.$$

Mit Rücksicht auf die gleiche Wichtigkeit beider physikalischer Parameter aus (13.11) erhalten wir den Wert der Fuzzy Menge

$$\tilde{X}_{lauf} = 0{,}3/0+0{,}4/1+0{,}5/2+0{,}6/3+0{,}7/4+0{,}8/5+0{,}9/6+0{,}8/7+0{,}7/8+ +0{,}6/9+0{,}5/10.$$

Da wir eine Komposition der Fuzzy-Menge $\tilde{X}_{lauf}$ mit der Matrix (13.14) zusammenstellen, erhalten wir

$$\tilde{Y}_{lauf} = 0{,}6/0+0{,}6/1+0{,}7/2+0{,}8/3+0{,}9/4+0{,}8/5+0{,}7/6+0{,}6/7+0{,}5/8+ +0{,}4/9+0{,}3/10.$$

Somit ist $w^* = 0$ und $v^*_i = 4$, da $\mu(4) = \sup\limits_{U_{X_i}} \mu(v_i) = 0{,}9$.

Aus (13.17) mit Berücksichtigung von (13.15) folgt, daß $\tilde{Y}_{1lauf}$ = unbehebbarer Fehler = $1/0+0{,}5/1+0/2$.

Mit Hilfe des Ausdrucks (13.22) komponieren wir die ermittelte Fuzzy-Menge $\tilde{Y}_{1lauf}$ mit der Matrix (13.21), woraus $\tilde{Z}_{lauf}$=klein=$1/0+0{,}5/1+0/2$

resultiert. Also, ist $w_z^* = 0$. Durch die Substitution von w_z^* in (13.23) stellen wir fest, daß der Drehwinkel $\varphi_i = 90°$ sein soll, um das Werkstück weiterzuleiten.

13.3 Koordinierung einer Roboterstaße in der flexiblen, automatischen Produktion (Deadlock-Auflösung)

Eine roboterisierte Linie für die Fertigung von Leitungen eines Wärmeaustauschers besteht aus einem Satz von Robotern für verschiedene Aufgaben M= {M} mit einer konstanten Aktivierungszeit τ = const, i = $\overline{0,6}$ und aus zwei Förderbändern K = $\{K_j\}$, die sich mit den Geschwindigkeiten w = $\{w_j\}$, j=1,2 bewegen.

Der Eingangs-Roboter MO legt die Erzeugnisse E *(Abb. 13.1)* die doppelten Aluminiumplatten — auf das Förderband K1. Die Platten werden danach durch die Roboter M1-M5 zum Zeitpunkt ihres Ankommens an den entsprechenden Arbeitpositionen (in der Abbildung schraffiert) gegriffen und weiter auf die Durchblasepressen P1-P5 gereicht. Nach dem Durchblasen der Wärmeaustauscherkanäle werden die fertigen Erzeugnisse mit Hilfe derselben Roboter M1-M5 auf das Förderband K2 aufgelegt und

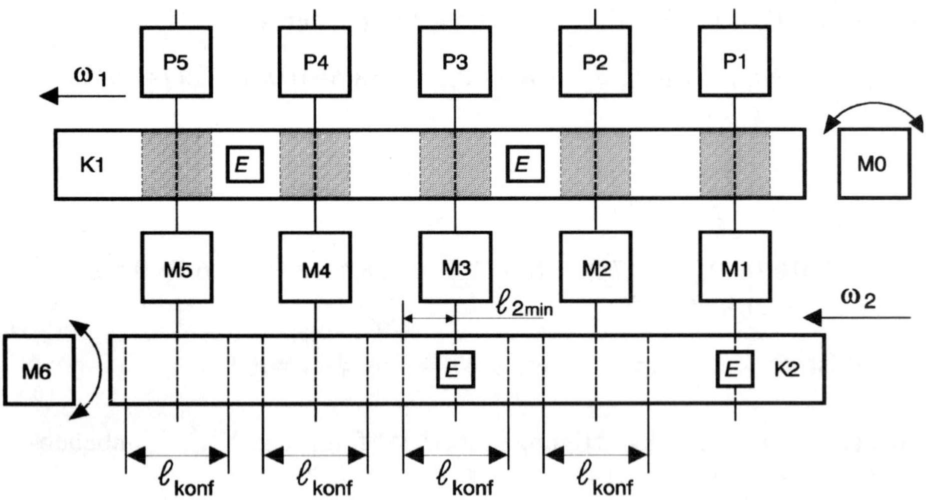

Abb. 13.1: Roboterisierte Fertigungslinie zur Kanalerzeugung in Wärmeaustauschern

weiter durch den Roboter M6 zur weiteren Montage gereicht. Eine Besonderheit der roboterisierten Fertigungslinie besteht in folgenden Konfliktpotentialen [1]: Ein durch die Durchblaspresse P_i (i=1,5) bereits behandeltes und von dem Roboter M_i (i= 1,4) aufgegriffenes Werkstück kann während seiner Bewegung auf dem Förderband K2 zur Arbeitsposition jedes nachfolgenden Roboters aus $\{M_{i+1}\}$ zu dem Zeitpunkt gelangen, wenn dieser noch ein anderes Werkstücke bedient. Dies kann bei kontinuierlichen Förderband zu einer technisch unzulässigen Zeitüberlappung führen und den Abtransport durch den Endroboter M6 blockieren;

- Die Ankunftshäufigkeit der Platten beim Endroboter M6 (bestimmt durch den Abstand zwischen den Werkstücken auf dem Förderband K2 und seiner Geschwindigkeit) kann die Leistungsfähigkeit des Roboters überschreiten;
- Die Entstehung von Konfliktsituationen auf mehreren — durch kumulierte Verkettung — oder auch in allen Arbeitspositionen zugleich ist nicht ausgeschlossen. Im letzten Fall ergibt es einen Bandstillstand (Deadlock).
- Die Entstehung von Blockaden wird durch die Undeterminiertheit der Ankunftshäufigkeit verdoppelter Aluminiumplatten hervorgerufen.

Zur Beilegung solcher Situationen werden die Roboter M2-M5 mit Intelligenz versehen, um Überlappungskonflikte zu verhindern.

Aus den unten angeführten Erwägungen werden die linguistischen Fuzzy-Skalen aufgebaut. Ist τ_6 die Ansprechzeit des Roboters M6, so ist der minimale zulässige Abstand zwischen den Werkstücken auf dem K2 Förderband $l_{2min} = \omega_2 \tau_6$, Die Konfliktzone in der Umgebung der Arbeitsstelle der Roboter M, $i=\overline{2,5}$, hat die Länge $l_{konf} = 2l_{2min}$. Der Abstand zwischen dem Werkstück und der Konfliktzonengrenze (in der Bewegungsrichtung des K2 Förderbandes wird $l'_{2i} \in [0,l_{konf}]$, i=2,5. Dieser Abstand wird so skaliert, daß beim Eintreffen des Werkstückes in die Konfliktzone l_{konf} des i-ten Roboters dieser eine selbständige Entscheidung treffen soll: Die ankommende Platte durch diese Zone gegebenenfalls durchzulassen, statt das fertige Werkstück von der Presse P_i, die er laufend bedient, zu nehmen und auf das K2-Förderband zu deponieren und dafür die Presse P_i warten zu lassen.

Die Verzögerungszeit der Aktivierung τ_{verz_i} soll dabei durch den Abstand bestimmt werden, den das Werkstück bis zum Ende der Konfliktzone l_{konf}

zurückzulegen hat, d. h. l'_{2i}. Je länger l'_{2i} ist, desto länger wird naturgemäß die Zeit τ_{verz_i} $(i=\overline{2,5})$ werden.

Betrachten wir den Fall, daß der Konflikt gleichzeitig an mehreren Arbeitsplätzen, zum Beispiel, bei M2 und M3, auftritt. In diesem Fall wird nach der Konfliktlösung durch den Roboter M2 der Abstand l_2 zwischen den sich zur Arbeitsposition des Roboters M3 bewegenden Werkstücken den Wert $l_2 = l_{2min}$ erhalten. D. h., um das Werkstück das der Presse P3 zu holen, hat der Roboter M3 beide Erzeugnisse durchzulassen, weil ihr Abstand minimal ist. Mit anderen Worten es ist unmöglich, sich zwischen ihnen hineinzuzwängen, so daß M6 nicht in der Lage ist, beide Werkstücke zu bedienen.

Somit soll jeder weitere (in der Bewegungsrichtung der Transportvorrichtung K2) vorhandene Roboter im eigenen Konfliktfall auch alle vorherigen Konflikte von Arbeitspositionen anderer Roboter beachten. Mit anderen Worten die Gesamtverzögerungszeit wird zu

$$\tau_i^{\Sigma} = \tau_{verz_i} + k\tau_v, \; i = \overline{2,5}, \; k = \overline{0,3}, \tag{13.24}$$

wobei k die Zahl der vorangegangenen „Konflikte" ist.

Die Ansprechverzögerungszeit der Manipulatoren für die Schlichtung der „Konflikte" wird auch skaliert, d. h.

$$\tau_{verz_i} \in [0; 2\tau_v].$$

Bemerkenswert ist, daß das installierte Sensorsystem aus Fernsehkameras besteht. Diese bestimmen also die Produktposition in der i-ten Konfliktzone l_i^{konf} zum Aktivierungszeitpunkt des jeweiligen Roboters sowie den Abstand l'_{2i} zwischen dem Werkstück und der nächsten Konfliktzonengrenze.

Aufgrund der Ungenauigkeit dieses Meßsystems wird die zu bearbeitende Information als undeutlich betrachtet. Also wird der Abstand l'_{2i} $(i=\overline{2,5})$ als eine Fuzzy-Menge dargestellt, mit der linguistischen Variable „Abstand vom Ende der Zone i", die durch den Dreier-Tupel

$$L_{2i}^{o} = \{ <L_{2i}^{j}, U_{L_i}, \widetilde{L}_{2i} > \}, \; L_{2i}^{j} \in T_i^{*}(u), \; i=\overline{2,5}, \; j=\overline{0,10},$$

bestimmt wird.

Dabei sind: U_{L_i} die Universen der Art $U_{L_i} = \{\overline{0,10}\}$; $\tilde{L}_{2i}$ die Zugehörigkeitsfunktionen μ_{L_2}: $U_{L_{1i}} \rightarrow [0,1]$; T_i^* (u) die erweiterte Term-Menge linguistischer Variabler.

Die Werte der linguistischen Variablen „Abstand vom Zonenende i" sind unten aufgeführt:

Der Wert der Variablen $u \in U_{L_i}$:

ganz nah	0
nah	1
weniger nah	2
unterdurchschnittlich	3
durchschnitt	4
überdurchschnittlich	5
weniger weit	6
weit	7
sehr weit	8
Zonengrenznah	9
Zonengrenze	10

Fuzzy-Mengen

$$L_{2i} = \int_{U_{L_i}} \mu_{L_2}(u)/u, \; i=\overline{2,5} \tag{13.25}$$

Die die Ansprechverzögerung $\tau_{\text{verz i}}$ der Roboter kennzeichnenden Ausgangskennziffern werden auch als Fuzzy-Mengen

$$\tilde{\tau}_{\text{verz i}} = \int_{W_{\tau_i}} \mu_{\tau_i}(w)/w, \; i=\overline{2,5}, \tag{13.26}$$

dargestellt, welche durch den Dreier-Tupel

$$\tau^0_{\text{verz i}} = \{ < \tau_{\text{verz i}}, W_{\tau_i}, \tilde{\tau}_{\text{verz i}} > \}, \; \tau^j_{\text{verz i}} \in T_i^*(w),$$

$$i=\overline{2,5}, \; j=\overline{0,10},$$

die beschriebenen linguistischen Variablen „VERZÖGERUNG i" bilden.

Für den Entscheidungsvorgang durch den intelligenten Roboter (IR) wird eine der Regeln des undeutlichen konventionellen Schlusses verwendet: die Relation

$$R(A_1\,(l'_{2i}),\, A_2\,(\tau_{verz\,i})) = (\tilde{L}_{2i} \times W_{\tau_i} \underset{3}{\rightarrow} U_{L_i} \times \tilde{\tau}_{verz\,i}) \cap (\neg\tilde{L}_{2i} \times$$

$$\times W_{\tau_i} \underset{3}{\rightarrow} U_{L_i} \times \neg\tilde{\tau}_{verz\,i}),\ i=\overline{2,5} \tag{13.27}$$

bzw. in der Sprache der Zugehörigkeitsfunktionen

$$R(A_1\,(l'_{2i}),\, A_2\,(\tau_{verz\,i})) = \int_{W_{\tau_i} \times U_{L_i}} (\mu_{L_2}(u) \underset{3}{\rightarrow} \mu_{\tau_i}(w)) \wedge$$

$$\wedge\ [(1-\mu_{L_2}(u)) \underset{3}{\rightarrow} (1-\mu_{\tau_i}(w))]/\ (u,w) = \tag{13.28}$$

$$= \begin{cases} \dfrac{1-\mu_{\tau_i}(w)}{(1-\mu_{L_2}(u) + \mu_{\tau_i}(W)}, & \mu_{L_2}(u) < \mu_{\tau_i}(w); \\ 1, & \mu_{L_2}(u) = \mu_{\tau_i}(w); \\ \dfrac{\mu_{\tau_i}(w)}{\mu_{L_2}(u) + (1 + \mu_{\tau_i}(w))}, & \mu_{Li}(u) > \mu_{\tau_i}(w),\ i=\overline{2,5}. \end{cases}$$

Als eine Abbildung von ζ_i: $l'_{2i} \rightarrow U_{L_i}$, $i= \overline{2,5}$ wird folgende Beziehung vorgeschlagen:

$$u_j = \text{ent}\left[\ (\text{card}\ U_{L_i}\text{-}1)\ \left(\frac{l'_{2i} - l'_{2i\,min}}{l'_{2i\,max} - l'_{2i\,min}}\right)^{\alpha}\right], \tag{13.29}$$

$$j=\overline{0,10},\ i=\overline{2,5}$$

wobei card U_{L_i} die Mächtigkeit des Universums $U_{L_i} = \{\overline{0,10}\}$, l'_{2i} der laufende Abstandswert von der Grenze der „Konfliktzone i"; $\alpha \geq 1$ ein Faktor ist.

Zur Schätzung der Zugehörigkeitsfunktion der Singletone aus (13.25) μ_{L_2} $(u_j)/u$ wird folgende Prozedur vorgeschlagen:

$$\forall j=\overline{0,10},\ \forall i=\overline{2,5},\ \mu_{L_2}(u_j) = 1 - \frac{1}{\text{card}\ U_{L_i} - 1} \left|\ u_j - \right.$$

$$\left. - \text{ent}\left[\ (\text{card}\ U_{L_i}\ \text{-}1)\ \left(\frac{l'_{2i\,lauf} - l'_{2i\,min}}{l'_{2i\,max} - l'_{2i\,min}}\right)^{\alpha}\right]\right|. \tag{13.30}$$

Die Ansprechzeitverzögerung der Manipulatoren τ_{verz_i} wird ebenso wie bisher als Fuzzy-Menge darstellt, und zur Berechnung von Schätzungen der entsprechenden Zugehörigkeitsfunktionen werden die bekannten Beziehungen benutzt.

Zum Aufbau der Matrix binärer Relationen auf der Basis von Expertenwissen benutzen wir einen Konditionalsatz der Form

WENN $\tilde{L}_{2i}$ ganz nah ist DANN ist $\tilde{\tau}_i^{\text{verz}}$ unwesentlich SONST ist τ_i^{verz} maximal.

Nach diesem Ansatz erhalten die Fuzzy-Mengen die Form

$\tilde{L}_{2i}$ = ganz nah = $\tilde{\tau}_{\text{verz } i}$ = unwesentlich = 0/0+0,1/1+0,2/2+ +0,3/3+0,4/4+0,5/5+0,6/6+0,7/7+0,8/8+0,9/9+1/10

Gemäß (13.28) wird die Matrix binärer Relationen hergestelt:

$R(A_1(l'_{2i}), A_2(\tau_{\text{verz } i})) =$ (13.31)

	0	0,1	0,2	0,3	0,4	0,5	0,6	0,7	0,8	0,9	1
0	1	0,82	0,67	0,54	0,43	0,34	0,25	0,18	0,11	0,05	0
0,1	0	1	0,73	0,58	0,46	0,36	0,27	0,19	0,12	0,06	0
0,2	0	0,09	1	0,64	0,50	0,38	0,29	0,20	0,13	0,06	0
0,3	0	0,08	0,18	1	0,55	0,42	0,31	0,21	0,13	0,06	0
0,4	0	0,08	0,17	0,27	1	0,45	0,33	0,23	0,14	0,07	0
0,5	0	0,07	0,15	0,25	0,36	1	0,36	0,25	0,15	0,07	0
0,6	0	0,07	0,14	0,23	0,33	0,45	1	0,27	0,17	0,08	0
0,7	0	0,06	0,13	0,21	0,31	0,42	0,55	1	0,18	0,08	0
0,8	0	0,06	0,13	0,20	0,29	0,38	0,50	0,64	1	0,09	0
0,9	0	0,06	0,12	0,19	0,27	0,36	0,46	0,58	0,73	1	0
1	0	0,05	0,11	0,18	0,25	0,33	0,43	0,54	0,76	0,82	1

Betrachten wir ein Beispiel zur Entscheidung bei der „Koordinierung" einer roboterisierten Strecke zur Erzeugung von Leitungen für die Kanäle im Wärmeaustauscher. Sei τ_6 = 5s die Aktivierungszeit des Endroboters der Strecke, ω_2 = 0.2m/s die Geschwindigkeit des K2-Förderbandes; l_i^0 die Entfernung zwischen den Arbeitsorten der Roboter M2 - M5; l_{arb} = 22m die Arbeitslänge des Förderbandes K2 sei. Die minimale zulässige Entfernung zwischen Werkstücken auf dem Förderband K2 wird zu

$l_{2min} = \omega_2 \tau_6 = 1$ m berechnet, die Länge der „Konfliktzone 2“ zu $l_{konf} = 2l_{2min} = 2.0$m. Die entsprechende Skala der Entfernungen bis zur „Konfliktzone“ hat die Form $l'_{2i} \in [0,2.0]$m $= [0,2l^{min}]$.

Es sei $l_{22lauf} = 1.5$m und $l_{24lauf} = 0.5$m, d. h. es kummulieren sich Konflikte bei den Robotern M2 und M4. Dabei wird die Skala der Verzögerung so bestimmt, daß die maximale Verzögerungszeit τ_{max}^{verz} gleich der Zeit wird, die eine Platte auf K2 braucht, um aus der Konfliktzone herauszukommen. Damit hat die Skala die Form $\tau_i^{verz} \in [0,20]$ s. Entsprechend (13.25) und (13.30) stellen wir Fuzzy-Mengen auf, die den Entfernungen bis zum Ende der Konfliktzone entsprechen, d. h.

$\tilde{L}_{22}$ = etwas weiter, als weit=0,2/0 + 0,3/1 + 0,4/2 +0,5/3 +0,6/4 + 0,7/5 + 0,8/6 + 0,9/7 + 1/8 + 0,9/9 + 0,8/10;

$\tilde{L}_{24}$ = mittel=0,6/0 + 0,7/1 + 0,8/2 + 0,9/3 + 1/4 + 0,9/5+ + 0,8/6 + 0,7/7 + 0,6/8 + 0,5/9 + 0,4/10.

Durch Komponieren dieser Mengen mit der Matrix der binären Relationen (13.31) erhalten wir solche Fuzzy-Mengen, die den Verzögerungen der Reaktionszeit der Roboter M_i entsprechen:

$\tilde{\tau}_2^{verz}$= groß = 0,2/0 + 0,3/1 + 0,4/2 +0,5/3 + + 0,6/4 + 0,7/5 + 0,8/6 + 0,9/7 + 1/8 + 0,9/9 + 0,8/10;

$\tilde{\tau}_4^{verz}$= unterdurchschnitt = 0,6/0+ 0,7/1+ 0,8/2+ 0,9/3 + 1/4 + 0,9/5 + 0,8/6 + 0,7/7 + 0,6/8 + 0,5/9 + 0,4/10.

Die Verzögerung der Roboter unter Berücksichtigung von $\omega_2 = 8$ und $\omega_4 = 4$, wird zu

$\tau_2^{verz} = 16$ s, $\tau_4^{verz} = 8$ s.

Unter Berücksichtigung von (13.24) kummuliert sich die Gesamtverzögerungszeit von M4 zu

$\tau_{ges\,4}^{verz} = 8+5 = 13$ s.

Die ermittelte Gesamterzögerung von Robotern erlaubt es uns, Konfliktsituationen auf der roboterisierten Strecke zu lösen und gewährleistet einen kontinuierlichen Abtransport von Platten (Werkstücken) durch den Endroboter M6 im Arbeitstakt.

Literatur zu Kapitel 13

1. Zadeh L.A., „The Concept of a Linguistic Variable and its Application to Approximate Reasoning", Information Sciences, v.8, 1975, pp. 199-249.

2. Aliev R.A., Zerkovny A.E., Mamedova G.A., „Upravlenie proisvodstvom pri netschetkoy ischodnoy informazii", Moskva, Energoatomisdat, 1991, pp. 240. (in russisch)

3. Aliev R.A., Ulanov G.M., Zerkovny A.E., „Prinjatije rescheniy v intellektualnuch robotach", Dokladu AN SSSR, 1986, T.290, No. 5, pp. 1048-1052. (in russisch)

4. Aliev R.A., Zerkovny A.E., „Intellektualnuy robot dlja ozenki katschestva i sortirovki isdeliy na potoke", Isv. AN SSSR, Technitscheskaja kibernetika, 1986, No. 1, pp. 100-ÖB 106.(in russisch)

5. Aliev R.A., Zerkovny A.E., „Predstavlenije snaniy v intellektualnuch robotach na osnove netschetkich mnodschestv", Dokladu AN SSSR, 1988, T.299, No. 6, pp. 1292 1295. (in russisch)

6. Aliev R.A., Aliev F.T., Babaev M.D., „The Synthesis of Fuzzy Coordinate-Parametric Automatic Control System for Oil- Refinery Unit", Fuzzy Sets and Systems, 1992, No. 47, pp. 157-162.

14 Fuzzy-Controller für die Prozeßautomatisierung

14.1 Fuzzy-Systeme für die Steuerung einer Destillationskolonne

Wir behandeln hier den Aufbau eines Fuzzy-Reglers für die Temperatursteuerung im Oberteil einer Rektifikations- bzw. Destillationskolonne für Rohöl. *(Abb. 14.1)* [1].

An den Eingang des Fuzzy-Reglers (Summierer 1) wird von Sensor 10 der momentane Wert der Temperatur T des Kolonnenoberteils geliefert. Die Abweichung ε (t) einerseits und ihr Integral werden mit den konstanten Einstellparametern K_{ε_1} und K_{ε_2} des Reglers multipliziert:

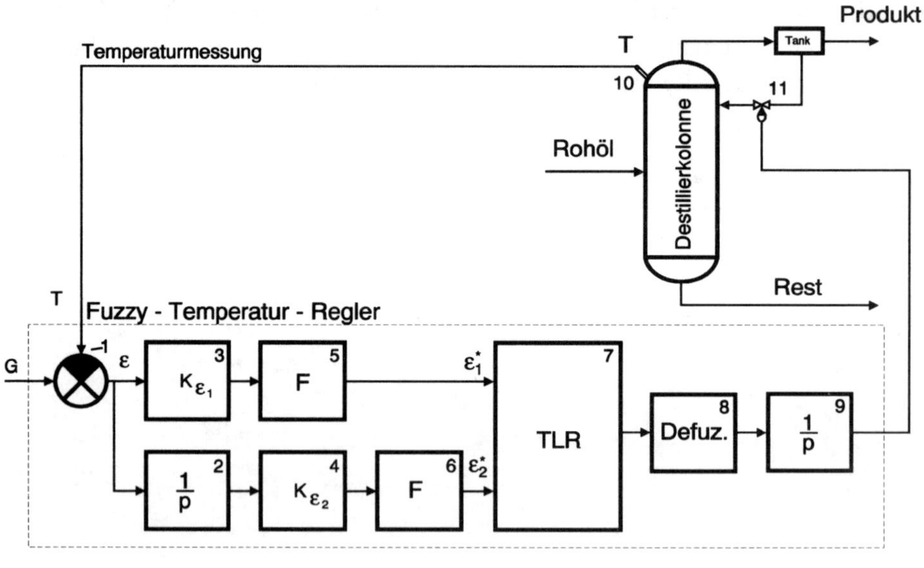

Abb. 14.1: Aufbau eines Fuzzy-Reglers für die Temperatursteuerung im Oberteil einer Rektifikationskolonne

$$\varepsilon_1^m(t) = K_\varepsilon \times \varepsilon_1(t),\ K_\varepsilon > 0 \qquad (14.1)$$

$$\varepsilon_2^m(t) = K_{\varepsilon_2} \times \varepsilon_2(t) = K_{\varepsilon_2}^t \int_o \varepsilon(\theta)\, d\theta \qquad (14.2)$$

Die Fuzzyfikatoren F (Blöcke 5 und 6), bestimmen die Fuzzy-Mengen ε_{1j}^* ($i=\overline{1,n_1}$) und ε_{2j}^* ($j=\overline{1,n_2}$) der Eingangsvariablen ε^m (t) und ε_2^m (t) des Roboters. Mit Hilfe der erhaltenen Fuzzy-Untermengen ε_{1j}^* und ε_{2j}^* werden die Fuzzy-Mengen U_1^* der linguistischen Variablen für die erwünschte Änderungsgeschwindigkeit des Steuersignals aus der Wissensbasis (Tabelle TLR von linguistischen Regeln (Block 7)) 2 bestimmt. Dies erfolgt mittels der Kompositionsregel. Der ermittelte Wert wird danach im Defuzzyfizierer DF (Block 8) defuzzyfiziert und in Block 9 (1/p) integriert. Danach wird er als Ausgangssignal des Fuzzy-Reglers in das Stellglied 11, d. h. auf das Ventil des zu steuernden Objektes (die Kolonne) eingegeben.

Die Synthese eines Fuzzy-Reglers besteht zunächst in der Bestimmung seiner Wissensbasis und der Werte der Koeffizienten $k_{\varepsilon_1}, k_{\varepsilon_2}$ und k_u, die die geforderte Qualität der Steuerung im System bewirken. Das Qualitätskriterium für das System ist

$$|\dot{G} - \dot{T}| = |\varepsilon(t)| \le \delta\ (\delta = 1°\,C) \text{ bei } t > t_1.$$

In *Abb. 14.2* wird die geforderte Steuerungsqualität für die Kolonne gezeigt. Das zu entwickelnde System muß folgendes können: statische Genauigkeit von ±1° C, dynamische Genauigkeit (also Schwankungsbreite)von ±2° C, Steuerungszeit (also Reaktionszeiten auf Temperaturschwankungen) von t_p=2.5 min.

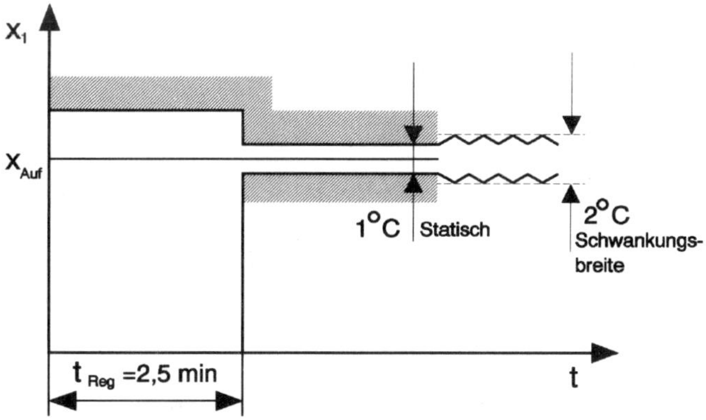

Abb. 14.2: Geforderte Steuerungsqualität für die Kolonne

Die Wissensbasis eines entsprechenden Fuzzy-Reglers wurde aufgrund der gesammelten Informationen, der Erfahrungen bei der Steuerung von technischen Parametern und der qualitativen Überlegungen über die Steuerung dieses konkreten Objektes entwickelt:

WENN der Fehler „positiv groß" ist UND das Integral des Fehlers „negativ mittel" ist, DANN ist die Geschwindigkeit U_r^* der Steuerungsänderung „positiv groß",

.... (14.3)

$$\text{Sonst } R_r = \text{WENN } \underset{j\in[1,n_1]}{\varepsilon_{1j}^*} \text{ UND } \underset{j\in[1,n_2]}{\varepsilon_{2j}^*}\text{ , DANN } \underset{r\in[1,m]}{U_r^*} \tag{14.4}$$

Für die Fuzzy-Untermengen ε_{1j}^* sind in (14.4) folgende linguistische Terme definiert:

$\varepsilon_{11}^* =$ NSG (negativ sehr groß) $\stackrel{\Delta}{=} (\varepsilon, \mu_{11} (\varepsilon(t)))$

$\varepsilon_{12}^* =$ NG (negativ groß) $\stackrel{\Delta}{=} (\varepsilon, \mu_{12}(\varepsilon(t)))$

$\varepsilon_{13}^* =$ NM (negativ mittel) $\stackrel{\Delta}{=} (\varepsilon, \mu_{13} (\varepsilon(t)))$

$\varepsilon_{14}^* =$ NK (negativ klein) $\stackrel{\Delta}{=} (\varepsilon, \mu_{14} (\varepsilon(t)))$

$\varepsilon_{15}^* =$ NSK (negativ sehr klein) $\stackrel{\Delta}{=} (\varepsilon, \mu_{15} (\varepsilon(t)))$

$\varepsilon_{16}^* =$ NN (Null) $\stackrel{\Delta}{=} (\varepsilon, \mu_{16} (\varepsilon(t)))$

$\varepsilon_{17}^* =$ PSK (positiv sehr klein) $\stackrel{\Delta}{=} (\varepsilon, \mu_{17} (\varepsilon(t)))$

$\varepsilon_{18}^* =$ PK (positiv klein) $\stackrel{\Delta}{=} (\varepsilon, \mu_{18} (\varepsilon(t)))$

$\varepsilon_{19}^* =$ PM (positiv mittel) $\stackrel{\Delta}{=} (\varepsilon, \mu_{19} (\varepsilon(t)))$

$\varepsilon_{110}^* =$ PG (positiv groß) $\stackrel{\Delta}{=} (\varepsilon, \mu_{110} (\varepsilon(t)))$

$\varepsilon_{111}^* =$ PSG (positiv sehr groß) $\stackrel{\Delta}{=} (\varepsilon, \mu_{111} (\varepsilon(t)))$

Analog sind auch die Terme der Fuzzy-Untermengen für das Integral des Fehlers ε_{2j}^* $(j=\overline{1,n_2})$ und der Geschwindigkeit u_l^* $(l=\overline{1,n_3})$ der Steuerungsänderung, wobei $n_3 = n_2 = 11$.

Die gemeinsamen Grenzen $\varepsilon_{11}^*, \varepsilon_{111}^*$ und Fuzzy-Untermengen des Fehlers ε_1^*, das Integral ε_2^* des Fehlers und der Geschwindigkeit U^* der Steuerungsänderung werden aus Erfahrungen und aus Überlegungen über den Steuerungsprozeß der zu betrachtenden Kolonne festgestellt. Die Zugehörigkeitsfunktionen μ_{1i} $(\varepsilon_1(t))$, $(i=\overline{1,11})$, μ_{2j} $(\varepsilon_2(t))$, $(j=\overline{1,11})$, μ_{3l} $(u(t))$, $(l=\overline{1,11})$ der Fuzzy- Untermengen des Fehlers, des Integrals des Fehlers und der Geschwindigkeit der Steuerungsänderung sind nach folgenden Ausdrücken aufgestellt:

$$\mu_{1i}(\varepsilon_1(t)) = \exp(-\nu_{1i} \mid \varepsilon_1(t)-\bar{\varepsilon}_{1i} \mid) \quad (i=\overline{1,11})$$

$$\mu_{2j}(\varepsilon_2(t)) = \exp(-\nu_{2j} \mid \varepsilon_2(t)-\bar{\varepsilon}_{2j} \mid) \quad (j=\overline{1,11}) \qquad (14.5)$$

$$\mu_{3l}(u(t)) = \exp(-\nu_{3l} \mid u(t)-\bar{u}_l \mid) \quad (l=\overline{1,11})$$

Für die Bestimmung der Tabelle der linguistischen Regeln des Reglers werden zunächst die Werte μ_{1i}, μ_{2j} und μ_{3l} angegeben, bei denen ε_1 (t) ε_2 (t) und u(t) den jeweiligen Mengen ε_{1i}^*, ε_{2j}^* und u_{3l}^* angehören. Entsprechend dem letzteren werden ν_{1i}, ν_{2j} und ν_{3l} aus (14.5) aus der Erfüllung folgender vorgegebener Bedingungen ermittelt:

$$\mu_{1i}(\varepsilon_1(t)) \geq 0.5 \text{ bei } \varepsilon(t) \in \varepsilon_{1i}^* \quad (i=\overline{1,n_1})$$

$$\mu_{2j}(\varepsilon_2(t)) \geq 0.5 \text{ bei } \varepsilon_2(t) \in \varepsilon_{2j}^* \quad (j=\overline{1,n_2}) \qquad (14.6)$$

$$\mu_{3l}(u(t)) \geq 0.5 \text{ bei } u(t) \in u_l^* \quad (l=\overline{1,n_3})$$

Im Ausdruck (14.5) ε_{1i} (i=1,11), ε_{2j} (j=1,11) und u_l (l=1,11) werden entsprechende Mittelwerte der i-ten, j-ten und l-ten Mengen des Fehlers, des Integrals des Fehlers und der Steuerungsänderung angegeben, deren Zugehörigkeitsgrad gleich 1.0 ist.

Jetzt können wir unter Verwendung der Fuzzy-Mengen ε_{1i}^*, ε_{2j}^*, u_l^* vom Typ (14.5) die Fuzzy-Relation etwas kompakter aufschreiben

$$R = \varepsilon_{11}^* \wedge \varepsilon_{21}^* \wedge U_1^* \vee \varepsilon_{12}^* \wedge \varepsilon_{22}^* \wedge U_2^* \vee \dots \vee \varepsilon_{1m}^* \wedge \varepsilon_{2m}^* \wedge Um^*$$

$$= \bigcup_{r=1}^{m} R_r \qquad (14.7)$$

Unter Berücksichtigung von (14.4)-(14.7) hat die Tabelle der linguistischen Regeln des Fuzzy-Reglers die Form *(Tabelle 14.1)*:

Tab. 14.1: LTR eines Fuzzy-Reglers

Integral des Fehlers ε_2^*	Fehler ε_1^*										
	NSG	NG	NM	NK	NSK	NU	PSK	PK	PM	PG	PSG
NSG	NSG	NSG	NG	NM	NM	NK	PM	PG	PG	PSG	PSG
NG	NSG	NSG	NG	NG	NM	NK	PK	PG	PSG	PSG	PSG
NM	NSG	NSG	NM	NG	NK	NSK	PSK	PSG	PSG	PSG	PSG
NK	NSG	NM	NK	NM	NK	NU	NU	PM	PG	PSG	PSG
NSK	NSG	NM	NK	NK	NSK	NU	NU	PK	PM	PG	PSG
NU	NSG	NG	NM	NK	NSK	NU	PSK	PK	PG	PSG	PSG
PSK	NSG	NG	NSK	NK	NSK	NU	PK	PM	PK	PG	PSG
PK	NSG	NM	NK	NM	NK	PSK	PK	PK	PM	PG	PSG
PM	NSG	NM	NM	NM	NK	PK	PM	PM	PG	PSG	PSG
PG	NSG	NSG	NG	NG	NM	PK	PM	PM	PG	PSG	PSG
PSG	NSG	NSG	NG	NK	PK	PM	PG	PG	PG	PSG	PSG

Die Werte der gesuchten Koeffizienten sind dann folgende:

$k_{\varepsilon_1} = 1$, $k_{\varepsilon_2} = 0.09$ und $k_{\varepsilon_3} = 0.6$.

In *Abb. 14.3* sind Ergebnisse der Vergleichsbewertung von Übergangsfunktionen von gewöhnlichen und fuzzy-automatisierten Steuerungssystemen (ASS) mit PI-Reglern für die Rektifikationskolonne dargestellt. Wie es aus den Kurven für ein gewöhnliches ASS folgt (Kennlinien 1 und 2), werden die gewünschten Qualitätsparameter des Systems bei verschiedenen realen Werten der Integrationskonstante $T_i^1 = 10$ min und des Verstärkungskoeffizienten $K_p^1 = 0.03$ und $T_p^2 = 10$ min $K_p^2 = 0.05$ nicht erreicht. Die Kurve 3, eines Systems mit einem Fuzzy PI-Regler, zeigt, daß die Steuerungsqualität durchaus zufriedenstellend ist. Es ist zu erwähnen, daß ein System auf der Basis eines Fuzzy Reglers sich als störungssicherer und weniger empfindlich gegenüber parametrischen Einflüssen auf das Objekt erwiesen hat.

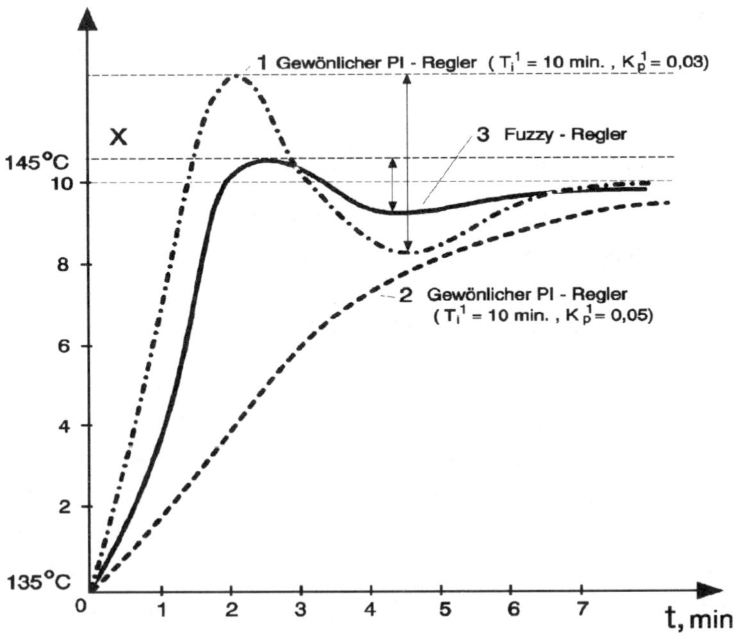

Abb. 14.3: Ergebnisse der Vergleichsbewertung von Übergangsfunktionen von gewöhnlichen und Fuzzy-automatisierten Steuerungssystemen mit PI-Reglern

14.2 Industrielle Controller auf der Basis von neuronalen Expertensystemen*

Die Effizienzerhöhung kontinuierlicher Fertigungen ist wesentlich mit der Verbesserung der Realisierbarkeit, der Lebensdauer und der Flexibilität der Steuerungssysteme verbunden. Die Analyse zahlreicher Mensch-Maschine-Systeme zur Steuerung komplexer Automatisierungssysteme (SAS für erdölchemische und sonstige explosionsgefährdete Anlagen, Systeme der Diagnostik und Steuerung in Kernkraftwerken) hat gezeigt, daß klassische Modelle und Methoden ihre Grenze bei der Verbesserung der o. g. Parameter erreicht haben. Offenkundig wird der Widerspruch zwischen der Erhöhung der Güte von Mensch-Maschine-Systemen durch

* Dieser Abschnitt wurde von Dr. R. R. Aliew geschrieben

die gesteigerte Komplexität der verwendeten Modelle bzw. der Software-Hardware-Basis einerseits sowie der Verminderung von Fehlertoleranzen anderseits erzeugt. Die Erhöhung des Grades der „Vermenschlichung" der Systemintelligenz zur Steuerung dieser Anlagen läßt diesen Widerspruch zu einem wesentlichen Grad überwinden [1].

Der Kern der industriellen Controller ist ein Expertensystem mit einer Wissensbasis. Die Wissensbasis von intelligenten Reglern wird gewöhnlich auf einem Modell des kausalen Expertenwissens mit der Kettenverknüpfung von Kausalsätzen der Art IF..., THEN... gebildet.

Die Hauptforderungen, die an intelligente Controller gestellt werden, sind: die Möglichkeit des ON-LINE-Betriebes des Controllers an der Anlage; die Adaptationsfähigkeit des Controllers an veränderte Betriebsbedingungen; prompte Adaptation an konkrete technische Vorgänge (Universalität); die Realisierungskompaktheit und die Einbaumöglichkeiten. Eine meist adäquate Klasse von Controllern, die den o. g. Forderungen entsprechen,sind die auf neuronalen Expertensystemen basierenden Controller (Regler), im weiteren Neuronencontroller genannt.

Abb. 14.4 zeigt die Struktur eines eindimensionalen Systems zur Steuerung von Anlagen, incl. Neuronencontroller [4]. Die zu regelnde Koordinate X wird in der Vergleichseinheit 1 mit dem Sollwert g verglichen, die Abweichungsgröße ε=g-x wird parallel dem Differentiator 2 und dem Integrator 3 zugeführt. Die Ausgangssignale (ε') des Differenzierers und

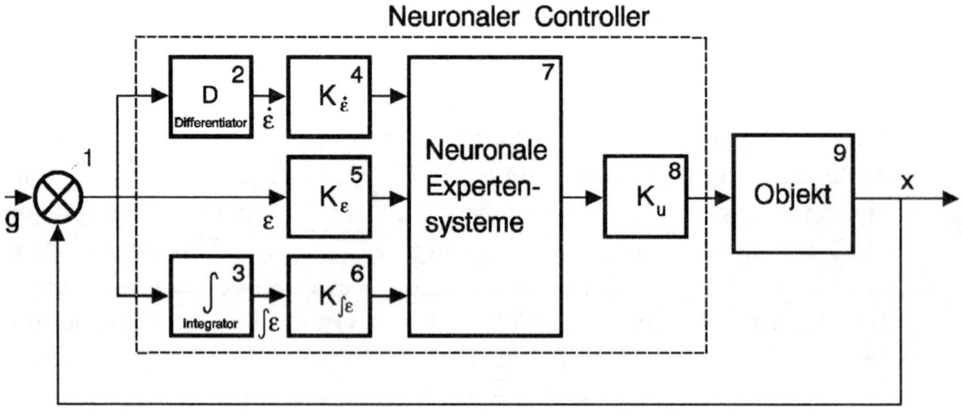

Abb. 14.4: Systemstruktur eines Steuerungssystems auf der Basis eines neuronalen Expertensystems

($\int\varepsilon$) des Integrators und das Fehlersignal ε werden mit den Maßstabskoeffizienten $K_{\dot{\varepsilon}}$, $K_{\int\varepsilon}$ und K_{ε} in den Gliedern 4, 6 und 5 multipliziert und danach dem Expertensystem des Controllers 7 zugeführt, wo das Steuersignal u gebildet wird. Das Steuersignal u wird dann mit dem Faktor K_u angepaßt bzw. dem Stellglied zugeführt. Das Neuronenexpertensystem läßt die Anpassung des intelligenten Controllers an die jeweilige Automatisierungsaufgabe zu.

Die Aufgabe der Synthese eines intelligenten Controllers besteht in der Feststellung solcher Werte der Koeffizienten $K_{\dot{\varepsilon}}$, $K_{\int\varepsilon}$, K_{ε}, K_u und der Struktur der Parameter des Expertensystems, bei denen im System (Abb. 14.4) eine Übergangskennlinie entsteht, die mit der gewünschten Kennlinie befriedigend übereinstimmt. Die Wissensbasis WB ist in der Neuronentechnik realisiert. Daher ist das Konstruieren der gewünschten WB äquivalent zur Feststellung der rationalen Architektur und der Matrix der Gewichtsfaktoren des zu synthetisierenden Neuronennetzwerks.

Da die Idee, ein Neuronenexpertensystem (NES) zu konstruieren, relativ neu ist und erst seit kurzem diskutiert wird, gehen wir auf deren Beschreibung detaillierter ein.

Die Architektur des zu entwickelnden NES besteht aus einer 3schichtigen Feedforward-Struktur. Die 1. Schicht besteht aus Eingangsneuronen (Knoten), die mittlere Schicht aus verborgenen Knoten und die letzte aus Ausgangsneuronen.

Das mathematische Modell des Neurons wird für jede Schicht, wie *Abb. 14.5* zeigt dargestellt. Die Eingangssignale y_j ($j=\overline{1,n}$), die am Eingang (an den Synapsen) des j-ten Neurons erscheinen, werden in Dendritensignale nach der nichtlinearen Funktion $f(w_{ji},y_i)$ umgeformt (hierbei sind w_{ji} Gewichtsfaktoren der Synapsen). Das resultierende Signal ergibt sich aus der Kombination (insbesondere der Addition) aller Dendritensignale im Neuronenkörper nach der nichtlinearen Funktion u_j (f_{ji},P_j), $i=\overline{1,n}$. Dieses Signal wird, wie Abb. 14.5 zeigt, über Axone also Ausgangsleitungen dieser Neuronen, den Eingängen aller anderen Neuronen der nächsten Schicht zugeführt. Dabei ist P_j ein spezifischer Widerstand (Treshold, Schwellenwert) des Neurons j, der von der gewichteten Summe $\Sigma(y_i w_{ij})$ aller Eingangssinale überwunden werden muß, damit das Neuron j überhaupt aktiv wird.

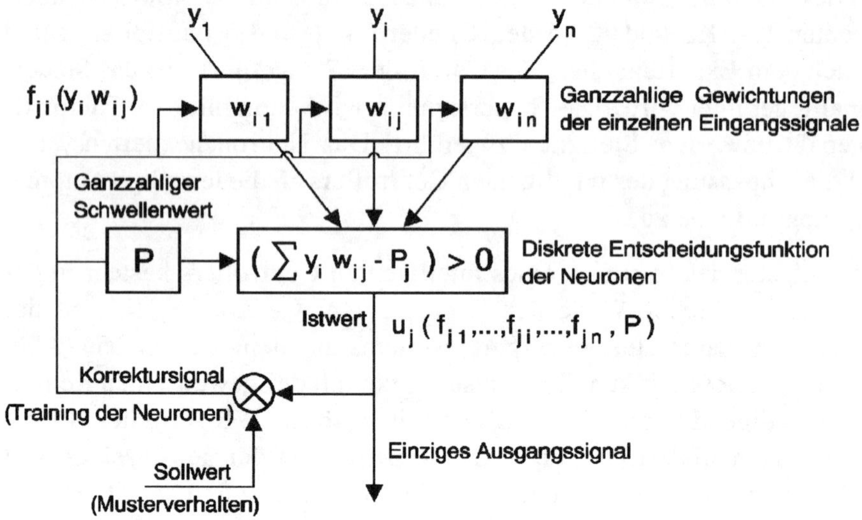

Abb. 14.5: Modell eines Neurons

Das Wesen der Aufgabe, einen Neuronencontroller zu synthetisieren, besteht im folgenden [4]. Nehmen wir an, es gäbe die folgende Gesamtheit der Regeln, die das gewünschte Verhalten (Musterverhalten) des entwickelten Steuerungssystems zum Ausdruck bringt:

$$
\begin{array}{llllll}
 & \overbrace{\qquad\qquad\qquad}^{\text{Prämissen}} & & & & \overbrace{\qquad}^{\text{Folgerung}} \\
\text{IF} & g=g_1 & \text{AND} & x=x_1 & \text{THEN} & x'=x'_1 \\
\text{IF} & g=g_2 & \text{AND} & x=x_2 & \text{THEN} & x'=x'_2 \\
\ldots\ldots\ldots & & & & & \\
\text{IF} & g=g_n & \text{AND} & x=x_n & \text{THEN} & x'_n=x'_n
\end{array}
\tag{14.8}
$$

Die Darstellung dieses Wissens in der Wissensbasis des zu entwickelnden Controllers besteht weniger im expliziten Abfragen eines jeden Kausalsatzes im einzelnen, als im parallelen Lernen des Neueronennetzwerks, d. h. in der schrittweisen Anpassung der Matrix der gesamten Gewichts-Faktoren w_{ij} und der Neuronenschwellen p_j so, sodaß bei jeder laufenden Situation (g_i, x_i) am Eingang des Systems an dessen Ausgang ein entsprechendes Ausgangssignal x_i' gemäß 14.8 zustandekommt. Es sei bemerkt, daß der wesentliche Unterschied gegenüber der Synthese konventioneller Regler das selbstgesteuerte Lernen des Neuronennetzwerkes ist, d. h. das autonome finden (Identifikation) derjenigen Parameter (Gewichte w_i und Schwellwerte P) der Neuronen, die am Systemausgang das gewünschte Verhalten bewirken. Dies bedeutet, daß für das Lernen des Neueronennetzwerkes — Eintragung des Fachwissens ins Expertensystem — nicht alleine eine momentane Abweichung zwischen den Ausgängen des Controllers (des Neueronensystems selbst) und des Musters (Gestalt) zum Zeitpunkt t verwendet wird. Vielmehr wird die Abweichung zwischen der gewünschten Kennlinie des Steuerungssystems (dynamisches Verhalten über die Zeit) im ganzen vom laufenden Wert am Ausgang des zu projektierenden oder zu steuernden Systems benutzt.

Das Unterrichten des Neuronennetzwerkes wurde mit einem Algorithmus „Backpropagation" [2,3] durchgeführt. Gemäß Abb. 14.4 werden die Signale, der Regelungsfehler ε, $\dot{\varepsilon}$, $\int\varepsilon$ und die Geschwindigkeit U der Regelungsänderung (lernende Daten genannt) sowie die Werte der entsprechenden Faktoren K_ε, $K_{\dot{\varepsilon}}$, $K_{\int\varepsilon}$, K_U dem Eingang des Neuronennetzwerkes, d. h. den Sensorneuronen der 1. Schicht, zugeführt.

Nach der notwendigen Umformung mit entsprechenden Gewichten w_{ij} werden die empfangenen Signale in der 2.Schicht mit den Aktivierungsschwellen P_j der einzelnen Neuronen verglichen und die binäre Aktivierungsfunktion u_j^2 (das einzelne Neuron meldet sich als zuständig mit „ja = 1" oder als nicht-zuständig mit „nein = 0") überprüft. Die Zuständigkeitsmeldung U_j^2 eines einzelnen Neurons j hat die Form

$$u_j^2 = \frac{\sum_{i=1}^{n_1} y_i w_{ij} - P_j}{1+ \left| \sum_{i=1}^{n_1} y_i w_{ij} - P_j \right|} \qquad j=n_1+\overline{1,n_2}$$

Hierbei sind n_1 und n_2 — die Anzahl Neuronen der jeweils 1. und 2. Schicht. Diese Ausgangssignale der 2. sind gleichzeitig die Eingangssignale der 3. Schicht. Ähnlich werden die Eingangssignale des Netzwerkes u_j^3 $j=n_2+\overline{1,n_3}$, (n_3: Anzahl Neuronen der 3. Schicht) berechnet.

Die Gesamtabweichung zwischen den laufenden und den gewünschten (Muster) Phasenvariablen des Steuerungssystems:

$$\Delta(X, \dot{X}, t) = k_\varepsilon\, (\dot{X}d\,(t) - \dot{X}(t)) + k_\varepsilon (Xd\,(t) - X(t)), \tag{14.9}$$

(Xd und $\dot{X}d$ — lernende Daten des Neuronennetzwerkes) wird dabei berechnet.

An der Ausgangsschicht des Neuronennetzwerkes wird dann der Fehler G_i^2 nach der Formel

$$G_i^2 = \Delta\,(1 - |\, u_i^3 \,|)^2,\ i = \overline{n_2 + 1, n_3} \tag{14.10}$$

berechnet.

In der verborgenen Zwischenschicht des Neuronennetzwerkes wird der Fehler G_i^1 nach der Formel

$$G_i^1 = (1 - |\, u_i^2 \,|)^2 \sum_{j=n_2+1}^{n_3} G_j w_{ij},\ i = \overline{n_1 + 1, n_2} \tag{14.11}$$

berechnet.

Die Korrektur der Gewichte der synaptischen Verbindungen erfolgt unter Verwendung der in (14.10) und (14.11) errechneten Fehler G_i^1 und G_i^2 folgendermaßen:

$$S_{ij} = \sum_2 G_i^2\, u_j + G_i^1 y_i;\ w_{ij}^N = w_{ij}^a - \alpha S_{ij} \tag{14.12}$$

(w_{ij}^N, w_{ij}^a sind jeweils die neuen und alten Werte der Verbindungsgewichte, α Korrekturschritt). Die Korrektur der Neuronenschwellen wird wie folgt durchgeführt:

$$P_i^N = P_i^a + \beta G_i \tag{14.13}$$

(P_i^N, P_i^a sind neue und alte Werte der Neuronenschwellen, β Korrekturschritt).

Zur maschinellen Modellierung des SAS mit NES sind einige Software-Produkte in der Programmiersprache Turbo-Pascal entwickelt worden. Die Eingangsdaten sind: die Anzahl der Ein- und Ausgangsparameter, die Architektur des Netzwerkes, die Anzahl von Neuronen in jeder Schicht, die Anfangswerte der Gewichte von synaptischen Verbindungen und den Neuronenschwellen, das Modell der zu steuernden Anlage sowie die gewünschte Kennlinie des zu projektierenden Systems.

Die Anfangswerte der Gewichte von synaptischen Verbindungen und der Neuronenschwellen werden im Imitationsmodell des Neueronennetzwerkes mit Hilfe eines Generators von Pseudozufallszahlen mit gleichmäßiger Verteilung im Intervall [0-0,4] generiert. Dem Eingang des Neuronennetzwerkes werden die Elemente der zu lernenden Stichprobe aufeinanderfolgend zugeführt. Anschließend wird die Abweichung der am Ausgang des Systems real empfangenen Signale von den Mustersignalen berechnet. Auf Grund dieser Abweichung werden die Gewichte der Verbindungen und die Schwellen des Neuronennetzwerkes korrigiert. Der Vorgang wird so lange widerholt, bis eine Abweichung entsteht, die kleiner als die geforderte ist. Der Prozeß der Selbstidentifikation der optimalen Parameter des Reglers durch das Neuronensystem erfolgt also nicht analytisch, wie in der klassischen Regelungstechnik, sondern durch eine spontane, schrittweise Selbstreorganisierung der Zwischenschicht-Neuronen in Klassen, mit je einer Klasse pro relevantem Systemzustand.

Das oben beschriebene Herangehen ist zur Synthese eines Controllers geeignet, der mit einem Neuronenexpertensystem versehen ist zur Steuerung der Temperatur einer Anlage zur primären Erdölverarbeitung.

Als Ergebnis der Synthese des SAS mit NES wurden entsprechende Werte der Gewichte der Verbindungen zwischen den Neuronen und deren Schwellen ermittelt. Für die Maßstabsfaktoren erhält man: $k_\varepsilon = 0{,}5$, $k_{\dot{\varepsilon}} = 0{,}05$, $k_u = 0{,}28$. Die Neuronenanzahl an den Eingangs-, Zwischen- und Ausgangsschichten beträgt jeweils 2, 14, 1.

Abb. 14.6 vergleicht die Kennlinien der Übergangsfunktionen des traditionellen PD-Reglers (Kennlinie 1) und eines Reglers mit NES (Kennlinie 2).

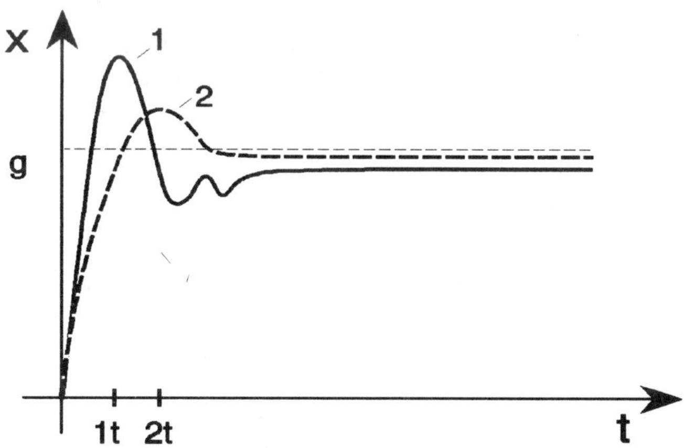

Abb. 14.6: Kennlinien von Übergangsfunktionen der Temperaturregelung

Bei optimalen Parameterwerten des PD-Reglers Verstärkungsfaktor K_p = 0,09 [(kp/cm²)/⁰] und konstanter Differenzierungszeit T_D = 0,15 min, zeigt die Übergangsfunktion im konventionellen Regler einen Schwingungsvorgang mit 18 % Überschwingen, die Regelungszeit T_R = 1,3-1,5 min, statischer Fehler $\mathscr{E}_{st}(\infty) \simeq 0{,}1x(\infty)$, und ein integralquadratisches Gütekriterium J = 289,7. Solch ein Wert des statischen Fehlers ist unbefriedigend.

Aus der Übergangsfunktion des SAS mit dem synthetisierten Neuronenregler ist ersichtlich, daß der statische Fehler nahezu fehlt ($\mathscr{E}_{st} \simeq 0$), das Überschwingen 3 % nicht übersteigt, die Regelungszeit $T_R \simeq$ 1,5 min und J = 160.1 ist. Die Ergebnisse der experimentellen Untersuchung des SAS mit NES zeigten dessen Effizienz.

In der Praxis der automatischen Steuerung einer Reihe von Anlagen kann es oft vorkommen, daß man auf die Unbestimmtheit ihrer Arbeitsbedingungen stößt. Dabei ist der Charakter dieser Unbestimmtheit so, daß der Einsatz von determinierten und stochastischen Reglern die geforderte Güte der Steuerungsprozesse nicht sichert. Daher entsteht die Notwendigkeit, intelligente Regler, welche die für die zu steuernden Anlagen typischen Unbestimmtheiten von unscharfem Charakter berücksichtigen, zu entwickeln. Im beschriebenen Fall bedeuten die 14 Zwischenneuronen, daß das Neuronennetzwerk für die Variablen n, x und t ca. 14 relevante Segmente der Kennlinie unterscheidet, mit je einer Zwischenneurone für ein solches Segment. Beim Erreichen eines Segmentes meldet sich daher, nach Parallelabfrage, nur die zuständige Neurone und schlägt die korrekte Reglerreaktion vor, ohne Rückgriff auf ein explizites mathematisches Modell, aber dennoch ziemlich störsicher. Bei Verteilung der Neuronen auf einzelne Prozessoren wäre eine 10-fache Geschwindigkeitserhöhung möglich.

Man nehme an, das zu steuernde Objekt werde durch die Differentialgleichung

$$\dot{x}^\circ = f(x^\circ, u^\circ) \tag{14.14}$$

beschrieben (x°, u° — linguistische Variablen jeweils des Einganges und Ausganges des Objektes $\dot{x}^\circ$ die Korrektur in der Zeiteinheit Δt) bzw. in der Form der Gesamtheit der unscharfen Regeln

$$
\begin{aligned}
&\text{IF } u^* = \text{NM AND } x^* = \text{NG THEN } \dot{x}^* = \text{PM ELSE}\\
&\text{IF } u^* = \text{PM AND } x^* = \text{PG THEN } \dot{x}^* = \text{NM ELSE} \qquad (14.15)\\
&\dots\dots\dots\dots\\
&\text{IF } u^* = \text{NM AND } x^* = \text{NG THEN } \dot{x}^* = \text{PM ELSE}
\end{aligned}
$$

x^*, $\dot{x}^*$, u^* sind dabei Basisvariablen der unscharfen Eingangsmengen x^*, der Geschwindigkeit $\dot{x}^*$ der Veränderung der Eingangsgrößen und der Steuerung u^*. Die Abkürzungen ihrer konkreten Werte bedeuten:

NG — negativ Groß;
NM — negativ Mittel;
NK — negativ Klein;
NU — Null; PK — positiv Klein;
PM — positiv Mittel;
PG — positiv Groß.

Das Musterverhalten der Übergangsfunktion des zu synthetisierenden Reglers bei einem Sprung der Eingangsvariablen x ist in der Form

$$
\begin{aligned}
&\text{IF } g^* = \text{NG AND } x^* = \text{NM THEN } \dot{x}^* = \text{NK ELSE}\\
&\text{IF } g^* = \text{NM AND } x^* = \text{NM THEN } \dot{x}^* = \text{NU ELSE} \qquad (14.16)\\
&\dots\dots\dots\dots\\
&\text{IF } g^* = \text{PM AND } x^* = \text{PG THEN } \dot{x}^* = \text{NK}
\end{aligned}
$$

angegeben.

Es wird die Aufgabe gestellt, den Controller mit einem Neuronennetzwerk NES für die Steuerung des Objektes (14.15) zu konstruieren, der die gewünschte unscharfe Kennlinie 14.16 des Systems sichert.

Das NES wird auf der Basis des unscharfen Neueronennetzwerkes gebildet, dessen Architektur als 3schichtige FeedforwardStruktur angenommen wird. Das mathematische Modell des Neurons hat die in *Abb. 14.7* dargestellte Form.

Die Eingangsterm-Mengen von linguistischen Variablen ε und ε' werden dem Fuzzyfikator zugeführt nachdem sie mit den Koeffizienten k_ε und $k_{\dot{\varepsilon}}$ versehen wurden erhalten wir am Ausgang die Fuzzy-Mengen $\tilde{y}$, $\tilde{y}'$ die

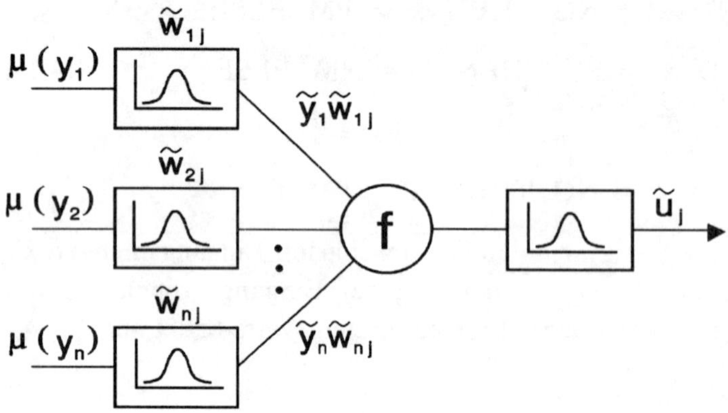

Abb. 14.7: Modell eines Fuzzy-Neurons

hierzu als LR angenommen werden. Diese Signale werden mit unscharfen Gewichtsquotienten $\tilde{w}_{ij}$ multipliziert und danach für die Bildung des resultierenden Signals addiert. $\tilde{w}_{ij}$ wird im angenommenen Modell als eine unscharfe Zahl mit LR-Darstellung gewählt. Die Schwelle NN wird im Unterschied zum gewöhnlichen Neueron als minimal angenommen d. h. sie liefert immer ein Signal. Analog funktionieren die unscharfen Neuronen bei anderen Schichten. Jetzt müssen solche unscharfen

Tab. 14.2: Produktionsmodell eines zu steuernden Objektes

		x						
		NG	NM	NK	NU	PK	PM	PG
	NG	NU	NK	NM	NG			
	NM	PK	NU	NK	NM			
	NK	PM	PK	NU	NK			
y	NU	PG	PM	PK	NU	NK	NM	NG
	PK				PK	NU	NK	NM
	PM				PM	PK	NU	NK
	PG				PG	PM	PK	NU
		$\dot{x}$						

Werte von $\tilde{w}_{ij}$ festgestellt werden, daß die Kennlinie des zu konstruierenden Regelungssystems mit der gewünschten Kennlinie (14.16) überein stimmt [4,5]. Dazu wurde das Neuronennetzwerk unter dem Einsatz des angegebenen Algorithmus, der auf unscharfer Arithmetik basiert, angelernt [4].

Der Controller mit dem Fuzzy-NES wurde zur Temperatursteuerung in der Destillationskolonne eingesetzt. Das zu steuernde Objekt wird durch ein Modell beschrieben, das als *Tabelle 14.2* der unscharfen Regeln dargestellt wird. Die gewünschte Kennlinie des zu projektierenden Systems ist in der *Tabelle 14.3* der unscharfen Regeln dargestellt.

Tab. 14.3: Darstellung der gewünschten Kennlinien des zu projektierenden Systems mit Hilfe von unscharfen Regeln

		ε						
		NG	NM	NK	NU	PK	PM	PG
g	NG	PG	PM	PK	NU			
	NM		PM	PM	NU	NK		
	NK			PK	NU	NK	NM	
	NU	PG	PM	PK	NU	NK	NM	NG
	PK		PM	PK	NU	NK		
	PM			PK	NU	NM	NM	
	PG				NU	NK	NM	NG
		$\dot{\varepsilon}$						

Als Ergebnis der Synthese des SAS mit dem Fuzzy-NES wurden die Verbindungsgewichte $\tilde{w}_{ij}$ ermittelt. Die Neuronenanzahl ist in der Eingangsschicht ist 2, in der Zwischenschicht 14 und am Ausgang 1.

Abb. 14.8 zeigt die Ergebnisse des Vergleiches des unscharfen Reglers (Kennlinie 1) und des Reglers mit unscharfem NES (Kennlinie 2). Die höhere Effizienz des angebotenen SAS für die Temperaturregelung, die auf Basis der Neuronentechnologie entwickelt worden ist, ist offensichtlich.

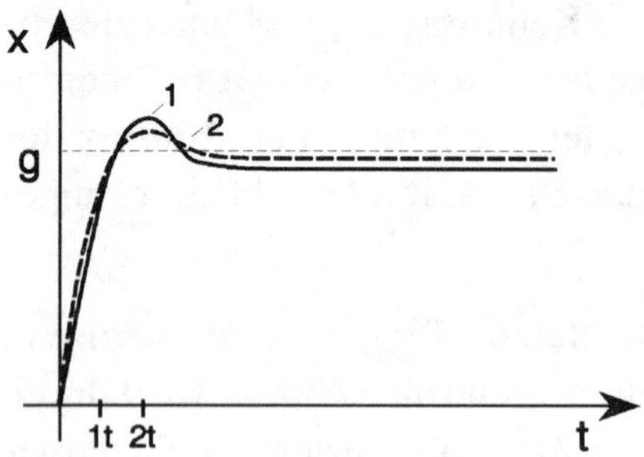

Abb. 14.8: Kennlinien von Übergangsfunktionen der Temperaturregelung in der Kolonne

Literatur zu Kapitel 14

1. Aliev R.A., Aliev F.T., Babaev G.D., „Fuzzy Process Control and Knowledge Engineering in Petrochemical and robotic Manufacturing“, Verlag TÜV Rheinland, Köln 1991, p.146.
2. Zeidenberg M., „Neural networks in artificial intelligence“, (Ellis Horword, 1990, New York &).August 6-11, 1989, pp.610-614.
3. Wassermann Philip D., „Neural computing: theory and practice“, Van Nostrand Reinhold, New York, 1989, p.230.
4. Aliev R.R., „Kontrolleru s neyronnoy expertnoy sistemoy dlja avtomatitscheskogo regulirovania pervitschnoy pererabotki nefti“, „Uschenue sapiski“, AsGNA, No. 5, 1992, pp.75-81.(in russisch)
5. Hayaski Y., Buckley J.J. and Crogala E., „Fuzzy Neural Network with Fuzzy Signals and Weights“, Inter.Journal of Intelligent Systems, vol.8, 1993, pp. 527-537.

Anhang

Die mitgelieferte Diskette bietet einige Hilfsprogramme für das Arbeiten mit Fuzzy-Zahlen und Fuzzy-Relationen. Diese Programme hängen inhaltlich nicht unmittelbar mit dem Buch zusammen. Sie sollen nur das Wissen vertiefen und Lösungsmöglichkeiten bieten.

Alle Programme können von dem Programm FMONIT.EXE aus aufgerufen werden. Diese Programme helfen z. B. bei den Berechnungen von Vereinigungen, Durchschnitten und Zugehörigkeitsfunktionen. Sie bieten außerdem auch Berechnungshilfen für L-R-Zahlen wie z. B. für die Addition, Subtraktion usw.

Es ist ratsam, zuerst die Hilfe-Option zu lesen, damit keine vermeidbaren Fehler begangen werden. Zur erleichterten Handhabung sind die Eingabeprozeduren für alle Unterprogramme gleich. Die Unterprogramme sollten alle von FMONIT.EXE gestartet werden.

Sachverzeichnis

G

H

I

J

K

L

M

N

VLSI TECHNOLOGY
COPYRIGHT © 1993
VY86C570
Evaluation Board
REV.0
A B C
VLSI
TIL FCA
MADE IN
GERMANY